# 中国地理信息产业发展报告（2024）

China Geospatial Industry and Sciences Report (2024)

中国地理信息产业协会 编著

测绘出版社
·北京·

**图书在版编目(CIP)数据**

中国地理信息产业发展报告. 2024 / 中国地理信息产业协会编著. -- 北京 ：测绘出版社，2024. 9.
(地理信息产业蓝皮书). -- ISBN 978-7-5030-4525-7
Ⅰ. P208.2;F426.67
中国国家版本馆 CIP 数据核字第 20241Y5T82 号

**主　　编：** 李维森
**副 主 编：** 王增宁
**执行副主编：** 余　青
**编　　委：** 余　青　田　蕾
**编 写 组：** (按姓氏笔画排序)
田　蕾　李　娟　李洪全　李清泉
余　青　张行虎　陈　骏　陈品祥
易树柏　周儒欣　贾文珏　童小华
蔡　阳　薛　超

**中国地理信息产业发展报告(2024)**
**Zhongguo Dili Xinxi Chanye Fazhan Baogao(2024)**

**责任编辑**　刘　策　　**封面设计**　李　伟　　**责任印刷**　陈姝颖

| | | | |
|---|---|---|---|
| **出版发行** | 测绘出版社 | **电　　话** | 010－68580735(发行部) |
| | | | 010－68531363(编辑部) |
| **地　　址** | 北京市西城区三里河路 50 号 | **网　　址** | https://chs.sinomaps.com |
| **邮政编码** | 100045 | **经　　销** | 新华书店 |
| **电子邮箱** | smp@sinomaps.com | **印　　刷** | 建工社(河北)印刷有限公司 |
| **成品规格** | 184mm×260mm | **字　　数** | 324 千字 |
| **印　　张** | 17.75 | **印　　次** | 2024 年 9 月第 1 次印刷 |
| **版　　次** | 2024 年 9 月第 1 版 | **定　　价** | 158.00 元 |
| **印　　数** | 0001－6500 | | |

**书　　号**　ISBN 978-7-5030-4525-7
本书如有印装质量问题，请与我社发行部联系调换。

# 序

伴随着改革开放的春风，中国地理信息产业协会至今已走过了30个年头。1994年，时任国务委员兼国家科委主任宋健院士倡议，由18家单位发起成立了中国地理信息系统协会。成立大会上推选国务委员兼国家科委主任、中国科学院院士宋健为名誉会长，选举国家科委副主任李绪鄂为会长，我也十分荣幸地被选为协会第一届常务副会长。第一届协会领导班子以推动产业发展为己任，促进地理信息系统技术交流、推广、应用和创新，为协会发展奠定了基础。2011年，与产业发展同行，顺应时代要求，抓住机遇，中国地理信息系统协会更名为中国地理信息产业协会。2017年，落实党和国家对于协会发展新要求，协会与业务主管部门脱钩。回首协会成立的30年，在发挥桥梁纽带作用、履行“四个服务”职责、服务政府部门、开展产业研究、推动产业发展、维护产业权益、引导行业自律维权、表彰先进典型等方面发挥了重要作用。

近年来，我国地理信息产业从高速增长转向高质量发展，产业规模持续扩大，结构更加合理，总产值超过8 000亿元。30年弹指一挥间，我国地理信息产业从以传统测绘为主，转型成为与大数据、互联网、人工智能等高新技术融合，应用范围不断延伸的战略性新兴产业。这些都是地理信息产业从业者们发挥“热爱祖国、忠诚事业、艰苦奋斗、无私奉献”测绘精神，坚决落实国家一系列重大战略部署所取得的成就。作为一名老测绘地理信息工作者，我感到无比高兴，借此向大家致以崇高的敬意。

但我们要清楚地看到，产业的发展在当前阶段遇到了不小的挑战和困难。这也是产业发展必经的过程，不经一番寒彻骨，怎得梅花扑鼻香。地理信息产业高质量发展既是党和国家的战略部署，也是破解当前产业发展难题的关键。而产业研究是产业高质量发展的基础和前提，没有调查就没有发言权，没有对产业的深入研究就没有推进产业高质量发展的方法和路径。在产业转型升级支撑高质量发展的关键时期，要调整优化产业结构、推动企业做大做强、规避产业发展风险，就需要有权威机构提供数据可靠、资料翔实的权威报告。

近年来，作为政府与市场、企业之间的桥梁纽带，协会始终将产业调查研究作为一项重要工作，努力摸清产业家底、了解产业结构、总结产业创新、揭示产业发展规律和特点，为政府、产业和社会各界决策提供依据，为企事业单位发展提供指导，为行业外单位提供投资、合作的可靠信息。

《中国地理信息产业发展报告》蓝皮书是全面介绍我国地理信息产业发展概况的图书，自 2015 年起，每年由中国地理信息产业协会编著，成果得到了主管部门、企事业单位和专家学者的高度认可。蓝皮书在全面调研统计分析的基础上，对产业发展的现状、特点、趋势作出了科学客观的研究分析判断。相信这本蓝皮书能为业内外人士提供决策依据、研判指导、市场参考。

希望中国地理信息产业协会继续做好产业研究工作，把握产业发展规律，挖掘产业发展特点，总结产业发展成绩，找出产业发展不足，希望《中国地理信息产业发展报告》蓝皮书成为最权威的全面反映我国地理信息产业发展状况的出版物。

2024 年 8 月

金祥文，原国家测绘局局长。

# 前　言

2023 年，是全面贯彻落实党的二十大精神的开局之年，是三年新冠疫情防控转段后经济恢复发展的一年。国民经济回升向好，现代化产业体系建设取得重要进展，科技创新实现新的突破，全面建设社会主义现代化国家迈出坚实步伐。地理信息产业发展稳中有进，机遇与挑战交织并存。

中国地理信息产业协会一直重视产业研究工作。2023 年，为了全面翔实了解地理信息及技术的应用现状、价值与前景，协会不断优化招投标市场信息收集、检索、分类的方法，并通过信息化方式提高调查研究的效率，鼓励协会分支机构、会员单位及行业专家参与“地理信息产业蓝皮书”编写。为进一步加强产业调研的深度广度，中国地理信息产业协会加强与省级协会的交流合作，凝聚工作合力，协同调查研究。2023 年 12 月 22 日，中国地理信息产业协会在福州市召开全国地理信息产业协会工作交流会，会议审议通过了《关于加强全国地理信息产业协会协作联动健全机制履职尽责健康发展的意见》，为建立起全国、省级两级联动的产业协同调查研究体系，提供了制度保障。

自 2015 年以来，协会每年编著、出版《中国地理信息产业发展报告》。从 2022 年开始，将此丛书定名为“地理信息产业蓝皮书”。《中国地理信息产业发展报告(2024)》分为主报告、特邀报告、国际与区域篇、技术与应用篇、综合篇五个篇章。

主报告是对地理信息上市挂牌企业、产业运行监测重点联系企业、地理信息产业百强企业、地理信息产业最具活力中小企业、地理信息产业最具成长性企业、招投标市场数据、经济发展宏观政策及数据等进行调查研究分析，从国内国际产业发展状况、地理信息应用情况、产业发展趋势与展望三个方面，对我国地理信息产业发展作出系统性的分析研究。2024 年主报告增加了部分省份的地理信息产业发展概况，加深了对招投标市场、专利中地理信息相关数据的挖掘分析，进一步充实了内容和数据。

特邀报告包括李清泉院士、童小华院士的文章。李清泉院士等撰写的《数据驱动的测绘地理信息技术新范式》剖析了人工智能时代下测绘地理信息技术面临的新挑战，阐述了数据驱动的测绘地理信息技术新范式，提出了新时代测绘地理信息技术需要解决的三大科学技术问题。童小华院士等撰写的《空间分析与动态建模：从地表要素观测推演到深空天体探测选址的拓展》提出空间分析与动态建模是测绘遥感地理信息的核心技术,是空间实体的格局和规律挖掘的关键方法,在人工智能驱动地理信息技术的新时代背景下,基于空间分析与动态建模思想,面向新场景、新需求、新挑战提出新方法,可以有效扩大地理信息技术的应用广度和深度,对解决国家重大战略需求具有重要意义。

国际与区域篇包括3篇文章。海克斯康全球副总裁兼海克斯康大中华区总裁李洪全等撰写的《国际实景三维建设应用和实践》介绍了欧美国家的实景三维产业建设和应用发展概况,以及基于实景三维产品的应用实践及成效。自然资源部测绘发展研究中心副研究员薛超等撰写的《国外地理信息数据应用流通和安全治理研究》聚焦国外政府和企业在地理信息数据应用流通方面的政策体系、流通模式和平台建设情况,对与地理信息数据流通相关联的地理信息数据安全管理政策主要导向进行简要描述。陕西省地理信息产业协会撰写的《发展中的陕西省地理信息产业》从陕西省地理信息产业发展的现状、产业发展的机遇与挑战、产业发展的建议、产业发展的展望等四个方面介绍了陕西省的地理信息产业发展情况。

技术与应用篇包括4篇文章。中国地理信息产业协会旅游地理信息工作委员会撰写的《地理信息技术在智慧文旅的应用与展望》介绍了地理信息技术应用于智慧文旅游的六个方面,剖析了地理信息在旅游资源智慧管理六个环节的应用现状与价值,列举了地理信息应用于智慧文旅的四类典型案例,展望了智慧文旅发展方向与地理信息在智慧文旅领域的应用趋势。中国地理信息产业协会自然资源信息工作委员会撰写的《地理信息技术推动自然资源管理数智化转型》介绍了自然资源数智化转型总体发展情况、典型的数智化转型应用场景与实践案例,分析总结了自然资源行业管理数智化转型的机遇与挑战。中国地理信息产业协会数字孪生水利工作委员会撰写的《地理信息技术在数字孪生水利建设中的应用》介绍了数字孪生水利建设情况,分析了地理信息技术在数字孪生水利建设中的应用情况、应用成效、不足与差距,给出相关建议与展望。北京北斗星通导航技术股份有限公司董事长周儒欣等撰写的《构建"智能位置数字底座",加速形成新质生产力》介绍了北斗系统建设以及北斗/GNSS技术的主要特点和发展趋势、北斗应用现状和发展趋势,提出了构建以"云+芯"为基础的"智能位置数字底座"(iLDB)的新方案。

综合篇包括2篇文章。自然资源部人力资源开发中心主任易树柏等撰写的《智能化测绘时代人才驱动战略选择》阐述了智能化测绘是新质生产力的重要体现,剖析了智能化测绘人才驱动支撑的现状和存在的问题,提出了要以"新"的人才发展理念和工作体系激发创新创造活力,为新时代测绘地理信息事业转型发展提供强大的创新生态和人才支撑。《三十载筑梦经纬　新征程再绘蓝图——

中国地理信息产业协会成立 30 周年记》全面回顾了协会自 1994 年成立以来的 30 年发展，分为历程篇、干事篇、成效篇和展望篇。

本书的编写得到了自然资源部地理信息管理司、国土测绘司、信息中心、测绘发展研究中心，以及国家基础地理信息中心等单位的指导和大力支持。在来自相关高校、研究机构、协会工作委员会、协会会员单位、地理信息企事业单位十多位专家的共同努力下，本书得以顺利定稿。主报告中部分数据和资料来源于所涉及的相关政府部门、企事业单位的网站和公众号。在此一并表示最诚挚的感谢。由于时间、条件和水平有限，不足之处恳请批评指正。

# 目录

## 主报告



## 特邀报告



## 国际与区域篇



## 技术与应用篇

## 综合篇

# 主报告

# 中国地理信息产业发展报告(2024)

中国地理信息产业协会

地理信息产业是以现代测绘和地理信息系统、遥感、卫星导航定位等技术为基础,以地理信息开发利用为核心,从事地理信息获取、处理、应用的高技术服务业。我国地理信息产业经过几十年的发展,在国家需求牵引、体制改革促进、产业政策指导、科技创新驱动等因素的作用下,从无到有,从小到大,从弱到强,不断成长。目前,地理信息产业已成为数字经济的重要组成部分,部分已成为数字经济的核心产业。

2023 年是全面贯彻党的二十大精神的开局之年,是三年新冠疫情防控转段后经济恢复发展的一年。在党中央坚强领导下,我国顶住外部压力、克服内部困难,全面深化改革开放,加大宏观调控力度,着力扩大内需、优化结构、提振信心、防范化解风险,国民经济回升向好,高质量发展扎实推进。2023 年全年国内生产总值超 126 万亿元,比上年增长 5.2%,增速比 2022 年加快 2.2 个百分点。现代化产业体系建设取得重要进展,科技创新实现新的突破,全面建设社会主义现代化国家迈出坚实步伐。2023 年,我国地理信息产业总体发展回升向好,产业规模稳步增长,总产值超过 8 000 亿元,从业单位超过 22 万家,从业人员超过 400 万人。市场预期积极向好,企业多元策略应对挑战,创新发展再创佳绩,产业基础不断夯实,应用领域不断拓宽拓深,新场景新赛道蕴含巨大市场潜力,跨界融合带来多重机遇挑战。

中国地理信息产业协会作为政府与企业、市场之间的桥梁纽带,长期开展产业调研和运行监测,发布年度产业发展报告,出版《中国地理信息产业发展报告》年度蓝皮书。本文基于对我国 2023 年以来地理信息产业全面的调研,对地理信息上市挂牌企业、产业运行监测重点联系企业,以及地理信息产业百强企业、最具活力中小企业、最具成长性企业的上榜和申报企业等进行分析,从国内外产业发展状况、地理信息应用、产业发展趋势与展望等方面,对我国地理信息产业发展作出全面、系统的分析研究。

---

本文对部分数据的合计数或相对数由于单位转换或计算取舍不同而产生的计算误差,均未做机械调整。

# 一、2023 年中国地理信息产业发展状况

## (一)产业规模稳步增长,市场预期积极向好

### 1. 产值增长速度企稳回升,从业单位数量保持增长

2023 年,我国地理信息产业增速达 4.2%,总产值达 8 111 亿元。我国地理信息产业总产值近 5 年复合增长率为 6.4%,近 10 年复合增长率接近 12.1%(图 1)。

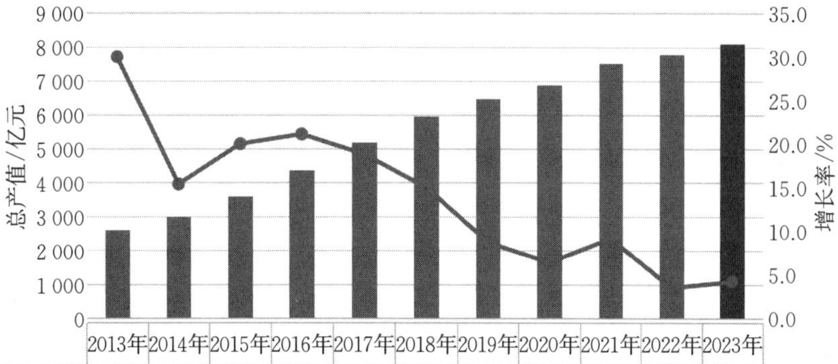


| | 2013年 | 2014年 | 2015年 | 2016年 | 2017年 | 2018年 | 2019年 | 2020年 | 2021年 | 2022年 | 2023年 |
|---|---|---|---|---|---|---|---|---|---|---|---|
| 总产值/亿元 | 2 600 | 3 000 | 3 600 | 4 360 | 5 180 | 5 957 | 6 476 | 6 890 | 7 524 | 7 787 | 8 111 |
| 增长率/% | 30.0 | 15.4 | 20.0 | 21.1 | 18.8 | 15.0 | 8.7 | 6.4 | 9.2 | 3.5 | 4.2 |

图 1　2013—2023 年中国地理信息产业总产值变化情况

截至 2023 年末,我国地理信息产业从业单位数量约为 22.3 万家,同比增长 15.1%,市场主体总量稳步壮大。2023 年新登记市场主体约有 4.2 万户,同比增长 3.6%。地理信息产业市场主体中,企业占 92.9%,个体工商户占 7.1%。截至 2023 年末,产业从业人员超过 404.9 万人,同比增长 1.7%。

据自然资源部《2023 年中国自然资源公报》,截至 2023 年末,我国共有测绘资质单位 21 008 家,比上年末增加 2 508 家,同比增长 13.6%。其中甲级单位有 2 076 家、乙级单位有 18 932 家,同比分别增长 12.1%、13.7%。

### 2. 上市挂牌企业数量增加,市值涨幅明显超越大盘

截至 2023 年末,我国主营业务包括地理信息及相关业务的上市企业有 77 家。其中,主板 30 家,创业板 25 家,科创板 14 家,北交所 5 家,港交所 2 家,境外上市 1 家(纳斯达克)。2023 年新上市企业 4 家,分别为禾赛科技在纳斯达克上市,经纬股份在创业板上市,司南导航、纳睿雷达在科创板上市(4 家企业简介见附件 1)。

这 74 家地理信息上市企业(除去港交所和境外上市的 3 家企业)的 2023 年

末总市值约为7 139.1亿元,平均市值约为96.5亿元,较2022年末我国71家地理信息上市企业的平均市值增长15.8亿元,涨幅为19.6%。截至2023年末,A股上市公司总数为5 335家,总市值约为83.7万亿元,平均市值为156.9亿元,总市值较上年下跌1.37%。地理信息上市企业的总市值和平均市值相对A股市场总市值和平均市值均较低,但2023年上升态势较为明显。

截至2023年末,主营业务包括地理信息及相关业务的新三板挂牌企业有127家。其中,2023年新挂牌5家,分别为博能股份、星图测控、交大铁发、道达天际、星图维天信。在全国中小企业股转系统2023年第五批创新层进层实施中,联动设计、众智软件、柠檬网联、航天汇智、智达科技、瑞华赢、星图测控、交大铁发、道达天际等9家地理信息企业新调入创新层。

**3. 西部企业数量持续增长,东北企业数量增速加快**

2023年,我国西部地区和东北地区的地理信息企业数量占比有所增长。截至2023年末,我国东部地区地理信息企业有10.04万家,占比为45.1%,占比较上年下降0.2个百分点;中部地区地理信息企业有4.74万家,占比为21.3%,占比较上年下降0.5个百分点;西部地区地理信息企业有6.12万家,占比为27.5%,占比较上年提高0.1个百分点,连续3年保持增长;东北地区地理信息企业有1.37万家,占比为6.2%,占比较上年提高0.6个百分点。

2023年,地理信息企业数量最多的5个省份依次是广东、山东、江苏、四川、陕西,与上年保持一致;各省份地理信息企业数量占全国总数比例较上年增幅最大的5个省份依次是黑龙江、北京、新疆、海南、重庆;各省份地理信息企业数量较上年增长率最大的5个省份依次是黑龙江、新疆、重庆、北京、海南。部分省(自治区、直辖市)2023年度产业发展状况见附件2。

地理信息上市挂牌企业的集聚地主要分布在东部地区,截至2023年末占比超过71%。上市挂牌企业数量最多的3个省份均位于东部地区,仍然是北京(57家)、广东(27家)、江苏(14家)。2023年上市和新三板挂牌的9家企业中,有7家为东部地区企业,其中,3家为北京企业,2家为上海企业,浙江和广东各有1家。中部和西部地区上市挂牌企业总数量相当,占比分别是12.6%和10.6%。

在中国地理信息产业协会发布的"2024地理信息产业百强企业"(以下简称2024地信百强企业,各项数据均为企业2023年度数据)数量方面,东部、中部、西部、东北地区分别有69家、16家、11家和4家。其中,东部地区百强企业数量较上届增长8家。2024地信百强企业数量最多的两个省份是北京和广东,上榜企业分别有30家和13家;江苏有7家;上海、湖北各有6家。

在中国地理信息产业协会发布的"2024地理信息产业最具活力中小企业"

（以下简称2024地信最具活力中小企业，各项数据均为企业2023年度数据）数量方面，东部、中部、西部、东北地区分别有51家、25家、21家、3家。其中，西部地区最具活力中小企业数量较上届增长6家。2024地信最具活力中小企业数量最多的省份是湖北，有14家；其次是浙江，有11家；广东、江苏各有9家。

## （二）企业发展砥砺前行，多元策略应对挑战

### 1. 龙头企业规模稳步增长，减员增效人均产出提升

2024地信百强企业全部业务营收总额为1 010.4亿元，同比增长[1] 6.3%。其中，地理信息业务营收总额为595.4亿元，同比增长4.4%，较上届增长6.8%；地理信息业务占全部业务营收的比例较上年提升4.1个百分点。

2024地信百强企业入选门槛（按地理信息业务营收）超过1.55亿元，较上届高出约37万元。前10名企业（前10名企业简介见附件3）地理信息业务营收总额为241.5亿元，同比增长10.2%，较上届增长8.5%，占2024地信百强企业营收总额的40.6%，较上届提升0.7个百分点。地理信息业务营收20亿元以上的企业有7家，10亿元以上且小于20亿元的企业有10家，5亿元以上且小于10亿元的企业有12家。

2024地信百强企业总人数为9.8万人，同比下降5.0%；地理信息从业人员为7.44万人，同比下降6.5%，与企业总人数的占比较上年增长0.7个百分点。地理信息业务人均营收为80.0万元，同比增长11.6%，较上届增长8.6%。

2024地信百强企业净利润总额为41.6亿元，同比下降4.7%，较上届下降2.0%；人均净利润为4.3万元，较上届增长0.1万元；整体净利润率（净利润/企业全部业务营业收入，下同）为4.1%，较上届下降0.1个百分点。

### 2. 中小企业盈利有所提升，专精特新发展成效显现

2024地信最具活力中小企业（共100家）地理信息业务营收总额为48.2亿元，同比增长5.7%；净利润总额为8.1亿元，同比增长27.4%；整体净利润率为14.5%，较上届提升2.3个百分点。其中，50家上榜中型企业地理信息业务营收总额为34.2亿元，同比增长2.6%；净利润总额为6.1亿元，同比增长33.4%；整体净利润率为15.0%。50家上榜小型企业地理信息业务营收总额为14.0亿元，同比增长14.0%；净利润总额为2.0亿元，同比增长12.3%；整体净利润率为13.2%。2024地信最具活力中型企业榜单前5名和小型企业榜单前5名企业简介见附件4和附件5。

---

1　同比增长指的是2024地信百强企业这100家的两年数据比较，较上届指的是2024地信百强企业数据与2023地信百强企业数据的比较。

截至2023年末，我国已分5批累计培育专精特新“小巨人”企业12 950家。据中国地理信息产业协会统计，在5批专精特新“小巨人”企业中，共有地理信息企业276家，占比为2.1%。其中，2023年公布的第5批3 671家专精特新“小巨人”企业中，共有地理信息企业68家，占比为1.9%。地理信息专精特新“小巨人”企业最多的省份为北京(67家)，其次是广东(36家)和湖北(24家)，三省市数量总和占比达46%。

### 3. 上市挂牌企业涨跌参半，优质企业成为增长引擎

据190家地理信息上市挂牌企业(截至报告编写时发布了2022年和2023年年度报告的上市企业和新三板挂牌企业)数据：2023年营收总额为1 605.15亿元，同比下降1.0%；实现利润总额为35.84亿元，同比下降40.1%；员工总数为16.20万人，同比下降5.3%；人均营收为99.1万元，同比增长4.5%；人均利润为2.2万元，同比下降36.7%。在这190家上市挂牌企业中：2023年营收较2022年有所增长的企业数量占比为50%，这些企业营收同比增长13.5%；利润总额较2022年有所增长的企业数量占比为46.8%。其中，58家上市挂牌企业在2023年实现营收和利润总额的双增长，企业数量占比为30.5%。

其中，74家内地地理信息上市企业2023年营收总额为1 486.38亿元，同比下降1.2%；实现利润总额为34.57亿元，同比下降40.7%；员工总数为14.27万人，同比下降5.6%；人均营收为104.2万元，同比增长4.7%；人均利润为2.4万元，同比下降37.1%。116家地理信息新三板挂牌企业2023年营收总额为118.77亿元，同比增长1.3%；实现利润总额为1.27亿元，同比下降17.6%；员工总数为1.94万人，同比下降2.5%；人均营收为61.3万元，同比增长3.9%；人均利润为0.7万元，同比下降15.5%。

## (三)创新发展再攀高峰，成果丰硕蓄力前行

### 1. 企业加强研发投入，蓄力前行引领发展

73家内地地理信息上市企业(指发布了研发投入数据的73家企业，下同)2023年研发投入总额为172.6亿元，同比增长3.3%，平均每家为2.36亿元；超过10亿元的有5家，超过1亿元的有35家。其中，61.6%(45家)的上市企业研发投入较上年有所增长，增长率超过50%的有5家。73家内地地理信息上市企业的研发投入总额占营收总额的11.6%，较上年增加0.5个百分点；研发投入占营收比例超过50%的有3家，超过20%的有15家，超过10%的有45家。

110家地理信息新三板挂牌企业(指发布了研发投入数据的110家企业，下同)2023年研发投入总额为12.6亿元，同比增长4.4%，平均每家为1 142.5万

元。其中,58.2%(64 家)的上市企业研发投入较上年有所增长,增长率超过50%的有 13 家。110 家地理信息新三板挂牌企业的研发投入总额占营收总额的 10.8%,较上年增加 0.4 个百分点;研发投入占营收比例超过 20%的有31 家,超过 10%的有 62 家。

2024 地信百强企业 2023 年研发投入总额为 95.7 亿元,平均每家为9 574.6 万元,同比增长 7.2%;超过 10 亿元的有 1 家,超过 5 亿元且小于 10 亿元的有 2 家,超过 1 亿元且小于 5 亿元的有 18 家。其中,63 家企业的研发投入较上年有所增长,增长率超过 50%的有 9 家。100 家地信百强企业的研发投入总额占营收总额的 9.5%,较上年增加 0.1 个百分点,较上届增加 0.8 个百分点;研发投入占营收比例超过 20%的有 7 家,超过 10%且小于 20%的有 21 家。

在 2024 地信百强企业中,国家级高新技术企业占比为 92%。在 2024 地信最具活力中小企业中,国家级高新技术企业占比为 100%。中国地理信息产业协会发布的 100 家"2024 地理信息产业最具成长性企业"中,国家级高新技术企业占比为 94%(表 1)。2024 地理信息产业最具成长性企业榜单前 10 名企业简介见附件 6。

**表 1 2023—2024 各榜单中高新技术企业数量** 单位:家

| 企业类型 | 地理信息产业百强企业榜单 | 地理信息产业最具活力中小企业榜单 | 地理信息产业最具成长性企业榜单 |
|---|---|---|---|
| 上榜企业总数 | 100 | 100 | 100 |
| 2024 年国家级高新技术企业数量 | 92 | 100 | 94 |
| 2023 年国家级高新技术企业数量 | 93 | 99 | 98 |

### 2. 科研喜获最高奖励,创新成果再创佳绩

在国家科学技术奖、各省级科学技术奖、各国家级社会组织科学技术奖等相关奖项中获奖的地理信息相关专家和成果,给业内外带来了良好的示范效益,对促进地理信息科技水平提高、应用推广和推动地理信息产业发展起到了积极的作用。

2023 年度国家科学技术奖中,中国科学院院士、中国工程院院士、武汉大学教授李德仁获国家最高科学技术奖,10 项地理信息相关科技成果获奖,较2020 年度增加了 4 项。10 项获奖成果包括 1 项国家自然科学奖二等奖、5 项国家科学技术进步奖二等奖、4 项国家技术发明奖二等奖。

2023 年公布的全国各省级 2022 年度科学技术奖中,共有 67 个地理信息相关项目获奖,较 2021 年增加了 8 项。按照涉及的地理信息技术分类,包括测绘遥感技术项目 34 个、导航定位技术项目 14 个、地理信息系统技术项目 1 个及地理信息技术应用项目 18 个。按照涉及的应用领域分类,包括自然资源领域

18 个、交通领域 8 个、气象领域 6 个、生态环境领域 4 个、城市管理领域 3 个,地质、住建、农业、防灾减灾领域各 2 个,航天、国防、通信、文物保护、形变监测、制造业领域各 1 个。

中国地理信息产业协会主办的 2023 地理信息科技进步奖获奖项目共有 135 项,包括特等奖 4 项、一等奖 43 项、二等奖 88 项;2023 地理信息产业优秀工程奖获奖项目有 466 项,包括金奖 137 项、银奖 200 项、铜奖 129 项。中国卫星导航定位协会主办的 2023 年度卫星导航定位科技进步奖获奖项目共有 35 项,包括特等奖 3 项、一等奖 12 项、二等奖 20 项;2023 年度卫星导航定位创新应用奖获奖项目有 33 项,包括白金奖 2 项、金奖 13 项、银奖 18 项;卫星导航定位终身成就奖有 1 人,为中国工程院院士、西安测绘研究所研究员谭述森。由中国测绘学会评选的 2023 年测绘科学技术奖获奖项目共有 67 项,包括特等奖 3 项、一等奖 18 项、二等奖 46 项;2023 年全国优秀测绘工程奖获奖项目共有 191 项,包括金奖 39 项、银奖 67 项、铜奖 85 项。中国地理学会于 2023 年 6 月发布了 2022 年度“中国地理科学十大研究进展”“实现全球可持续发展目标路线图”等 10 项成果入选。2023 年 5 月,在自然资源部指导下,中国土地学会、中国地质学会、中国地质矿产经济学会、中国海洋学会、中国太平洋学会、中国自然资源学会等 6 家学会联合设立自然资源科学技术奖,同年 12 月,首届自然资源科学技术奖获奖结果公布,获奖项目共有 137 项,其中科技进步奖有 96 项(包括特别奖 1 项、特等奖 4 项、一等奖 14 项、二等奖 77 项),找矿奖有 13 项(一等奖 4 项、二等奖 9 项),青年科技奖有 28 项。

**3. 标准建设全面推进,团体标准加速增长**

在地理信息国家标准方面,截至 2023 年 12 月 31 日,全国地理信息标准化技术委员会(SAC/TC230)归口管理的国家标准共有 218 项(包括强制性国家标准 5 项、推荐性国家标准 210 项、指导性技术文件 3 项),在研国家标准有 78 项,在研国家标准外文版项目有 13 项。其中,2023 年国家市场监督管理总局、国家标准化管理委员会批准发布,由 SAC/TC230 归口管理的推荐性国家标准有 15 项。2023 年国家标准委员会下达 SAC/TC230 归口管理的国家标准计划项目有 20 项。

在地理信息行业标准方面,截至 2023 年 12 月 31 日,测绘地理信息行业标准共有 210 项(包括行业标准 190 项、指导性技术文件 20 项),在研行业标准有 164 项。其中,2023 年自然资源部批准发布的测绘行业标准有 31 项,行业指导性技术文件有 2 项。2023 年自然资源部下达的推荐性测绘行业标准新计划项目有 33 项,行业指导性技术文件计划项目有 4 项。

在地理信息标准国际化方面,我国牵头制修订国际标准工作已呈现持续发展的良好态势，成果显著，逐渐形成国际竞争新优势。截至2023年12月31日，全国地理信息标准化技术委员会（SAC/TC230）对口的国际标准化组织地理信息技术委员会（ISO/TC211）发布的地理信息国际标准有96项，制修订中的有23项，其中由我国主导编制的国际标准有10项，已发布8项，2项正在制定中。其中，2023年，我国牵头制定的1项国际标准正式发布，3项国际标准提案通过立项。2023年ISO/TC211继续组织开展标准外文版制定工作，把我国基础技术标准推向国际，更好地支持国际社会开展空间信息规范服务。ISO/TC211组织完成了《国家一、二等水准测量规范》等10项英文版国家标准的报批工作以及1项国家标准外文版的立项工作。《基础地理信息要素分类与代码》等英文版翻译工作也在按计划推进。这些标准国际化工作，不仅对我国相关研究和实践成果进行了固化，而且使我国在相关技术领域占据了主动权，提升了国际影响力，推动了我国地理信息领域的优势技术走向世界。

2023年向ISO/TC211推荐的两位中国专家成功获任两个工作组召集人职位，其中武汉大学乐鹏教授担任ISO/TC211/WG4地理信息服务工作组召集人，清华大学白玉琪教授兼任了气候变化特别工作组召集人。此外，2023年ISO/TC211第57次全体会议形成决议，白玉琪教授连任ISO/TC211第7工作组（WG7工作组）召集人，任期三年。2023年通过国家标准化管理委员会向国际标准化组织（ISO）正式注册了11名中国专家参与ISO/TC211 WG1、WG7、WG10和AG13等工作组中有关通用要素模型、位置服务和土地利用土地覆盖等项目的工作。

在地理信息团体标准方面，截至2023年末，在全国团体标准信息平台已发布的地理信息相关现行团体标准共有526项。其中，2023年共有95个社会团体发布236项地理信息相关团体标准。随着国家对标准化的重视程度不断提高，越来越多的行业和企业开始关注团体标准的重要性，团体标准在国内发展迅速，成为促进产业发展、提升产品质量和服务水平的重要工具，团体标准的需求量逐年增加。《中国标准化发展年度报告（2023年）》显示，截至2023年末，社会团体在全国团体标准信息平台上累计公布74 240项团体标准。其中，2023年社会团体在全国团体标准信息平台上公布23 162项团体标准。2023年发布的236项地理信息相关团体标准中，地理信息技术自身相关的标准和各领域中明确应用地理信息技术的标准共有135项。其中，测绘技术及应用的标准有58项，导航定位技术及应用的标准有48项，遥感技术及应用的标准有19项，地理信息系统技术及应用的标准有10项。地理信息跨界融合应用相关标准共有101项，应用于交通、能源电力、城市管理、自然资源、生态环境、水利、农业、医疗、建筑等众多领域，其中在交通、能源电力领域最多。2017—2023年地理信息相关团体标准发布数量见表 2。

表 2 2017—2023 年地理信息相关团体标准发布数量

| 年度 | 2017 年 | 2018 年 | 2019 年 | 2020 年 | 2021 年 | 2022 年 | 2023 年 | 总计 |
|---|---|---|---|---|---|---|---|---|
| 发布数量/项 | 10 | 21 | 16 | 60 | 61 | 122 | 236 | 526 |

### 4. 发明专利高速增长,高价值专利企业主导

截至 2023 年末,我国地理信息相关专利授权数超过 1.36 万件,较 2022 年同比增长 22.8%(表 3)。其中,授权专利中企业占比最高,占比达 68.5%,较 2022 年同比增长 20.9%;发明专利占比为 53.9%,较 2022 年同比增长 50.2%,取得高速增长,远超全国各类发明专利的同比增速 15.4%;硬件类占比为 56.2%,较 2022 年同比增长 21.2%。

表 3 2023 年地理信息领域专利授权情况

| 类型 | | 2023 年授权/件 | 2022 年授权/件 | 同比增长/% |
|---|---|---|---|---|
| 总计 | | 13 659 | 11 121 | 22.8 |
| 申请人分类 | 企业 | 9 291 | 7 687 | 20.9 |
| | 大学 | 2 100 | 1 616 | 30.0 |
| | 事业单位 | 1 243 | 773 | 60.8 |
| | 个人 | 1 025 | 1 045 | −1.9 |
| 专利类型 | 发明专利 | 8 013 | 5 335 | 50.2 |
| | 实用新型 | 4 948 | 5 063 | −2.3 |
| | 外观专利 | 698 | 723 | −3.5 |
| 内容分类 | 硬件类 | 7 633 | 6 297 | 21.2 |
| | 方法类 | 4 153 | 3 450 | 20.4 |
| | 软件类 | 1 873 | 1 374 | 36.3 |

### 5. 技术融合步伐加快,创新产品精彩纷呈

2023 年,产业界产品研发活动活跃,大数据、物联网(IOT)、云计算、人工智能(AI)等现代信息技术与地理信息技术融合创新更为明显。多项地理信息新产品新技术发布,软硬件产品不断迭代升级。

1)地理信息系统(GIS)、数字孪生基础平台开发能力增强

北京超图软件有限公司发布了 SuperMap GIS 2023,包含多个全新发布的产品:跨平台遥感影像处理桌面软件 SuperMap ImageX Pro(Beta)、跨平台电子海图生产桌面软件 SuperMap iMaritimeEditor、网络端三维地理设计 App SuperMap iDesigner3D、三维 WebGPU 客户端 SuperMap iClient3D for WebGPU(Beta)等产品。SuperMap GIS 2023 增强了云 GIS 服务器、边缘 GIS 服务器、端 GIS 等产品的能力,进一步完善了 GIS 基础软件五大技术体系——大数据 GIS、人工智能 GIS、新一代三维 GIS、分布式 GIS 和跨平台 GIS 技术

体系。

易智瑞信息技术有限公司发布了 GeoScene 4.0 版本，在提供稳健核心产品体系的基础上，升级三维、大数据、遥感影像、人工智能、知识图谱以及应用构建六大能力引擎，形成集工具、方案及应用于一体的地理信息平台。GeoScene 4.0 产品体系采用云端架构模式，由 GeoScene Online 公有云平台、GeoScene Enterprise 平台软件、GeoScene Enterprise on Kubernetes 平台软件（云原生版）、GeoScene Pro 专业桌面软件共同构筑核心基础底座。

中地数码科技有限公司发布了 MapGIS 10.6 Pro，从全空间 GIS、智能 GIS、信创 GIS、全栈开发等四大维度进行了全新升级。新推出的 MapGIS 数字孪生平台产品，提供了全新的数字孪生场景构建、场景渲染及虚拟仿真服务器、多客户端像素流渲染等，支持三维数字孪生建设。

百度地图发布了百度专网地图 DuGIS 6.0，其拥有全新的“MAP+GIS”一体化融合开发引擎，包括“N 大鲜活数据，一大‘MAP+GIS’一体化开发平台，三大智能开发引擎”，可实现对时空数据的全面管理，满足各类政企客户在专网环境进行业务应用开发的需求。具备大模型、全要素、可计算三大特性，可满足多行业场景需求。

神州龙空间技术（深圳）有限公司推出服务数字孪生应用领域的核心平台引擎——Longmap 数字孪生云平台，集地理空间数据整合管理、数据展示处理、数据分析应用、快速成图、服务发布、共享交换和云平台搭建为一体，使各行业的使用者可以将其 GIS 业务架构在这一支撑平台之上。该平台实现了二维三维一体化展现，可将建筑信息模型（BIM）与 GIS 数据无缝集成，具有突破数据处理速度瓶颈、“管理、发布、应用”一体化、数据快速渲染、可视化自定义标绘、灵活的二次开发能力，以及平台功能简易化等六大功能特色。

浙江中测新图地理信息技术有限公司推出的 ZC Twin 数字孪生时空智能平台，是基于新一代三维 GIS 技术与 Unreal Engine 游戏引擎深度融合的可编程、可扩展、可定制的开发平台，以时空地理信息数据流为驱动，采用云服务核心技术架构，链接物联网智能设备，整合了人工智能、大数据、物联网等最新信息与通信技术，提供全要素、全场景、全生命周期的智慧化数字孪生应用一站式服务。

2）实景三维软硬件一体化方案更加成熟

武汉大势智慧科技有限公司发布了实景三维全流程解决方案系列软硬件，覆盖数据采集、自动三维建模、模型后处理、数据展示与质检、成果汇交全流程，包括全面支撑信创环境的重建农场信创版实景三维数据生产算力中心、为实景三维建设新研发的城市三维模型快速构建软件（细节层次 1.3 级）、方便进行数据管理和更新的实景三维数据管理系统，以及多款符合多元场景数字化建设的智能化、一体化、场景化的新型国产测绘装备，包括智影 R100 可建模的旋转式手持激光同步定位制图(SLAM)扫描仪、智影 S100 可建模的固定式手持 SLAM 三维激光扫描仪等。

泰瑞数创科技(北京)股份有限公司发布了实景三维全产业链产品 5.0。自主研发的高精尖航空数据采集产品包括超宽幅摆扫航摄系统、高精度倾斜航摄系统、激光雷达航摄系统等。SmartEarth 实景三维地理实体生产平台 V5.0 作为一站式地理实体数据工厂，实现了二维三维地理实体一体化组织，实体化、结构化、语义化智能建模。SmartEarth 实景三维数据库系统 V5.0 作为对象化语义化空间数据仓库，实现了海量实景三维实体数据一库全管、实体聚合、智能组装。SmartEarth 实景三维双引擎系统平台 V5.0 作为实景三维实体承载与分析应用平台，实现了海量实景三维数据融合、高效加载渲染、多源异构语义分析。

瞰景科技发展(上海)有限公司发布了瞰景 Smart3D 2023 系列新产品新技术。Smart3D 2023 建模软件在空三加强、免像控精准局部更新、自动像控、重建几何结构优化、重建纹理优化、智能自适应水面约束、成果格式转换、坐标转换功能、一键式自动单体化、全新的移动扫描点云影像融合建模等多个方面功能加强。Smart3D Sat 2023 卫星影像建模系统能将多视立体影像进行三维重建并纹理映射构建真实的三维场景模型。公司还发布了 LiDARPro 三维地理实体自动化建模软件，更新发布了 Smart3D Viewer 2023 浏览器、KRMS 实时三维重建方案、SmartVD 高性能云桌面系统、超级节点管理器软件、KWS/KWSmini 系列高性能图形计算集群等软硬件。

北京数字绿土科技股份有限公司发布了三维要素智能化提取及分析软件 LiDAR360 MLS V7，大幅提升激光点云与图像要素处理的效率与精度；LiDAR360 V7，增加五大行业应用模块；激光雷达电力巡线软件 LiPowerline 4.1，配网线路点云分类效率翻倍；第三代架空线路智能自主巡检系统 LiAir X3C，集成 360°环扫雷达，作业效率和数据质量进一步提升；LiBackPack 系列 DGC50H 背包激光雷达扫描系统，采用双头 XT-16 激光器，每秒点频可达 64 万点。此外，公司还发布了便携式激光雷达测量设备 LiGrip H300、无人机激光点云扫描系统 LiAir 220 等。

埃洛克航空科技(北京)有限公司发布了 MapStudio 3.0。自主研发可配置地理坐标的场景构建工具 MapStudio 编辑器，通过低代码的方式简化了需求高专业性人才的要求，改变了以往每个定制化项目不能复用的弊端，同时该编辑器也是行业内首款可加载神经辐射场(NeRF)模型的编辑器类产品，通过 NeRF 模型和丰富的内置资源库大大提高了项目交付的速度、质量。

阿里云计算有限公司的阿里云瑶池数据库团队推出了空天大数据管理技术

方案 Ganos Aero。以 Ganos 的内置于数据库的栅格数据处理引擎为核心，结合云原生关系型数据库 PolarDB PostgreSQL 版、对象存储 OSS、云原生多模数据库 Lindorm（可选），再搭配 Jupyter、Spark、Geoserver 等开源工具，形成的海量异构空天数据的 In-database 解决方案，是首个以云原生时空数据库为核心实现大规模空天数据管理的解决方案。

3）遥感人工智能（AI）大模型加速落地引领创新方向

阿里达摩院发布遥感人工智能解译通用分割模型（AIE-SEG）。该遥感人工智能大模型已经在 AI Earth 地球科学云平台上开放使用。用户可以通过“开箱即用”的应用程序接口（API）调用服务，根据需要定制各种遥感 AI 解译功能，例如水体提取、耕地变化监测、光伏识别等。该模型可识别地表上的各种元素，包括农田、农作物和建筑等。

航天宏图信息技术股份有限公司发布“天权”视觉大模型。它是一款基于多模态大模型技术的遥感解译专用人工智能大模型，结合了计算机视觉（CV）大模型和自然语言处理（NLP）技术，融合航天宏图 PIE-Engine 时空云服务核心技术，旨在解决现有“AI＋遥感”业务模式下样本标注及模型泛化的局限性，致力构建“分割、检测、生成”一体化的智能遥感生态体系，赋能国防安全、自然资源、交通水利等多个应用领域。

中科星图股份有限公司发布云上计算产品星图地球智脑引擎 GEOVIS Earth Brain。该产品集成了全球首个面向多模态遥感数据的生成式自监督基础模型“空天・灵眸”，深度融合地球大数据、分析解译算法、超级计算机，构建可计算数字地球核心引擎。通过密集型“智能计算”为用户提供地球数据智能处理、地球信息智能感知、地球场景智能重建能力，并向互联网用户开放各类计算能力接口，以便快速构建云上应用，为地球科学研究、遥感行业应用、大众日常生活等提供高质量的时空内容服务。

商汤集团有限公司发布了基于“商汤日日新 SenseNova”大模型体系的遥感大模型，以及 SenseEarth 3.0 智能遥感云平台和“商汤地界”智慧遥感数据产品。商汤遥感大模型以通用视觉大模型为基础，具有不同地物种类、不同影像类型、不同影像时间和谱段的高泛化能力，拥有先进的地物解译能力和媲美人工标注的生成式图斑效果。SenseEarth 3.0 发布了商汤遥感大模型中涵盖的 25 个语义分割模型，提供超 30 种智能遥感分析工具。

土豆数据科技集团有限公司正式发布弗雷云 4.0。弗雷云 4.0 是以云原生技术和时空大模型为核心生产力的时空信息数字化基础设施，通过对时空业务的高效串联，打通数据流动，构建应用闭环。平台以时空大模型为支撑，提供模型微调训练框架、各类开源大模型、时空业务插件和业务数据接口等服务，助力各领域的应用开发者,快速搭建垂直行业的时空大模型服务。

北京数慧时空信息技术有限公司发布自然资源多模态大模型“长城”。“长城”支持自然资源领域多种模态的数据,包括空间(即矢量)、文本、图像(包括影像、视频、照片等)、音频等。通过对不同模态数据的标注学习,能够理解和互相转换多种模态数据。

中国四维测绘技术有限公司正式发布四维地球遥感云服务平台 2.0 版本。四维地球 2.0 围绕遥感影像管理、数据产品共享和用户交互体验三个方面进行了全面升级,新增多级用户管理功能,移动端采用全新渲染引擎,更新了原有的全球影像底图数据,丰富了日新图产品的卫星源,增加了基础电子地图数据服务,重新设计了产品下单流程。

4)电子地图导航、智驾双维智能化升级

百度全新推出 AI 原生地图应用,上线“AI 向导”功能,用户只需通过自然语言对话,便可一步唤醒地图中埋藏的各种功能和服务,该功能进一步提升出行和决策效率,带给用户新的交互体验。百度地图依托北斗高精定位技术、智能车道推荐算法和三维精模级高清渲染技术,全新升级发布城市车道级导航 3.0,该导航可提供更加清晰、立体的全局车道规划和引导,全程为用户推荐变道更少、更顺的车道,帮助用户看清路、走对道,轻松应对众多“变道焦虑”场景,提升驾驶安全度和体验。百度地图自研落地了行业首个地图生成大模型,通过构建“端到端”车道网络新范式,实现地图制图成本降低 95%,显著提升地图的全流程制作技术。

高德发布的全新 HQ Live MAP,通过保留一定精度、同时具备鲜度和城市覆盖范围优势的高质量数据产品,部署全场景的高级辅助驾驶服务。高德世界地图在全球超过 200 个国家和地区上线,应用北斗卫星导航系统全球定位能力,实现境外路线规划和导航服务。高德云图发布的高德云睿时空大模型,是业内首个以地图点、线、面、体时空类数据为训练基础的大模型,具备千亿级时空信息与多源数据融合能力,可为企业提供基于时空维度、更加全面准确的预测分析能力;发布的云境 AI 沉浸式三维平台是基于三维隐式空间建模、人工智能深度学习的全自动化和高质量的三维重建平台,支持多种数据接入,包括普通手机和相机数据,可实现 AI 全自动、高精度的三维场景还原。

腾讯发布了面向自动驾驶、舱驾一体的地图服务平台——腾讯智驾云图。在“云到端”模式下,腾讯智驾云图除了提供导航信息以外,还会将地图数据变化、动态交通、环境信息以及驾驶经验数据一同下发至车端。在“云到云”模式下,腾讯智驾云图直接对接车企的自动驾驶云,车企可以将智驾云图提供的数据信息和自有数据融合之后进行使用。通过基于大模型的环境经验图层和驾驶行为经验图层的合作共建，腾讯智驾云图可以提供传统地图不具备的弯道建议车速、颠簸路段建议车速、行人易穿行道路信息等更丰富的驾驶经验数据，使得自动驾驶系统的驾驶行为更加接近真人。腾讯地图 V10.0 版本正式上线，实现底图全面三维化。

四维图新发布的 MineData 4.0 是面向行业数智化转型打造的智能地图服务平台。集数据生态、算法研判、交互式开发和运营服务为一体，以六大核心能力实现对全景时空数据的全流程闭环管理，依托全自研高性能三维渲染引擎，支持快速构建跨平台二维三维一体化场景，实现实时感知、全面刻画和智能决策，通过灵活的专网和在线应用方式，为政府、企业、用户提供更加便捷、高效、安全的一站式服务。

京东物流数智地图 SaaS 平台“与图”全新推出位域大数据服务功能，形成位域大数据、全面制图、智能地址、智能分单、智能调度、智能选址六大产品模块，打通人、车、货、场、客、销的全链路数据，结合京东物流“与图”的数字化能力，以地理思维协助企业数字化转型，为智慧物流、零售连锁、家电家居、金融保险等众多领域企业提供安全、稳定、鲜活的数据服务，帮助其实现数字化转型。

5)测绘仪器装备自动化集成化智能化加强

国内测绘装备厂商紧跟市场需求变化与技术更新，在高端智能装备的研发和生产上加强研发投入，攻克关键技术，全面加速推进高端装备国产化替代，2023 年推出了多款有市场竞争力的新产品。例如，南方测绘发布 SPL-1500 架站式三维激光雷达测量系统；合众思壮发布架站式高精度三维激光扫描仪 X500；中海达发布 R2 机载激光测量系统、便携式多波束测深仪 iBeam 8140P、轻小型机载激光测量系统智喙 S1；华测导航子公司武汉讯图正式推出便携式“天工一体机”，内置天工航空影像三维建模软件，单套设备即可完成一天 13 平方千米的重建任务；和芯星通发布高精度实时动态(RTK)全球导航卫星系统(GNSS)定位模组 UM960；千寻位置发布 P10 Pro 车载高精度定位终端、4G 厘米级双天线定位定向 GNSS 板卡 OEM982 和全新一代旗舰型行业无人机千巡翼 X4；飞马机器人发布手持激光扫描仪 SLAM2000、飞马智能航测系统 E3000、倾斜摄影模块 DP500；数字绿土发布矿用本安型三维激光扫描仪；四维时代发布实景三维激光相机四维深光；泰瑞数创发布超宽幅摆扫航摄系统、高精度倾斜航摄系统、激光雷达航摄系统，采集范围覆盖地形级、城市级，可精细化至部件级；东方至远发布生态合作雷达系列产品；联合飞机发布新一代智能飞行平台镭影 Q20；等等。

随着人工智能技术的深化应用，智能化测绘仪器装备实现了自动化获取实时动态数据，如南方测绘的智能测量自动全站仪 NTS-591/592、立得空间的全地形移动测量机器人、中海达的 iBoat BS12 安卓测流无人船、合众思壮的 UN300E 显控一体农机自动驾驶系统,各种无人机全自动飞行系统也逐步实现了市场化。

## (四)产业基础不断夯实,筑牢时空数字底座

### 1. 北斗服务性能再获提升,国际化市场化加速推进

截至 2023 年底,中国在轨运行的北斗导航卫星增至 48 颗,包括 15 颗北斗二号卫星、33 颗北斗三号卫星。2023 年 5 月 17 日,我国在西昌卫星发射中心用长征三号乙运载火箭,成功发射第 56 颗北斗导航卫星。该卫星属地球静止轨道卫星,是我国北斗三号工程的首颗备份卫星,入轨并完成在轨测试后,将接入北斗卫星导航系统。2023 年 12 月 26 日,在西昌卫星发射中心成功发射第 57 颗、58 颗北斗导航卫星,这是北斗三号全球卫星导航系统 2020 年 7 月 31 日正式建成开通以来发射的首组中圆地球轨道卫星,进一步提升了北斗卫星导航系统的可靠性和服务性能。

2023 年,北斗系统正式加入国际民航组织(ICAO)标准,成为全球民航通用的卫星导航系统。北斗系统成功通过 ICAO 相关技术验证,进一步验证了北斗系统的全球服务能力。北斗系统纳入国际民航组织标准,对于推动民航高质量发展和交通强国建设具有重要意义,有利于推进北斗系统在民航领域的市场化、产业化、国际化应用。

在专业应用市场方面,截至 2023 年底,国内主要行业和领域的卫星导航终端设备保有量已达到约 3 200 万台(套),其中支持北斗功能的约为 2 500 万台(套),相比 2022 年增加约 440 万台(套),北斗终端设备在专业领域的应用渗透率已接近 80%。在大众消费领域,2023 年国内智能手机出货量达到 2.76 亿部,支持北斗功能的占比达到 98%。2023 年申请入网的 300 多款智能手机都支持北斗定位。北斗在国内导航地图领域已实现主用地位。北斗定位服务日均使用量超 6 000 亿次,峰值超过万亿次。

### 2. 北斗地基增强系统升级,高精度定位应用更普及

2023 年 7 月,国家北斗地基增强系统“全国一张网”完成全面安全升级。此次安全升级覆盖“全国一张网”的全部 3 700 个北斗地基增强站,地基增强站核心设备“潜龙”时空服务器已由国家密码管理局商用密码检测中心颁发商用密码产品认证。千寻位置作为国家北斗地基增强系统的建设与运营方,通过采用国产商用密码技术,对北斗时空大数据实现全程加密传输和存储,从源头保障我国北斗时空大数据安全。2023 年 7 月 1 日,新修订的《商用密码管理条例》正式实施,强调商用密码是维护国家安全的基础支撑。国家将重点推动商用密码在信

息领域新技术、新业态、新模式中的应用。基于国产商用密码的应用实践与安全技术研发，国家北斗地基增强系统建设实现整体安全升级、平稳运行，全面守护国家时空大数据安全。

目前，高精度定位应用逐步向普适化、标配化演进，已成为各大全球导航卫星系统的发展热点。北斗高精度定位日渐成为车载终端、智能手机、智能穿戴设备的标配，推动高精度定位商业化应用走入更多领域。截至 2023 年底，千寻位置数据显示，该公司北斗高精度服务在智能汽车累计在线时长已突破 10 亿小时，FindAUTO 北斗时空汽车高精度定位方案已在 30 余款车型上批量交付，累计获得 100 余款车型定点，覆盖国内众多主流汽车品牌。六分科技已经完成北斗地基增强系统“全国一张网”建设，组网站点超过 3 000 个，厘米级位置服务覆盖 100％的城市主干道、99.5％的高速公路。滴滴青桔共享单车通过加载六分科技的高精度定位服务和算法，能够准确判断车辆是否进入电子围栏、停车是否规范，显著提高了计费精度和管理效率。

截至 2023 年底，我国已建成卫星导航定位基准站约 32 000 座。根据建设主体、应用范围和使用目的，基准站网包括：维护坐标框架的基准站网，由国家和各省级自然资源主管部门建设，已建成 3 640 座；服务于行业业务的行业应用基准站网，主要由中国地震局、中国气象局、国家电网、南方电网、交通运输部、国家铁路集团等部门和单位联合建设，已建成约 6 000 座；社会服务基准站网，主要由中国移动、中国联通、华测导航、千寻位置、六分科技、南方测绘等企业建设，已建成约 23 000 座。

**3. 商业遥感卫星发展迅猛，不断拓展应用服务场景**

2023 年，我国民用遥感卫星继续快速发展，特别是商业遥感卫星发展迅猛，已由试验性运行向业务化运行发展，卫星遥感应用由行业化应用向大众化应用发展。

截至 2023 年末，我国民用遥感卫星共发射 467 颗，在轨工作卫星数量为 443 颗。2023 年新增在轨民用遥感卫星 149 颗，占在轨工作卫星总数的 33.6％。从投资主体和商业运营方面看，截至 2023 年末，财政投资的高分卫星、陆地观测卫星、海洋观测卫星、气象观测卫星及相关科研试验卫星等公益卫星累计发射达 138 颗，在轨工作卫星数量为 120 颗，在民用遥感卫星中占比为 27.1％。其中，2023 年，新增在轨的公益工作卫星 15 颗。截至 2023 年末，商业遥感卫星累计发射超过 329 颗，在轨工作卫星数量为 323 颗，在民用遥感卫星中占比为 72.9％，是在轨工作公益卫星占比的 2.7 倍。其中，2023 年共发射超过 134 颗。2023 年新增的民用遥感卫星中，商业遥感卫星占 89.9％(表 4)。

表 4 截至 2023 年末我国民用遥感卫星数量 单位:颗

| 类型 | 全部 | 2023 年新增 | 2022 年新增 | 2021 年新增 | 2020 年新增 |
|---|---|---|---|---|---|
| 民用遥感卫星 | 443 | 149 | 109 | 38 | 24 |
| 商业遥感卫星 | 323 | 134 | 90 | 27 | 14 |
| 公益卫星 | 120 | 15 | 19 | 11 | 10 |

注:民用遥感卫星包括商业遥感卫星和公益卫星。

近年来,卫星遥感不断深化和拓展行业应用领域。在资源勘察、地质调查、海监海事、生态环境保护、城乡治理、智慧交通、水利水务、精准农业、农林植保、应急管理、气象服务、测绘制图、生物多样性监测、保险理赔、设施和工地监管与巡检等领域,卫星遥感应用场景不断增加。同时,卫星遥感应用正加速走进人们的生活,从服务于专业用户和政府用户逐步扩展到服务于大众用户。

**4. 公共服务平台作用显著,转型升级建设正式启动**

地理信息公共服务平台"天地图"已经成为我国迄今为止最大的由政府主导建设的互联网地理信息公共资源。截至 2023 年,在线地图系统注册用户超过 95 万个,支撑各类应用超过 85 万个,日均地图服务请求超过 10 亿次,广泛应用于自然资源、生态环境、公共安全、科研教育、交通运输、水利、农业、民政、气象、地震、住建、能源等行业或部门,成为这些部门或行业"用得上、离不开"的基础平台。

地理信息公共服务利用地理信息资源为政府决策、经济发展、社会管理和应急保障等提供关键的信息支持,面向公众生活提供各类与地理位置相关的信息服务。在满足自然资源管理日常业务方面,地理信息公共服务涉及地上地下、水上水下各类自然资源现状数据,不动产权籍、三区三线等管控数据,统计分析、日常监管、开发利用、保护治理等形成的业务数据以及其他政府部门协同共享的时空数据。自然资源部有关司局、直属单位和派出机构 40 余家单位 80 多个业务系统使用了"天地图"服务,如国土调查云平台、国土空间基础信息平台、自然资源执法综合监管平台、农村乱占耕地数据汇交平台、全国林地"一张图"平台、地价信息服务平台、地质云平台等,这些应用的日均地图服务调用量约为 7 100 万次,占"天地图"日总调用量的 16.57%,单日峰值达到 4.5 亿次,占"天地图"日总调用量的近三分之一。此外,"天地图"多次为国家重大国情国力调查、普查提供在线地理信息服务支撑,如 2023 年开展的第五次全国经济普查。

2022 年,自然资源部组织 10 个省(自治区、直辖市)开展新一代地理信息公共服务平台"天地图"建设试点。2023 年,该试点工作顺利完成,形成了一批可复制、可推广的技术方案、软件工具、工作机制等,为全面开展新平台建设提供了丰富的、可借鉴的经验。建立了数据汇聚、整合、发布全流程在线协同更新技术体系,更新发布矢量数据 1 231 万条、2 米分辨率影像数据 794 万平方千米、亚米级分辨率影像数据 655 万平方千米;统建共用云计算基础设施取得积极进展,有效缓解了运行支撑不足问题。2023 年 3 月,《新一代地理信息公共服务平台(天地图)建设试点技术实施方案》正式印发实施,标志着新一代“天地图”的建设正式启动。

**5. 新型基础测绘建设加快,实景三维建设成果显著**

2023 年,新型基础测绘体系探索实践驶入快车道。在顶层设计方面,初步确立了以现代测绘基准、实景三维中国、实景三维时空大数据平台为主要内容的新型基础测绘业务格局,新型基础测绘产品、技术和标准体系框架基本形成。在理论研究方面,形成了实景三维中国总体设计方案、实景三维中国知识体系等研究成果。在试点实践方面,除设立北京、上海、山东、广西、宁夏、武汉、西安、贵阳、徐州、嘉兴(含嘉善县)、株洲等 11 个国家级试点外,湖南、江苏、安徽、广东等地也自行开展了省级试点。在新型产品模式设计、数智化建模生产、实体化集成管理、知识化服务赋能以及生产组织模式再造、协同建设及联动更新等方面取得了诸多创新突破。

实景三维中国建设加快推进。在地形级实景三维建设方面,已全面建成覆盖全国陆地国土的 10 米格网新一代数字高程模型,完成了东部和西部重点区域约 600 万平方千米、优于 5 米格网地形三维模型建设;建成了 13 版覆盖全国陆地国土 2 米分辨率、3 版覆盖重点区域优于 1 米分辨率的影像数据,实现影像成果由不定期获取向按季度采集和提供的跨越;完成了黄河流域约 40 万平方千米基础地理实体数据建设。在地市级实景三维建设方面,已有 26 个省(自治区、直辖市)的 264 个城市开展了约 5.52 万平方千米的城市三维模型建设,在数字化转型和智慧城市建设中发挥了重要作用。其中,武汉、西安、株洲、贵阳等 60 多个城市已经初步完成了当地的实景三维建设工作。

2023 年 3 月,自然资源部印发《实景三维中国建设总体实施方案(2023—2025 年)》(自然资发〔2023〕31 号)。该方案对 2023—2025 年实景三维中国建设的目标、任务、技术流程与方法、主要成果与汇集、组织实施等进行了说明,将指导全国实景三维中国建设,保障建设工作的顺利实施。

2023 年 8 月,自然资源部出台了《自然资源部关于加快测绘地理信息事业转型升级更好支撑高质量发展的意见》(自然资发〔2023〕158 号),从新型基础测绘体系建设、实景三维中国建设、测绘地理信息数据基础制度建设和地理信息产业发展等方面明确了测绘事业的发展目标。该意见提出:到 2025 年,完成新型基础测绘体系建设试点,形成新型基础测绘业务格局;实景三维中国建设取得阶段性成果,5 米格网地形级实景三维基本建成,5 厘米分辨率城市级实景三维初步实现对地级以上城市覆盖;95%的用户使用公众版测绘成果,新一代地理信息公共服务平台“天地图”建设基本完成。到 2030 年,新型基础测绘体系、实景三维中国、新一代地理信息公共服务平台“天地图”全面建成;测绘地理信息数据基础制度基本建立,数据要素市场配置机制基本形成;测绘地理信息安全屏障更加牢固,支撑经济社会高质量发展能力明显增强。

各地也在国家有关政策文件基础上结合实际,出台本地实景三维建设的有关文件。截至2023年底,31个省(自治区、直辖市)将实景三维建设纳入基础测绘规划、自然资源保护和利用规划或测绘地理信息发展规划。黑龙江、江苏、福建等10个省(自治区、直辖市)出台通知推进本地实景三维建设;21个省级(省、自治区、直辖市和新疆生产建设兵团)自然资源管理部门编制了实景三维建设实施方案(表5)。

**表5 省级实景三维建设相关政策文件制定情况**

| 地区 | 列入基础测绘等规划情况 | 出台实景三维建设相关文件情况 |
|---|---|---|
| 北京市 | 北京市“十四五”时期基础测绘发展规划 | 国家新型基础测绘建设北京试点2023年度工作计划 |
| 天津市 | 天津市基础测绘“十四五”规划 | 实景三维天津建设实施方案(2023—2025年) |
| 河北省 | 河北省基础测绘“十四五”规划 | 实景三维河北建设实施方案(2023—2025年) |
| 山西省 | 山西省基础测绘“十四五”规划<br>山西省“十四五”自然资源保护和利用规划 | 实景三维山西建设总体实施方案(2023—2025年) |
| 内蒙古自治区 | 内蒙古自治区“十四五”基础测绘规划 | 内蒙古自治区实景三维建设总体实施方案(2023—2025年) |
| 辽宁省 | 辽宁省基础测绘“十四五”规划<br>辽宁省“十四五”自然资源保护和利用规划 | 实景三维辽宁建设实施方案(2023—2025年) |
| 吉林省 | 吉林省基础测绘“十四五”规划<br>吉林省自然资源保护和利用“十四五”规划 | 实景三维吉林建设实施方案<br>2023年度实景三维吉林建设工作计划 |
| 黑龙江省 | 黑龙江省国民经济和社会发展第十四个五年规划和二〇三五年远景目标纲要<br>黑龙江省“十四五”基础测绘规划 | 关于全面推进实景三维龙江建设的通知<br>实景三维龙江建设实施方案(2023—2025年) |
| 上海市 | 上海市基础测绘发展“十四五”规划 | |
| 江苏省 | 江苏省“十四五”基础测绘规划<br>江苏省“十四五”自然资源保护和利用规划 | 江苏省自然资源厅关于全面推进实景三维江苏建设的通知<br>实景三维江苏建设实施方案(2023—2025年) |
| 浙江省 | 浙江省自然资源发展“十四五”规划<br>浙江省基础测绘“十四五”规划 | |
| 安徽省 | 安徽省“十四五”测绘地理信息规划 | 安徽省实景三维中国建设实施方案(2023—2025年) |

续表

| 地区 | 列入基础测绘等规划情况 | 出台实景三维建设相关文件情况 |
|---|---|---|
| 福建省 | 福建省“十四五”自然资源规划 | 福建省自然资源厅办公室关于全面推进实景三维福建建设的通知<br>实景三维福建建设实施方案(2023—2025年) |
| 江西省 | 江西省“十四五”基础测绘规划 | 实景三维江西建设总体实施方案(2023—2025年)<br>江西省自然资源厅关于转发《自然资源部办公厅关于全面推进实景三维中国建设的通知》的通知 |
| 山东省 | 山东省“十四五”基础测绘规划<br>山东省国民经济和社会发展第十四个五年规划和2035年远景目标纲要<br>山东省“十四五”数字强省建设规划<br>山东省“十四五”基础测绘规划 | 关于全面推进实景三维山东建设的通知<br>实景三维山东建设总体实施方案(2023—2025年) |
| 河南省 | 河南省“十四五”自然资源保护和利用规划<br>河南省“十四五”新型基础设施建设规划<br>河南省“十四五”基础测绘规划 | 河南省自然资源厅关于全面推进实景三维河南建设的通知<br>实景三维河南建设总体实施方案(2023—2025年)<br>河南省自然资源厅关于加快推进实景三维河南建设工作的通知 |
| 湖北省 | 湖北省基础测绘“十四五”规划 | |
| 湖南省 | 湖南省“十四五”基础测绘规划<br>湖南省“十四五”自然资源发展规划<br>湖南省“十四五”数字政府建设规划 | 实景三维湖南建设实施方案(2023—2025年)<br>湖南省新型基础测绘体系建设工作方案<br>实景三维湖南建设实施方案(2023—2025年)<br>湖南省“十四五”数字政府建设实施方案 |
| 广东省 | 广东省基础测绘“十四五”规划<br>广东省自然资源保护与开发“十四五”规划 | 实景三维广东建设实施方案(2023—2025年)的通知<br>广东省自然资源厅办公室关于做好实景三维广东2023年度省级建设的通知 |
| 广西壮族自治区 | 广西基础测绘高质量发展“十四五”规划 | 广西壮族自治区自然资源厅办公室关于全面推进实景三维广西建设的通知<br>实景三维广西建设总体实施方案(2023—2025年) |
| 海南省 | 海南省基础测绘“十四五”规划 | 关于全面推进实景三维海南建设的通知 |
| 重庆市 | 重庆市自然资源保护和利用“十四五”规划(2021—2035年)<br>重庆市测绘地理信息发展“十四五”规划 | |

续表

| 地区 | 列入基础测绘等规划情况 | 出台实景三维建设相关文件情况 |
|---|---|---|
| 四川省 | 四川省基础测绘“十四五”规划<br>四川省“十四五”自然资源保护和利用规划 | 关于加快推进实景三维四川建设的通知 |
| 贵州省 | 贵州省“十四五”自然资源保护和利用规划<br>贵州省“十四五”测绘地理信息发展规划 | 贵州省自然资源厅关于开展贵州省城市三维模型快速构建工作的通知 |
| 云南省 | 云南省“十四五”基础测绘规划 | |
| 西藏自治区 | 西藏自治区“十四五”时期自然资源规划 | 关于全面推进实景三维西藏建设的通知<br>实景三维西藏建设实施方案(2023—2025年) |
| 陕西省 | 陕西省“十四五”基础测绘发展规划 | |
| 甘肃省 | 甘肃省“十四五”基础测绘规划 | 甘肃省自然资源厅关于全面推进实景三维甘肃建设的通知<br>实景三维甘肃建设总体实施方案(2023—2025年) |
| 青海省 | 青海省“十四五”基础测绘规划<br>青海省“十四五”自然资源保护和利用规划 | 实景三维青海建设实施方案(2023—2025年) |
| 宁夏回族自治区 | 宁夏回族自治区基础测绘“十四五”规划 | 实景三维宁夏建设实施方案(2023—2025年) |
| 新疆维吾尔自治区 | 新疆维吾尔自治区基础测绘“十四五”规划 | 关于加强自治区基础测绘工作的通知 |
| 新疆生产建设兵团 | | 实景三维新疆生产建设兵团建设总体实施方案 |

### 6. 人才队伍建设不断强化，驱动数字化绿色化发展

截至目前，我国具有地理信息科学本科专业的高校共有199所，具有测绘工程本科专业的普通高校共有160所，具有遥感科学与技术本科专业的高校有71所，具有地理空间信息工程本科专业的高校有23所；具有测绘地理信息类硕士点、博士点的院校均达50余所；开设测绘地理信息相关专业的高职高专院校有近300所。每年培养的测绘地理信息类本科和硕士、博士毕业生总数约4万人，测绘职业技术人员约2万人。

国家“十四五”规划明确指出，要加快数字化发展，建设数字中国，推动绿色发展，促进人与自然和谐共生。当前我国正在加快数字化、绿色化转型发展，加快发展新质生产力。越来越多的数字职业、绿色职业在数字化、绿色化发展趋势下被催生。地理信息产业是数字经济的重要组成部分，地理信息技术是绿色技术的重要组成部分，大量地理信息相关职业具有数字化、绿色化的特点。国家职

业分类大典(2022年版)首次对我国职业标注“数字职业”,共标识了97个数字职业,此外还标识了134个绿色职业,既是数字职业又是绿色职业的有23个。数字职业、绿色职业、既是数字职业又是绿色职业的,其中分别有14个、15个、11个为地理信息直接相关的职业,占比分别为14.4%、11.2%、47.8%(表6)。这充分说明了我国地理信息从业人员有数字化、绿色化劳动力特征,说明地理信息产业在数字化、绿色化转型中的重要作用。

表6 国家职业分类大典(2022年版)中标识为数字职业和绿色职业的与地理信息直接相关的职业

| 职业编码 | 职业名称 | 数字职业 | 绿色职业 |
|---|---|---|---|
| 2-02-01-02 | 地球物理地球化学与遥感勘查工程技术人员 | 是 | 是 |
| 2-02-02-01 | 大地测量工程技术人员 | 是 | 是 |
| 2-02-02-02 | 工程测量工程技术人员 | 是 | |
| 2-02-02-03 | 摄影测量与遥感工程技术人员 | 是 | 是 |
| 2-02-02-04 | 地图制图工程技术人员 | 是 | |
| 2-02-02-05 | 海洋测绘工程技术人员 | 是 | 是 |
| 2-02-02-06 | 地理国情监测工程技术人员 | 是 | 是 |
| 2-02-02-07 | 地理信息系统工程技术人员 | 是 | 是 |
| 2-02-02-08 | 导航与位置服务工程技术人员 | 是 | 是 |
| 2-02-02-09 | 地质测绘工程技术人员 | 是 | 是 |
| 4-08-03-01 | 大地测量员 | 是 | 是 |
| 4-08-03-02 | 摄影测量员 | 是 | 是 |
| 4-08-03-04 | 工程测量员 | 是 | |
| 4-08-03-06 | 海洋测绘员 | 是 | 是 |
| 4-08-03-07 | 无人机测绘操控员 | | 是 |
| 4-08-04-01 | 地理信息采集员 | | 是 |
| 4-08-04-02 | 地理信息处理员 | | 是 |
| 4-08-04-03 | 地理信息应用作业员 | | 是 |

## 二、2023年国际地理信息产业概况

### (一)国际地理信息产业发展总体形势

根据世界银行集团报告,2023年全球经济增长率为2.6%,按历史标准来看仍显低迷。全球面临的风险仍由下行风险主导,包括地缘政治紧张局势、贸易碎片化、长期高利率以及气候相关灾害。全球范围内,地理信息产业在精准农业、城市空间规划、灾害预防等众多领域的作用不断凸显,在军事领域发挥的作用也更加重要。根据地理空间世界(Geospatial World)网站对全球地理信息产业的统计,2023年全球地理信息产业总值为5 310亿美元,预计到2030年将达到1.06万亿美元,2025年至2030年的复合年增长率为10.2%。2023年,地理信

息技术在多个领域的日益融合以及空间数据分析、人工智能和传感器技术的进步成为全球地理信息产业持续增长的主要因素。从地区发展上来说,美国仍然是全球地理信息产业发展领头羊,2023 年地理信息产业产值达到 1 330 亿美元,占全球总产值的四分之一左右。以我国为代表的亚太地区仍然保持较好的增长态势,我国地理信息产业总产值和产业发展增速已经正式进入全球地理信息产业第一梯队。

## (二)国外重点地理信息企业发展情况

### 1. 空间分析领域

2023 年,空间分析和基础平台领域在全球地理信息产业中的进展最为瞩目。人工智能技术在 2023 年与地理信息技术深度融合,创建了多个新融合技术和新服务业态。根据 InsightAce Analytic 公司发布的全球地理空间分析市场规模、份额和趋势分析报告,2022 年全球地理空间分析市场规模为 662.9 亿美元,预计到 2031 年全球地理空间分析市场规模将超过 1 875.1 亿美元,预测期内复合年增长率为 12.47%。当前在人工智能、机器学习的加持下,越来越多的空间数据可以被实时收集、分析和可视化,为企业提供有价值的见解。这些技术使公司能够从数据中提取更多价值,并更好地理解复杂的空间关系。此外,对导航、资产跟踪和应急响应等基于位置服务的需求不断增长,也在推动各行各业采用地理空间分析解决方案方面发挥关键作用。但是,在地理信息和人工智能领域人才的缺失使得地理空间分析领域快速发展受到限制。目前,谷歌(Google)、海克斯康(Hexagon)、Esri 仍然是空间分析领域巨头,一些地理信息人工智能公司如笛卡尔实验室、宾利等快速跟进,在空间分析领域取得较好反响。

谷歌公司 2023 年利用其强大的人工智能能力在谷歌地图中进行了大量更新。谷歌公司 2023 年发布了"沉浸式视图"功能,使用人工智能结合神经辐射场(NeRF)技术融合了数十亿张街景和航拍图像,让用户能够以高度逼真的三维方式探索各个地方。同时,谷歌公司还发布了 Lens(实时显示搜索)功能,使用人工智能和增强现实技术,让用户在实景的三维视图中查看地图标记和显示方向。谷歌公司还更新了"鸟瞰视图"应用程序接口(API),允许开发者创建展示高分辨率、电影级别的虚拟航拍视频,帮助用户了解地点规模与布局,增强规划和决策能力。同年 8 月,谷歌地图推出一系列包括日照、花粉和空气品质的环境 API,使用户得以开发更多可持续发展环境应用。例如日照 API 运用影像数据以及房子屋顶的数字表面模型(DSM)提供个性化太阳能节能评估,数据共覆盖超过 3.2 亿栋建筑物。谷歌公司官方宣称仅日照 API 就能够在推出后的第一年创造 1 亿美元的收入。不仅如此,谷歌公司还增加了针对电动车的导航功能,实现路线中实时规划充电站等。近期，谷歌地图还借助其大语言模型发布了“本地向导”功能，通过挖掘2.5亿条景点详细信息和3亿多个用户反馈，提供了个性化的本地景点旅游规划服务，用户可以通过提出出行要求获得个性化建议，增强旅行体验。在大力发展人工智能技术融合的同时，谷歌公司也在试图精简其地图产品。

笛卡尔实验室(Descartes Labs)是一家专门利用先进的人工智能和机器学习技术将卫星影像和其他地理信息数据转化为解决方案和分析报告的公司。公司自2014年成立以来，长期在农业、采矿、情报分析、宏观经济分析等领域持续深耕，并发布了很多世界领先的全球化调查监测产品和基于地理信息分析的大宗商品价格预测数据。近年来，该公司成为地理信息领域开展地理空间分析并实现高盈利的典型企业。2021年，笛卡尔实验室利用哨兵(Sentinel)-2卫星和SPOT卫星影像，结合人工智能方法，利用约600 TB的遥感卫星数据花费100万个中央处理器(CPU)小时对全球68 661个大型太阳能板分布情况进行了空间分析，该研究成果对于研究太阳能在全球经济碳中和战略中的作用有重要价值。2023年，公司利用Landsat卫星和Sentinel卫星在全球获取了1984年至2023年的卫星影像，并通过人工智能以及云计算的方法在谷歌云端的数百万台机器上处理了超过100 TB的卫星图像，开展了全球范围内的水资源监测与分析。对全球重点地区的水资源储量、变化进行了分析。不仅如此，公司运用大规模高性能计算(HPC)和机器学习(ML)工作流的高性能云计算技术，根据每天约5 TB的巨量卫星数据生成森林砍伐率和农作物种植情况等报告。其中，对于美国玉米田的产量预测准确率已经达到了99%。目前，公司收购了为保险公司提供地理信息情报的SaaS服务商Geosite，并已经被私募股权公司Antarctica Capital收购，Antarctica Capital公司还收购了UrtheCast公司的部分股权并成立了EarthDaily Analytics (EDA)的光学卫星影像提供商，致力于打造对地观测解决方案的完整生态链。

**2. 对地观测领域**

当前，对地观测已经不仅是地理信息、航天工业领域的焦点，还成为全球经济发展的引擎，在评价自然环境影响、实现零净经济等方面发挥着强大作用。2023年，“卫星遥感+人工智能”的应用模式已经得到广泛认可，星上AI能力用于快速影像分析的技术路线逐步落地。商业合成孔径雷达(SAR)卫星领域发展迅猛，微小卫星星座不断发展。对地观测卫星领域升级换代，稳定补网加强步伐不断加快，逐步向精细化、星座化、体系化迈进。根据欧盟太空计划署(EUSPA)的预测，对地观测领域在2021年至2023年的产值增长了21%以上。并在商业模式和技术创新的推动下继续增长。根据世界经济论坛发布的报告预测，2023年对地观测数据的潜在增值已经达到2 660亿美元，这一数字有望在

2030 年增长到 7 000 亿美元，在 2023 年至 2030 年累计为全球国内生产总值直接或间接贡献 3.8 万亿美元。到 2030 年，对地观测产生的总价值中约 94%来自农业、电力和公用事业、政府、公共和应急服务、保险和金融服务、采矿业、石油和天然气以及供应链和运输领域的应用。同时，对地观测可以为全球每年超过 20 亿吨的温室气体排放提供干预措施。而根据下一代对地观测平台 UP42 开展的全球行业调查显示，77%的受访者在工作中同时使用开放数据和商业数据，开放、免费数据源对行业极为重要。20%的受访者表示，数据可用性仍然是对地观测行业面临的最大挑战。

星球实验室(Planet labs)公司是一家专注于地球观测和数据分析的领先技术企业。自成立以来，星球实验室就致力于利用先进的卫星技术，为全球范围内的客户提供高清、实时的地球影像数据。如今，星球实验室的卫星网络已经覆盖了地球的大部分地区，每天都能捕捉到数以万计的高清影像。在能力建设方面，星球实验室为提供每日覆盖一次的对地观测数据及解决方案，在 2023 年选择利用 SpaceX 公司的火箭继续发射大量超级鸽群卫星星座。2023 年 1 月发射了 36 颗小卫星，使公司目前在轨卫星数量达到 200 颗。星球实验室的鸽群卫星配备 8 个光谱带，星座每天捕获超过 30 TB 的对地观测数据。2023 年，星球实验室设计了高光谱卫星 Tanager，用于开展气候变化监测、温室气体排放等任务。同时，星球实验室还计划发射鹈鹕技术验证卫星，以形成未来一代新型卫星传感系统。鹈鹕卫星具有强大的星上人工智能能力，利用英伟达的 JetSon 边缘计算能力提升卫星影像解译分析能力。Pelican 星座计划由 32 颗卫星组网，星座每日重访 12 次(中纬度达 30 次)。为提升观测能力，卫星质量逐步增加，Pelican 卫星质量从上一代 Skysat 卫星的 100～120 千克提升到 180 千克，分辨率提升到 0.3 米。2023 年，星球实验室推出了全球 30 米分辨率长时间序列森林碳排放数据监测产品。用低廉的价格向用户提供了碳排放碳储量产品。星球实验室还计划于 2024 年推出全球 3 米分辨率的森林碳监测产品，以提供更深入的分析和报告。在企业运作方面，2023 年星球实验室完成了对气候技术公司 Salo Sciences 的收购，以扩展其产品并帮助客户量化全球碳储量、监测森林变化并减轻气候风险。Salo Sciences 的现有产品利用星球实验室差异化的每日 PlanetScope 数据作为基础层，构建森林碳和其他与森林相关的数据层。收购后，星球实验室的产品线将帮助客户更好地测量和监测森林。2023 年 3 月，星球实验室还收购了 Sinergise 公司，旨在扩展其地球观测数据分析平台能力，以降低地球观测数据分析的复杂性和成本，从而促进对地观测数据在农业、政府、保险等领域的应用。Sinergise 公司的哨兵卫星平台技术可以让客户更轻松地访问和分析来自多个来源的卫星数据。

麦克萨(Maxar)公司是一家提供全面空间解决方案和安全、精确地理空间情报的供应商。公司长期服务美国政府和美国空间情报部门,帮助其监测了解各类地理信息情报。2023 年,公司被安宏资本收购后完成了私有化进程。公司拥有强大的 WorldView 系列卫星星座,并发展了全球获取高精度实景三维模型的能力。在能力建设方面,2023 年,公司持续在地理空间情报领域发力,获得了美国国家地理空间情报局 Precision 3D 实景三维模型合同,向其提供美国印度太平洋司令部 16 万平方千米区域的高精度实景三维产品。这个产品分辨率可达到 50 厘米,绝对精度可达到 3 米且不需要地面控制点即可实现此精度。根据合同,公司将向美国国家地理空间情报局提供数字表面模型、高分辨率正射影像、三维不规则网络模型等产品,这也是企业利用非机密高质量商业地理信息数据支持美国国家情报需求的诸多案例之一。公司还获得了美国陆军一个地球地形(One World Terrain)合同的阶段性标的。计划提供三维全球地形服务能力和相关信息服务,支持通过陆军对物理地球进行虚拟表示。一个地球地形是陆军合成训练环境的关键组成部分,它为模拟、任务指挥和情报系统提供逼真、通用且自动生成的全球地理空间数据集,以便在需要时进行集体训练、任务演练和任务执行。公司还推出了数字孪生平台 SYNTH3D,平台包含了公司利用人工智能技术提取的超过 14 亿栋三维建筑物,并利用视觉引擎合成了可用于游戏设计、虚拟现实体验的数字孪生模型。除此之外,公司还帮助通信运营商和政府设计、运营了一些通信卫星和遥感卫星。

地球每日分析(EarthDaily Analytics)公司是一家专注于利用人工智能技术开展对地观测和变化监测分析的公司,每日向用户提供高分辨率的地球数据和分析解决方案。公司拥有和运营一系列卫星,能够提供每日全球覆盖一遍的 5 米分辨率影像数据,支持精细化的地理信息分析。结合机器学习和大数据技术,EarthDaily 能够快速处理和分析海量遥感数据,生成有用的信息和报告。公司产品在作物监测、产量预测和病虫害预警、森林健康状况监测、森林砍伐和植被变化监测、自然灾害的监测和预警等方面提供了决策支持服务。公司拥有并运营的卫星主要包括 EarthDaily 星座,它可以提供每日覆盖全球的 22 个光谱带的全球高分辨率数据。这 22 个光谱带的组合能够使公司优于其他商业解决方案更快发现各类地物的变化情况从而形成分析产品。商业运作上,公司也与 DiGiFarm 公司合作,使得当前利用深度神经网络模型划定农田边界的精度提升了 15%(不需要地面实地采样)。

2023 年,商业 SAR 卫星、射频监测卫星、非传统光学成像卫星的能力大幅提升。美国本影公司发布了 0.16 米分辨率的 SAR 影像,一些初创 SAR 卫星企业也开始部署新一代卫星,卡佩拉空间(Capella Space)公司发射了 Acadia 卫星，提升了公司的 SAR 影像获取能力。同时极光洞察、HawkEye 360、Spire Global 等公司也在商业射频卫星方面作出努力，获得了美国国家侦察办公室的商业合同。

3. 仪器装备领域

测绘装备巨头天宝（Trimble）公司 2023 年总收入达到 37.98 亿美元（2022 年总收入为 36.76 亿美元），其中年化经常性收入（ARR）为 19.8 亿美元，同比增长 24%。全年一般公认会计原则（GAAP）毛利率达到 61.4%。公司在地理信息业务领域的收入较 2022 年持续下降，从 7.5 亿美元下降到 6.9 亿美元，收入占比为公司总收入占比的 19%左右。测绘地理信息业务收入持续下滑的主要原因仍然是测绘相关行业终端市场需求逐渐疲软。在产品层面上，2023 年天宝公司发布了 R980 高端 GNSS 接收机，与 SX12 扫描全站仪、X9 激光扫描仪、Trimble S7 全站仪、TSC7 数据采集器共同构成了公司的硬件产品体系，同时天宝公司还在 2023 年更新了外业测绘软件 Trimble Access、外业数据采集云软件 Trimble TerraFlex，与内页编辑软件天宝业务中心共同构成了天宝公司在测绘地理信息领域的生态系统。

2023 年，传统装备仪器巨头海克斯康（Hexagon）公司的总体营收实现增长但增速有所放缓。年度营业净收入达到 54.4 亿美元，同比增长 7%，较 2022 年 19%的增幅有所减缓。地理信息企业解决方案业务板块内所包含的激光扫描仪、机载摄像机等装备营收净销售额增长达 26.38 亿欧元，同比增长 4%，其中海克斯康地理信息业务在亚洲地区的销售额增幅最为显著，达到 10%左右。得益于采矿和测绘产品组合的强劲表现，地理信息系统领域呈现 6%的增长。而由于 2023 年公司退出了大量低利润的国防合同，在安全、基础设施方面呈现－7%的减少。得益于对航空航天、国防和精准农业解决方案的强劲需求，公司在自动化和定位领域实现 22%的增长。在运营上，公司 2023 年在测绘地理信息领域收购了三维数字孪生公司 LocLab、SaaS 建筑工程管理软件 Projectmates、软件管理中心 Comernal Software、矿山自动化和远程控制软件 HARD-LINE、企业时间管理软件 Qognify，完善了公司在核心业务领域和关键环节中的自主能力。

## 三、我国地理信息应用发展概述

### (一)招标市场项目数量增长，项目金额同比下降较大

目前，招投标市场覆盖了地理信息应用大多数行业，是地理信息市场的重

要组成部分。根据中国地理信息产业协会监测的地理信息相关中标项目信息统计，按照相同检索方案，2023 年中标项目数量较 2022 年同比上升 23%，中标金额同比下降 42%。导致招投标市场变化的主要原因是 2023 年政府用户市场对地理信息产品服务的需求仍然旺盛并呈现增长态势，但招标方的预算和支出总体上有所下降。具体表现为：500 万元及以上的项目数量占比和同比均下降，100 万至 500 万元的项目数量占比下降但同比增长，100 万元以下的项目数量占比和同比均上升（表 7）。这一方面会因优质项目减少而引起企业的竞争加剧，另一方面会因平均项目金额下降而导致企业的年度利润下降。

**表 7　2022 年至 2023 年地理信息相关不同中标金额项目数量统计**　　单位：%

| 按中标金额统计的项目分类 | 金额 | | | |
|---|---|---|---|---|
| | ≥1 000 万元 | <1 000 万元且≥500 万元 | <500 万元且≥100 万元 | <100 万元 |
| 2022 年项目数量占比 | 1.7 | 2.2 | 13.2 | 82.9 |
| 2023 年项目数量占比 | 1.2 | 1.5 | 11.2 | 86.1 |
| 2023 年项目数量同比增长 | −13.7 | −11.5 | 4.0 | 27.8 |

分地区来看，影响地理信息招投标市场的宏观因素是地方生产总值（GDP）差距、地方政府财政收入差距、中央对地方转移支付区域差异，微观因素是区域战略定位差异、经济结构差异、地方政府支出结构差异、中央对地方转移支付项目差异。具体表现为：东部和东北地区的项目中标金额占比略有上升，中部和西部地区略有下降（表 8）。

**表 8　2022 年至 2023 年地理信息相关不同地区项目中标金额占比统计**　　单位：%

| 项目所在地区 | 2023 年中标金额占比 | 2023 年 GDP 占比 | 2023 年地方财政收入占比 | 2023 年财政收入（含中央转移支付）占比 |
|---|---|---|---|---|
| 东部 | 47.7 | 52.0 | 56.0 | 39.9 |
| 西部 | 25.0 | 21.7 | 21.2 | 30.7 |
| 中部 | 18.8 | 21.7 | 18.8 | 22.0 |
| 东北 | 8.5 | 4.9 | 4.5 | 7.4 |
| 项目所在地区 | 2022 年中标金额占比 | 2022 年 GDP 占比 | 2022 年地方财政收入占比 | 2022 年财政收入（含中央转移支付）占比 |
| 东部 | 46.4 | 51.0 | 56.0 | 40.3 |
| 西部 | 27.9 | 21.0 | 20.6 | 30.3 |
| 中部 | 20.1 | 22.0 | 19.0 | 22.1 |
| 东北 | 5.6 | 5.0 | 4.3 | 7.3 |

分省份来看，2023 年中标金额占比排名前 10 省份的名单中有 2 个省份有变化（表 9），陕西、辽宁替换了安徽（2022 年占比为 6.7%，排名第 3）、河南（2022 年占比为 3.3%，排名第 9）。2023 年中标金额同比增长的省份有 11 个

(表10),较2022年减少10个。其中,山东、陕西、辽宁的金额占比排名位于前10。

**表9 2023年地理信息相关项目中标金额占比排名前10省份**

| 2023年中标金额占比排名 | 项目需求所在省份 | 地区 | 2023年中标金额占比/% | 2022年中标金额占比/% | 2022年中标金额占比排名 | 2023年GDP排名 | 2023年财政实力排名 |
|---|---|---|---|---|---|---|---|
| 1 | 广东 | 东部 | 11.5 | 12.9 | 1 | 1 | 1 |
| 2 | 山东 | 东部 | 9.0 | 8.7 | 2 | 3 | 4 |
| 3 | 浙江 | 东部 | 6.0 | 6.2 | 5 | 4 | 6 |
| 4 | 北京 | 东部 | 5.8 | 5.1 | 6 | 13 | 12 |
| 5 | 江苏 | 东部 | 5.2 | 4.3 | 7 | 2 | 2 |
| 6 | 四川 | 西部 | 5.1 | 6.3 | 4 | 5 | 3 |
| 7 | 湖北 | 中部 | 4.9 | 4.2 | 8 | 7 | 9 |
| 8 | 陕西 | 西部 | 4.6 | 3.0 | 11 | 14 | 14 |
| 9 | 辽宁 | 东北 | 4.6 | 1.8 | 23 | 16 | 18 |
| 10 | 河北 | 东部 | 4.5 | 3.1 | 10 | 12 | 8 |

注:2023年财政实力排名按照2023年地方财政收入与中央转移支付之和的绝对值排名。

**表10 2023年地理信息相关项目中标金额同比增长省份**

| 项目需求所在省份 | 地区 | 2023年中标金额同比增长率% |
|---|---|---|
| 海南 | 东部 | 237.9 |
| 重庆 | 西部 | 92.8 |
| 辽宁 | 东北 | 61.6 |
| 上海 | 东部 | 59.8 |
| 贵州 | 西部 | 57.3 |
| 江西 | 中部 | 50.6 |
| 陕西 | 西部 | 31.1 |
| 青海 | 西部 | 29.4 |
| 山西 | 中部 | 25.9 |
| 山东 | 东部 | 23.5 |
| 黑龙江 | 东北 | 1.8 |

分行业来看,招投标市场出现明显的行业差异。按照行业项目占比分析,行业项目数量占比波动幅度相对较小,项目金额占比波动幅度较大。按照行业项目金额同比分析,水利水务、通信电子、气象、医疗卫生、制造业、民政6个行业同比上涨,其他12个行业同比下降。按照项目均价同比分析,除了水利水务和民政两个行业项目均价同比上涨,其他行业项目均价同比下降。按照项目数量同比分析,除了城市管理、农业农村和金融3个行业项目数量同比下降,其他行业项目数量同比上涨(表11)。

表 11 2022 年至 2023 年地理信息相关项目中标数据行业分类统计 单位:%

| 行业分类 | 2023 年金额占比 | 2022 年金额占比 | 项目均价同比 | 金额占比变化 | 2023 年金额同比增长 | 2023 年数量占比 | 2022 年数量占比 | 数量占比变化 | 2023 年项目数量同比增长 |
|---|---|---|---|---|---|---|---|---|---|
| 自然资源 | 20.87 | 12.53 | −26 | 8.34 | −3 | 21.64 | 20.3 | 1.29 | 31 |
| 交通运输 | 16.64 | 26.04 | −72 | −9.40 | −63 | 8.83 | 8.2 | 0.65 | 33 |
| 城市管理 | 11.37 | 13.58 | −35 | −2.21 | −51 | 1.77 | 2.9 | −1.15 | −25 |
| 水利水务 | 11.24 | 4.40 | 6 | 6.85 | 48 | 5.09 | 4.5 | 0.61 | 40 |
| 住建 | 9.83 | 6.39 | −18 | 3.44 | −11 | 29.36 | 33.4 | −4.07 | 8 |
| 农业农村 | 7.24 | 11.23 | −61 | −3.99 | −63 | 3.88 | 4.9 | −1.07 | −3 |
| 政法军警 | 4.91 | 2.87 | −31 | 2.04 | −1 | 5.66 | 4.8 | 0.82 | 44 |
| 教育科研 | 4.11 | 13.70 | −86 | −9.58 | −83 | 8.06 | 7.9 | 0.16 | 26 |
| 生态环境 | 2.68 | 1.73 | −31 | 0.94 | −10 | 3.41 | 3.3 | 0.16 | 29 |
| 能源化工 | 2.08 | 1.72 | −50 | 0.36 | −30 | 2.49 | 2.2 | 0.31 | 40 |
| 通信电子 | 1.72 | 0.72 | −4 | 1.00 | 39 | 0.48 | 0.4 | 0.07 | 45 |
| 气象 | 1.50 | 0.69 | −15 | 0.81 | 26 | 0.37 | 0.3 | 0.06 | 48 |
| 应急减灾 | 1.45 | 1.29 | −44 | 0.17 | −35 | 0.99 | 1.1 | −0.06 | 16 |
| 文体旅游 | 1.43 | 1.18 | −31 | 0.25 | −30 | 1.42 | 1.7 | −0.30 | 2 |
| 卫生医疗 | 0.65 | 0.28 | −15 | 0.37 | 35 | 2.01 | 1.6 | 0.44 | 58 |
| 制造业 | 0.14 | 0.03 | −65 | 0.11 | 161 | 2.60 | 0.4 | 2.17 | 653 |
| 民政 | 0.12 | 0.04 | 29 | 0.08 | 79 | 0.65 | 0.6 | 0.07 | 39 |
| 金融 | 0.05 | 0.03 | −15 | 0.01 | −18 | 0.05 | 0.1 | −0.01 | −4 |
| 其他 | 1.97 | 1.56 | −33 | 0.41 | −27 | 1.24 | 1.4 | −0.16 | 9 |
| 总计 | 100.0 | 100.0 | | | | 100.0 | 100.0 | | |

针对其中 8 个中标金额占比排名靠前且占比数据变化较大的行业进行详细分析,结果如下。

### 1. 自然资源领域项目数量占比与金额占比双提升

项目数量占比上升包含以下两个层面的原因。一是政府十分重视自然资源治理及生态环保建设,在 2023 年政府公共支持中,农林水支出 23 967 亿元(占比 8.73%),同比增长 6.5%。在固定资产投资中,采矿业 2023 年增长 2.1%。二是包含“确权”“土地”“耕地”“地籍调查”等关键词的项目增多,其中,“确权”类项目增多最为突出。2022 年 1 月 26 日,自然资源部印发了《关于加快完成集体土地所有权确权登记成果更新汇交的通知》。2023 年 6 月 28 日,自然资源部印发了《关于持续推进农村房地一体宅基地确权登记颁证工作的通知》。检索包含“确权”关键字的项目,2022 年有 1 512 个,2023 年有 2 080 个,项目数量增幅达到 37.6%。

按照同一检索分析方法,2023 年自然资源领域中标总金额同比下降 3%,项目数量同比增加 31%,项目平均价格同比下降 26%,其中 100 万元以下项目数量占比上升 4.2 个百分点(表 12),拉低了项目平均单价。项目平均价格下降的根本原因是大部分地方财政净收入赤字以及土地财政收入大幅下滑(2023 年国有土地使用权出让收入同比下降13.2%),进而导致自然资源领域的勘察、测绘及信息化建设投入不及预期。

表12 2022年至2023年自然资源相关不同中标金额项目数量统计 单位:%

| 按中标金额统计的项目分类 | 金额 | | | |
|---|---|---|---|---|
| | ≥1 000万元 | <1 000万元且≥500万元 | <500万元且≥100万元 | <100万元 |
| 2022年项目数量占比 | 1.1 | 2.6 | 23.7 | 72.6 |
| 2023年项目数量占比 | 0.6 | 1.7 | 20.9 | 76.8 |
| 2023年项目数量同比增长 | −30.0 | −16.4 | 15.2 | 38.7 |

### 2. 交通运输领域项目数量占比略有提升,金额占比大幅下降

交通运输的公共支出同比增长只有1.3%,固定资产投资出现了大幅结构性调整。在2023年政府公共支出中,交通运输支出为12 206亿元(占比4.45%),同比增长1.3%。在2023年固定资产投资中,交通运输、仓储和邮政业同比增长10.5%,其中铁路运输业同比增长25.2%,道路运输业同比下降0.7%。政府在交通运输公共支出方面的增长,带动了交通领域的项目数量同比增长33%,项目数量占比提升0.65个百分点。

按照同一检索分析方法,2023年交通运输领域中标总金额同比下降63%,项目数量同比增加33%,项目平均价格同比下降72%。通过项目金额的数量占比统计及关键词检索,2023年100万元以下项目数量占比提升4.5个百分点(表13),大幅拉低了项目平均单价,其中,93.7%的"勘察测绘"类项目与99.6%的"改造"类项目价格金额都小于100万元。

表13 2022年至2023年交通运输相关不同中标金额数据统计 单位:%

| 按中标金额统计的项目分类 | 金额 | | | | |
|---|---|---|---|---|---|
| | ≥5 000万元 | <5 000万元且≥1 000万元 | <1 000万元且≥500万元 | <500万元且≥100万元 | <100万元 |
| 2022年项目数量占比 | 0.5 | 3.0 | 3.3 | 15.1 | 78.1 |
| 2023年项目数量占比 | 0.4 | 2.2 | 2.6 | 12.1 | 82.6 |
| 2023年项目数量同比增长 | 15.8 | −3.5 | 4.9 | 7.0 | 40.5 |

通过关键词检索统计,可以看出以下结构性变化。按照交通类型看(表14),2023年含"铁路"或"轨道"、"高速公路"类项目数量同比增加15%、18%,但项目数量占比基本没有变化;含"港口"或"码头"、"停车场"类项目数量同比增加29%、42%,项目数量占比分别提升0.6与0.9个百分点。按照应用类型看,含"物流"的项目数量同比增加15%,但项目数量占比基本没有变化,其中含"仓储"或"仓库"类项目数量同比增加68%,项目数量占比提升0.6个百分点。按照项目生命周期看,2023年含"改造"的项目数量同比增加40%,项目数

量占比为8.4%，同比提升1.5个百分点。按照地理信息应用需求及场景看，含“勘察”或“测绘”、“变形”、“沉降”等传统应用数量同比增加15%、29%、21%，项目数量占比变化不大；含“GPS”的项目数量同比增加约39%，项目数量占比提升0.9个百分点；含“智慧”类项目的数量同比减少11%，项目数量占比下降2.4个百分点；含“电子地图”“数字孪生”的项目数量同比有增长，但由于项目基数极小（不到1%），基本不影响项目数量占比。

表14 2022年至2023年交通运输中标关键词统计 单位：%

| 关键词 | 铁路/轨道 | 高速公路 | 港口/码头 | 停车场 | 物流 | 仓储/仓库 | 邮政 | 改造 |
|---|---|---|---|---|---|---|---|---|
| 2022年项目数量占比 | 10.3 | 4.6 | 4.5 | 3.3 | 5.4 | 1.1 | 0.45 | 6.9 |
| 2023年项目数量占比 | 10.4 | 4.8 | 5.1 | 4.2 | 5.5 | 1.7 | 0.50 | 8.4 |
| 2023年项目数量同比增长 | 15 | 18 | 29 | 42 | 15 | 68 | 27 | 40 |
| 关键词 | 勘察/测绘 | 变形 | 沉降 | GPS | 电子地图 | 智慧 | 数字孪生 | |
| 2022年项目数量占比 | 46.7 | 2.3 | 4.5 | 4.1 | 0.59 | 10.9 | 0.78 | |
| 2023年项目数量占比 | 47.3 | 2.6 | 4.7 | 5.0 | 0.64 | 8.5 | 0.94 | |
| 2023年项目数量同比增长 | 15 | 29 | 21 | 39 | 24 | −11 | 38 | |

### 3. 住建领域项目数量占比下降，金额占比提升

基础设施投资与城乡社区支出带动住建领域的项目数量同比增长。在2023年政府公共支持中，城乡社区支出20 530亿元（占比7.48%），同比增长5.7%。2023年，全国基础设施（不含电力、热力、燃气及水生产和供应业）投资增长5.9%，全国房地产开发投资110 913亿元，比上年下降9.6%，其中住宅投资83 820亿元，下降9.3%。房地产投资下降对住建领域的项目数量影响更大，是住建项目数量占比下降的主要原因。

按照同一检索分析方法，2023年住建领域中标总金额同比下降11%，项目数量同比增加8%，项目平均价格同比下降17.6%，相比其他行业下滑幅度相对较小。河北省、山东省、广东省的项目数量在2022年、2023年位居前列，主要是由于这些省份基础设施投资增速快或投资比重大。河北省2023年基础设施投资增长17.7%，占固定资产投资（不含农户）的比重为28.7%，比上年提高6.9个百分点。山东省2023年基础设施投资增长22.9%，占全部投资的比重为23.4%。广东省2023年基础设施投资增长4.2%，占固定资产投资的比重为28.1%。

### 4. 城市管理领域项目金额占比与数量占比双下降

宏观的城乡社区公共支出增长只带动了住建领域的项目数量增长，而在城市管理领域的项目数量同比下降。按照同一检索分析方法，2023年城市管理领域中标总金额同比下降51%，项目数量同比下降25%，项目平均价格同比下降35%。

2023 年只有含“管网”“城市信息模型(CIM)”“市容”关键词的项目数量同比及数量占比实现了双增长,其中含“智慧城市”关键词的项目数量同比下降 56%,并导致其数量占比下降约 10 个百分点(表 15)。2022 年政府专项政策对 2023 年“管网”项目数量增长起到了关键作用。2022 年 1 月,住房和城乡建设部办公厅、国家发展改革委办公厅印发了《关于加强公共供水管网漏损控制的通知》,2022 年 6 月,国务院办公厅印发了《城市燃气管道等老化更新改造实施方案(2022—2025 年)》。

表 15 2022 年至 2023 年城市管理中标关键词统计 单位:%

| 关键词 | CIM | 一张图 | 智慧园区 | 智慧城市 | 管网 | 市容 | 城管 |
|---|---|---|---|---|---|---|---|
| 2022 年项目数量占比 | 3.9 | 8.4 | 29.3 | 27.4 | 13.6 | 0.3 | 18.6 |
| 2023 年项目数量占比 | 5.9 | 8.7 | 30.7 | 17.3 | 20.8 | 0.8 | 17.8 |
| 2023 年项目数量同比 | 4 | −29 | −28 | −56 | 6 | 67 | −34 |

### 5. 水利水务领域项目金额占比与数量占比双上升,同比双双大幅上升

政府对水利水务领域的投入增长是项目金额占比与数量占比双提升的直接原因。2023 年政府公共支持中农林水支出为 23 967 亿元(占比 8.73%),同比增长 6.5;在 2023 年固定资产投资中,电力、热力、燃气及水生产和供应业同比增长 23.0,水利管理业同比增长 5.2%。水利部发布数据显示,2023 年我国完成水利投资 11 996 亿元(2022 年是 10 893 亿元),同比增长 10%,其中水文基础设施、智慧水利等其他项目完成投资 1 025 亿元。

按照同一检索分析方法,2023 年水利水务领域中标总金额同比增长 48%,项目数量同比增长 40%,项目平均价格同比上升 6%。2022 年包含“数字孪生”关键词的项目数量有 52 个,数量占比为 1.86%。2023 年含“数字孪生”关键词的项目数量有 165 个,数量占比为 4.65%,这很好地印证了水利部关于数字孪生水利政策所带来的积极影响。

### 6. 农业农村领域项目金额占比与数量占比双下降

在 2023 年固定资产投资中,第一产业同比下降 0.1%。由于我国农业农村的基础设施相对落后,在政府投资中,排除关键词“耕地”(归入自然资源类)“交通运输”“水利水务”后,能够涉及地理信息技术使用的场景相对更少。

按照同一检索分析方法,2023 年农业农村领域项目中标总金额同比下降 63%,项目数量同比下降 3%,项目平均价格同比下降 61%。其中,含“数字乡村”“智慧农业”关键词的项目数量保持了增长,且地域差距明显。含“数字乡村”关键词的项目,2022 年有 389 个,数量占比为 13.75%,2023 年有 476 个,数量占比为 16.32%,其中浙江省一个省的项目数量占比就达到了 20%(2022 年)、24.5%(2023 年),遥遥领先其他省份。含“智慧农业”关键词的项目,2022 年有 145 个,数量占比为 5.13%,前 5 省份总数占比为 47.59%,2023 年有 155 个,数

量占比为5.31%,前5省份总数占比为54.84%。

7. **教育科研领域项目金额占比大幅下降,数量占比略微提升**

在2023年固定资产投资中,教育增长2.8%,为项目数量增长提供了支撑。按照同一检索分析方法,2023年教育科研领域项目中标总金额同比下降83%,项目数量同比增长26%,项目平均价格同比下降86%。其中,含“测绘”关键词的基础设施建设类项目提升了项目数量,但是,项目金额在百万元及以上的数量占比只有3%,导致了项目金额占比大幅下滑,同时,不含“测绘”关键词的百万元以上项目数量大幅减少,是导致教育科研领域项目金额占比大幅下降的另外一个原因。从项目类型看,含“测绘”关键词的基础设施建设类项目,2022年有2 138个,数量占比为45.2%,2023年有2 708个,数量占比为50.4%。从单项目金额看,大于100万元的项目,2022年有529个,数量占比为11.2%,其中不含“测绘”关键词的百万元以上项目有431个(占比9.1%),2023年有432个,数量占比为8%,其中不含“测绘”关键词的百万元以上项目有350个(占比6.5%)。

8. **生态环境领域项目金额占比与数量占比双提升**

全国项目环评数量、中央生态环境资金、生态环保金融授信金额3项指标同比增长带动了对地理信息的相关需求。2022年,全国共审批12.3万个项目环评文件,涉及总投资23.3万亿元,生态环境部会同财政部安排中央生态环境资金621亿元,比上年增长8.6%。建成生态环保金融支持项目储备库,引导金融机构授信金额达到1 378.2亿元。2023年,全年全国共审批12.4万个环评文件,涉及总投资22.4万亿元,生态环境部配合财政部安排2023年度中央生态环境资金671亿元,较2022年增长8.1%。截至2023年底,累计向金融机构推送229个生态环境导向的开发(EOD)项目,总投资9 718亿元,融资需求6 828亿元,已获授信2 012亿元。

全国环评项目、生态环境资金在项目落地过程中,自然资源、水利水务会产生很大的分流作用,因此,会导致归入生态环境类的项目资金减少。按照同一检索分析方法,2023年生态环境领域中标总金额同比下降10%,项目数量同比增长29%,项目平均价格同比下降31%。其中,含“测绘”“监测”“环保”“垃圾”等关键词的项目数量同比增长(表16)。

**表16 2022年至2023年生态环境中标关键词项目数量统计** 单位:%

| 关键词 | 生态 | 环境保护 | 水(污) | 生物 | 垃圾 | 监测 | 测绘 |
|---|---|---|---|---|---|---|---|
| 2022年项目数量占比 | 30.0 | 6.9 | 52.9 | 0.6 | 6.6 | 18.0 | 51.7 |
| 2023年项目数量占比 | 25.2 | 8.2 | 43.8 | 0.7 | 6.6 | 16.1 | 55.4 |
| 2023年项目数量同比 | −0.2 | 42 | −1.4 | 23 | 18 | 6 | 28 |

## (二)自然资源领域应用深化,数字化智能化服务能力升级

2023年,自然资源信息化工作认真落实党中央、国务院关于数字中国建设的重大决策部署,不断提升基础设施和网络数据安全保障能力,丰富自然资源数据体系,夯实国土空间信息平台,稳妥有序推进自然资源部系统整合提升工作,推进自然资源管理和国土空间治理信息化水平和效能提升,促进构建美丽中国数字化国土空间治理体系和绿色智慧的数字生态文明。

### 1. 自然资源调查监测数字化智能化水平不断提高

陆地卫星骨干网为自然资源统一调查监测体系构建奠定了基础。截至2023年5月,仅自然资源部作为牵头主用户的国产在轨卫星就达到了25颗,实现了对全部陆地国土2米分辨率影像季度全覆盖。自然资源系统测绘成果管理部门全年对外提供卫星影像数据5 060.9 TB。国土调查及年度变更调查的遥感数据应用和解译能力得到进一步提升。2023年"国土调查云"分中心建设持续推进。重庆、海南等25个省(自治区、直辖市)和1个地级市(宁波)加入了"国土调查云"共建联盟,开展了"国土调查云"调查监测感知网络建设,积极探索铁塔视频摄像头、机场无人机等感知手段在调查监测工作中的协同化应用,不断提升"空天地网"实时动态感知调查监测能力,逐步形成了以"国土调查云"为载体的监测工作格局,构建了监测统筹、开放共享的工程技术体系。

地质调查信息化水平不断提升,地质信息服务上新台阶。2023年,自然资源部中国地质调查局构建了全局数据管理总体框架,梳理形成首批12个国家级地质数据库,完成了30余个国家地质数据库的更新维护,集成并发布了"空-天-地"地球物理数据处理系列软件产品,中国地质调查局地球科学数据中心(一个中心)建设取得实质性进展,发布新版地质云小程序,升级了地质调查智能空间平台和终端软件,上线了"地调在线"系统(2023版),上线试运行新一轮找矿突破调度指挥信息系统(2023版),初步完成"地质百度"1.0研发,上线发布资料服务系统2.0,全面推进基于云计算、大数据、人工智能的探测监测观测数据汇聚体系(三测体系)建设,地质调查的预测、预报、预警能力得到提升。

海洋调查进入空、天、地、网立体观测阶段。2023年3月3日,全国海洋智能网格预报业务联动工作会对全面开展全国海洋智能网格预报业务体系建设进行详细部署,要求全国各级海洋预报机构提高思想认识,密切配合,通力合作,逐步建成统一规范、流程高效、算法先进、产品精细、检验科学的全国海洋智能网格预报业务体系,形成统一时空分辨率的海洋智能网格预报"一张网"。建立智慧海洋标准规范体系。推进国家与沿海地方智慧海洋项目论证实施。支持广西、深圳、海南开展海洋大数据中心论证。深入开展关键技术研究与应用,为基础业

务提供强有力支撑，为灾害应急提供坚实的保障。

**2. 融合创新有效提升自然资源一体化智能化服务能力**

GIS与大数据、人工智能、三维处理、虚拟现实、分布式跨平台、遥感影像处理、全栈开发等技术深度融合，不断增强云原生、大数据治理、智能应用、全空间三维、分布式协同、信创软硬件适配、遥感GIS一体化服务能力，进一步推进GIS技术赋能，提升自然资源跨界融合应用服务能力。

大数据技术与GIS深度融合，大幅提升时空大数据存储、空间大数据分析、流数据处理与空间大数据可视化能力，支撑自然资源时空大数据治理。人工智能技术与GIS深度融合，推动智能感知、目标识别、数据提取、语义分割、知识图谱等智能化服务，提高自然资源信息化，推进智慧国土建设发挥多方面的作用。全空间三维技术与GIS深度融合，实现二维三维一体化数据模型及分析计算、多源三维数据存储管理、多源三维数据共享与互操作、多端渲染交互与输出等关键技术突破，提供从实景三维数据高效管理、可视浏览、物联感知、应用升级到模拟推演递进式的三维场景服务，助力实景三维中国建设加速发展。分布式、云原生、区块链等技术与GIS深度融合，构建跨行业的云边端一体化高可用、高并发、高弹性、高性能、大容量、高可信GIS分布式协同新模式。遥感GIS一体化技术，打破了以往遥感与GIS的“割裂”，实现海量遥感影像生产、管理、智能解译、服务发布与应用全流程落地，显著缩短了影像从获取到应用的时间，提高了解译精准度，减少了人工工作量，提高了生产效率，极大拓宽了自然资源行业信息化成果在各行各业的应用。

“透明”地下空间构建技术与应用取得突破，推动城市地下空间开发利用。通过高效高精度三维地质建模技术、地下构筑物缓存生成技术、全空间数据多维动态可视技术、地下空间高效可视化技术，打造统一的地下城市数字底座，实现了“看得见的地下空间、守得住的城市安全”，实现了城市地下空间透明化表达和三维计算分析，在深圳市智慧城市和数字政府建设、上海市“地下空间资源”信息化建设、成都市复杂地质条件下特大城市地质调查技术体系构建中应用效果显著。

三维技术及多源数据融合赋能多个行业全空间三维应用。数字高程模型（DEM）分辨率提升至10米，数字正射影像（DOM）分辨率提升到2米且实现1年4版时序化更新，积极推进了城市5～10厘米高分辨率三维影像建设。自然资源三维“一张图”全面赋能自然资源、智慧城市、气象防灾减灾、水利等多个行业全空间三维应用。形成全空间三维技术，形成三维应用解决方案，支持各行业倾斜摄影、建筑信息模型（BIM）、激光点云等多源异构数据的接入与融合，利用分布式技术实现对大规模三维数据的全流程管理。

跨行业数据融合提升自然灾害风险防范能力。实时接收气象、水利等部门发布的降雨、台风等预警信息，通过数字孪生平台对灾害数据进行分析，向基层平台、风险区群众推送预警信息，同时共享给应急、交通等部门，以便组织避灾撤离、指挥安全出行等，打通基层防灾“最后一公里”，有效防范化解各种自然灾害风险。

3. 美丽中国建设为自然资源信息化工作指明新方向

2024 年 2 月 5 日，自然资源部印发的《自然资源数字化治理能力提升总体方案》提出“构建美丽中国数字化国土空间治理体系”这个总体目标，作为指导今后一个时期(2024—2030 年)全国自然资源数字化发展的纲领性文件，为自然资源信息化工作指明了方向。在该方案的指引下，以全面提升自然资源数字化治理能力为导向，充分应用云计算、大数据、人工智能、物联网、视联网等新一代信息技术，建成自然资源“一张网”、自然资源“一张图”、国土空间基础信息平台，以及底线守护、格局优化、绿色低碳、权益维护等四大应用场景，实现算力资源高效利用、数据资源共融共享、平台应用智能开放、场景服务敏捷协同、线上线下安全可靠，形成“一网联通系统内外协同互动大生态，一图透览陆海上下山水林田湖草沙，一窗智绘美丽中国人与自然和谐共生现代化”的智慧国土，全面支撑自然资源全业务数字化、智能化转型，构建美丽中国数字化国土空间治理体系，建设绿色智慧的数字生态文明。

## (三)全面支撑生态环境监测，融合创新构建数字治理体系

近年来，地理信息技术与各种新技术不断融合，广泛应用于水环境、大气环境、土壤、固废管理、双碳、环境应急、环境执法等生态环境治理领域。卫星遥感监测、无人机遥感监测、地面监测及环境分析模型的一体化应用，实现了生态环境的多维度、全天候立体监测与溯源分析，提高了生态环境监测覆盖面、监测频率，提升了监测工作的灵活性和效率，为生态环境应急的快速响应和处置提供了可能，在精准治污、依法治污、科学治污和实现“双碳”目标方面，发挥出重要作用。

1. 地理信息技术在生态环境领域取得了显著应用成效

地理信息技术在污染因子识别、污染源分布、智慧监管系统构建、环境执法、环境应急事件处置、双碳监测核算等方面，为生态环境治理业务开展提供了技术支撑，提高了生态环境治理工作的效率。在水环境管理方面，地理信息技术广泛应用于水质监测、污染物扩散分析、水污染溯源以及排污口排查等工作；在大气环境管理方面，地理信息技术在各类污染因子的分布、浓度、传输路径监测和污染预报等方面发挥了重要作用；在土壤环境管理方面，地理信息技术应用于土壤

污染的调查和修复、地块的全生命周期管理等工作中；在固废管理方面，地理信息技术应用于无废城市建设、固废堆积场识别、危废转移监管等工作中；在气候变化应对工作方面，地理信息技术应用于碳排放核算、减排策略制定、碳汇核算、碳交易等工作中；在环境执法方面，地理信息技术应用于污染线索的挖掘分析、遥感调查取证等工作中；在环境应急管理方面，地理信息技术广泛应用于挂图作战等场景，通过时空大数据分析与地图直观呈现，用于事件快速评估、应急物资的快速调度等处置工作，以及应急事件的事后评估工作，在环境应急分析、决策、指挥等方面持续发挥着基础支撑作用。

**2. 地理信息技术是生态质量监测网络建设的重要支撑**

我国已初步建成天空地一体化的生态质量监测网络体系。近年来，生态环境部相继印发了《生态环境监测规划纲要（2020—2035 年）》《关于推进生态环境监测体系与监测能力现代化的若干意见》《“十四五”生态环境监测规划》《生态环境卫星中长期发展规划（2021—2035 年）》等文件，为初步构建天空地一体化的生态环境监测网络提供了政策指引。2024 年 2 月，生态环境部向社会公布了第一批 55 个国家生态质量综合监测站名单，涵盖森林、草原、湿地、海洋、农田生态系统等主要生态系统类型，标志着我国“天空地一体化”的生态质量监测网络初步构建。

卫星遥感是生态环境监测所必备的技术手段。遥感监管是推进人为水土流失监管的重要实践，是运用卫星遥感技术及时发现水土流失违法违规问题并推动依法整改的有效举措。近年来，水利部高度重视卫星遥感关于水土保持监测的相关技术攻关，利用多源遥感影像开展了水土流失动态监测、水土保持遥感监管、东北黑土区侵蚀沟调查、黄土高原淤地坝调查、典型暴雨水土流失调查等工作，并取得了显著成效。水土保持遥感监管总体思路是基于 2 米分辨率卫星遥感影像解译结果，提取生产建设扰动图斑，经与生产建设项目水土保持方案数据库套合分析，快速判别，下发疑似违法违规图斑及其地理位置，组织地方进行现场核查，对认定的违法违规项目进行依法查处并督促整改。水利部于 2018 年在生产建设项目集中区域开展了试点，2019 年起连续五年组织开展了全国生产建设项目水土保持遥感监管工作。水土保持遥感监管近五年累计发现人为水土流失违法违规项目 13.9 万个，查处了大量以前传统手段难以发现的违法违规行为，全国水土流失违法违规项目数量和扰动面积实现“双下降”，水土保持方案审批和设施验收数量实现“双提升”，从源头上有效控制了人为水土流失产生。通过连续五年的探索和实践，水土保持遥感监管取得了显著工作成效：一是构建了“解译、判别、认定、查处”的水土保持遥感监管技术路线；二是建立了“水利部下发、地方查处、流域核查”的工作组织模式；三是研发了“协同解译、监管服务、现场核查”的协同解译与数据管理平台系统;四是研发了遥感监管扰动图斑智能标注系统,实现了扰动图斑快速、精确、智能提取;五是摸清了人为水土流失监管的薄弱环节,并查处了大量违法违规行为。2023年9月,生态环境部联合中国科学院印发的《全国生态质量监督监测工作方案(2023—2025年)》指出:在网络建设方面,积极推进卫星遥感、航空遥感、地面监测的协同,在全国范围实现卫星遥感2米级季度监测,重点区域实现亚米级监测;航空遥感作为卫星监测的补充,开展现场核实和参数验证;地面监测以开展遥感验证、生物多样性和生态功能监测为主,从而实现生态质量“天空地一体化”监测。在全面加强数据管理和质量控制方面,建立统一的全国生态质量监督监测数据管理系统,定期向各地推送生态变化图斑,实时传输地面核实、问题上报等相关数据。逐步建立跨部门、跨区域数据共享与业务协同机制。实施“三级检查、两级验收”的质量控制制度,确保数据质量。

建立现代化生态环境监测体系与智慧监管平台离不开遥感、定位、地图、影像智能化处理等地理信息技术的支撑。2024年1月中共中央、国务院印发的《关于全面推进美丽中国建设的意见》明确“加快数字赋能。深化人工智能等数字技术应用,构建美丽中国数字化治理体系,建设绿色智慧的数字生态文明。实施生态环境信息化工程,加强数据资源集成共享和综合开发利用。加快建立现代化生态环境监测体系,健全天空地海一体化监测网络,加强生态质量监督监测,推进生态环境卫星载荷研发。加强温室气体、地下水、新污染物、噪声、海洋、辐射、农村环境等监测能力建设,实现降碳、减污、扩绿协同监测全覆盖。提升生态环境质量预测预报水平。实施国家环境守法行动,实行排污单位分类执法监管,大力推行非现场执法,加快形成智慧执法体系”。2024年3月,生态环境部印发的《关于加快建立现代化生态环境监测体系的实施意见》明确“完善全要素、全地域生态环境监测网络,实现天空地海全覆盖。将卫星、航空、地基等遥感监测更好融入全国生态环境监测网络体系,推动多技术手段融合组网,实现手段一体化”。该意见的发布,将进一步促进遥感、定位、地图、影像智能化处理等地理信息技术的创新应用,提升地理信息产业的价值。

### 3. 以融合创新应用助力构建美丽中国数字化治理体系

2023年7月,习近平总书记在全国生态环境保护大会上强调,“深化人工智能等数字技术应用,构建美丽中国数字化治理体系,建设绿色智慧的数字生态文明”。

地理信息与大数据挖掘分析技术融合应用已成为趋势。数据是业务系统的基础支撑,具备时间序列的空间大数据资产配合大数据挖掘分析技术,在生态环境污染监测工作中具有广阔的应用空间。通过分析监测断面污染数据与排污口、排污管道、污染源的空间位置关系与行业排放特征，有助于分析、锁定违法排放企业。通过将地形条件、污染源分布、气象、气候等相关数据与大气遥感数据进行融合分析，可实现空气质量的预测预报。通过将空气质量考核目标、空气质量监测站点分布与污染源位置与排放特征进行分析，可提供科学精确的减排建议，在对环境污染有效管控的同时，对企业生产经营活动的影响减至最低，从而实现地理信息技术的经济价值。中国环境监测总站在2024年公布的《生态环境智慧监测前沿技术创新应用建议清单》中，推出了多项将时空大数据与生态环境业务相结合的创新应用，如基于“光谱感知＋大数据”的污染溯源和非现场监测技术、基于三维模拟的生态环境监测实训技术、多源数据同化反演的大气污染热点网格识别技术等。

通过以人工神经网络为代表的人工智能技术与地理信息技术融合应用，在污染源识别、黑臭水体识别、固体废物违规堆放、裸地监测、生物多样性监测、污染成因分析、空气质量及水环境质量预测预报等方面取得了较多的技术突破，有效弥补了传统监测技术在关联分析方面的不足。《2024年深化全国生态环境智慧监测创新应用工作要点》明确了多项将地理信息相关技术与人工智能相结合应用于环境领域的技术方向，如基于深度学习与时空大数据的空气质量预报技术、基于机器学习的生物多样性（含水生生物）智能监测技术等。2024年3月6日中共中央办公厅、国务院办公厅印发的《关于加强生态环境分区管控的意见》明确指出，推进新一代信息技术、人工智能等与生态环境分区管控融合创新，完善在线政务服务和智慧决策功能，提升服务效能。

健全天空地海一体化监测网络，建设生态环境智慧监管平台，提升信息化、精准化、智能化监管能力，加快建立现代化生态环境监测体系，加快形成智慧执法体系，已成为构建美丽中国数字化治理体系的主旋律。随着我国环境问题的持续改善，环境监测与治理工作也步入了深水区，生态环境治理对信息化、精准化、智能化会提出更高的要求。这将使地理信息技术与物联网、云计算、人工智能、大数据挖掘分析等现代信息技术的融合更加深入，通过进一步加强“信息多源获取＋大数据挖掘＋人工智能分析”的“穿透式”监管，在生态修复、生物多样性保护、应对气候变化、生态环境分区管控等更广阔的业务场景中发挥出更大的作用，系统性提升生态环境治理的智能化、精准化水平。

### （四）数字孪生水利建设全面推进，成效显著乘数作用明显

智慧水利建设是推动新阶段水利高质量发展的六条实施路径之一，数字孪生水利体系是推进智慧水利建设的实施措施。近年来，水利部开创性提出数字孪生水利，将其作为新阶段水利高质量发展的重要标志，要求加快构建具有“四

预”功能的数字孪生水利体系。2023 年 2 月,“构建以数字孪生流域为核心的智慧水利体系”被纳入中共中央、国务院印发的《数字中国建设整体布局规划》。自水利部数字孪生平台暨全国水利一张图 2023 版正式投入运行以来,率先赋能流域防洪“预报、预警、预演、预案”,有效支撑了精准化决策,同时广泛服务于水利行业,有力提升了水利治理管理活动的数字化、网络化、智能化水平。地理信息及技术在数字孪生水利建设发挥了重要支撑作用,成果跨界共享发挥出地理信息数据要素的乘数作用。

### 1. 地理信息技术从多个方面为数字孪生水利体系赋能

数字孪生水利建设稳健起步并取得阶段性成效。在政策指引下,全力推进数字孪生流域、工程、水网建设,七大江河数字孪生流域建设相继实施,水利部数字孪生平台基本建成,数字孪生水利框架体系基本形成。2024 年 1 月,水利部完成对 56 家单位 94 项先行先试任务的验收总结工作。通过先行先试工作,实现了数字孪生技术从概念引入顶层设计、从谋篇布局到实践应用、从积极探索先行先试到全面常态化推进,达到了预期目标,“四预”应用成效显现,在 2023 年水旱灾害防御、水资源优化配置、水生态治理保护中发挥了前瞻性、科学性、安全性决策支持作用。

地理信息技术在水利监测感知、三级数据底板、水文模型和水力学模型研发等方面持续为智慧水利建设赋能。具有自主知识产权的“5G(第五代移动通信技术)+北斗三代”智能遥测终端等一批终端设备研制成功,运用“空天地”立体监测手段与三维建模技术,建设 L1 至 L3 三级数据底板,打造水文预报、水工程调度、一维和二维演算等多模型耦合的流域防洪智能模拟仿真平台,构建工程高精度数字化场景,建立工程安全评价模型等。

### 2. 自主“空天地”立体协同监测体系建设成效显著

在建设智慧水利监测感知网方面,各先行先试单位以卫星遥感、无人机、无人船,结合地面监测站网,构建起“空天地”立体化监测体系,有力推动了雨水情监测预报“三道防线”的建设,加速产汇流水文模型、洪水演进水动力学模型研究,有力促进了“空天地”一体化的现代化水文测报体系建设,大幅增强了水文全要素、全量程自动监测能力。截至 2023 年 7 月,全国降雨形势展望期由 20 天延长至 30 天,主要江河关键期预报准确率达 90%,预警信息靶式覆盖 1.3 万多座水库责任人,有力促进了水旱灾害防御中应用“四预”措施的成效。

遥感卫星国产化商业化发展有力支撑数字孪生水利“空天地”协同监测感知体系建设。通过关键技术攻关、算法模型研发、专题产品研制和应用平台开发,构建了水利遥感应用技术体系,搭建了面向国产卫星遥感数据、国产信息技术(IT)基础设施、国产遥感处理算法、国产反演同化应用“采、存、算、用”的“全国产化”平台，实现卫星遥感影像从接收、处理、信息提取到应用服务的“全链条”流程化应用，流域防洪、水资源管理与调配、河湖管理、水土保持、水利工程监测监管等主要业务“全覆盖”，水利部、流域管理机构、省级水利部门、市级水利部门、县级水利部门五级“全贯通”协同应用。水利部积极与遥感卫星影像资源单位对接、合作，分别与中国资源卫星应用中心和军队有关单位建立网络专线，可按需获取国产高分、资源、环境等系列 23 颗公益性遥感卫星影像，以及军民融合卫星影像，已具备对重大洪涝灾害 1 天至少跟踪监测 1 次的能力，彻底改变了过去依赖国外卫星影像的局面。近年来，商业遥感卫星迅速发展，类型涵盖光学、雷达和立体测绘等类型，极大丰富了卫星遥感影像资源。其中：我国光学卫星已达上百颗，空间分辨率达 0.3 米，已具备对江河湖库、水利工程设施等水利对象、水利治理管理活动的高频次、精细化监测能力；雷达卫星数量不断增多，且具备干涉测量能力，可更好地支撑云雨等气象条件下对流域性洪水、堰塞湖、冰湖等的险情监测，以及水利工程形变监测等；立体测绘卫星数据的补充应用，可提升流域下垫面地形数据的更新频次。重力卫星反演海河平原地下水储量变化研究为华北平原地下水超采区治理工作提供数据支撑。

**3. 地理信息全面支撑数字孪生流域三级数据底板建设**

为了支撑数字孪生水利体系 L1 至 L3 三级数据底板建设，采用了多种方式获取各类地理信息数据。L1 级是进行数字孪生流域大尺度建模，主要包括全国范围的 DOM 和 DEM/DSM 等数据。L2 级是进行数字孪生流域重点区域精细建模，主要包括重点区域的 DOM、DEM/DSM、倾斜摄影模型、激光点云模型、水下地形等数据。L3 级是进行数字孪生流域重要实体场景建模，主要包括重要水利工程相关范围的高分辨率 DOM、高精度 DEM、倾斜摄影模型、激光点云模型、水下地形、建筑信息模型(BIM)等数据。截至 2023 年末，在先行先试工作中，约 20 家单位利用激光雷达技术用于 L2、L3 级数据底板建设，采集约 6 100 平方千米高精度地形数据，比例尺为 1∶500～1∶5 000；其他单位通过收集已有地形数据、三维倾斜摄影等方式获取地形，数据并叠加 0.2～2 米分辨率遥感影像数据。

地理信息技术应用于智慧化模拟和模型平台的先行先试工作。2023 年在水文模型和水力学模型建设方面，流域下垫面地形及衍生参数、地表覆盖分类、河道糙率等地理空间图层已成为构建和运行模型的重要输入数据。在水体、房屋、桥梁、码头、船只、水尺等对象的自动识别应用中，部分试点单位应用了遥感影像、视频、图片等智能识别技术，获得了较好的效果。在可视化引擎建设专题方面，约三分之二的应用单位使用了三维地理信息系统可视化技术 MapGL，约三分之一的应用单位使用了游戏虚幻引擎(UE)三维可视化技术，三维地理信息系统是主要的数字孪生水利的可视化工具。

**4. 成果跨界共享发挥出地理信息数据要素的乘数作用**

在智慧水利建设过程中,注重成果的共享共建。在智慧水利的数字化场景建设中,普遍使用境界、水系、交通、居民地、地名注记等地理信息数据,部分平台调用了全国水利一张图、“天地图”等公共地图服务中的地理信息图层数据。自然资源部向水利部共享的数据包括了第三次全国国土调查(以下简称“三调”)成果、10 米高精度地形数据、1∶50 万土地利用规划分区信息、地名地理信息数据、国家级地质灾害、实景三维中国的阶段成果等,直接服务于水利行政审批、防汛抗旱、农业用水监管、水利一张图建设等业务领域,应用成效明显。例如,黄河流域山东段建成实景三维“一张图”,聚合了自然资源、生态环境、农业农村、文化旅游等七大类专题数据,直观展现黄河流域自然资源禀赋和国土空间现状,在水利、生态、应急等多领域开展示范应用,为水资源高效配置利用、大区域防汛救灾、城市防洪排涝预警等提供了精细化、数字化支撑。

地理信息数据、技术与数字孪生水利跨界融合应用场景逐渐增多,主要体现在以下四个方面。一是高精度地形数据与数字孪生水利业务应用融合加深,各先行先试单位在设计方案、项目实施中应用 1∶500 至 1∶10 000 的高精度地形数据。二是流域下垫面地表覆盖信息、河道内地表和地物类型等全覆盖高精度地表覆盖数据与流域水文模型、水力学模型融合应用,有效提升了水文学、水力学模型的参数空间化和现势性水平。三是研制了小型便携式巡检定位终端,完成了冰湖、堰塞湖等通导遥一体化动态监测与预警系统和缺资料地区水文信息北斗监测预警系统框架设计,为特殊区域水安全监测奠定了坚实的技术基础。四是实景三维成果与建筑信息模型、虚拟现实(VR)等技术融合应用,实现地理背景、水利要素、水流流场的高保真映射和三维场景可视化显示,为支撑水利“四预”应用提供基础保障。

数字孪生水利建设成果也得到充分运用与共享。水利部门加强数据资源跨地区、跨部门、跨层级的统筹管理,推动解决数据碎片化问题,为江河湖库精准画像。全面服务于水利部本级、七个流域管理机构、省、市、县共五级水利部门的业务化应用,部分成果集成至国家防汛抗旱指挥系统、国家水资源管理系统、全国河长制湖长制管理系统等主要业务系统。水利部将建立全覆盖的数字孪生资源共享平台,实现数据采集、处理等协调推进。此外,形成数字孪生水利建设典型案例名录、数字孪生水利建设十大样板,及时总结先行先试的经验,提炼形成可复制可推广成果,对全面加快推进数字孪生水利建设发挥积极作用。

**5. 先行先试成效掀起全面推进数字孪生水利建设热潮**

通过先行先试,掀起全面推进数字孪生流域、数字孪生水网、数字孪生水利工程建设热潮。2023 年我国完成水利投资 11 996 亿元，其中水文基础设施、智慧水利等其他项目完成投资 1 025 亿元。实施数字孪生水利先行先试工作两年以来，水利部、流域管理机构、各省（自治区、直辖市）和水利工程管理单位积极筹措经费，初步统计数字孪生水利领域的累计直接投资超 60 亿元。

2023 年 4 月 28 日，全国首个数字孪生流域建设重大项目长江流域全覆盖水监控系统开工建设。2023 年，49 处数字孪生灌区先行先试建设加快推进，相关模型推荐清单公布，10 多个省份开展数字孪生农村供水工程建设。河北、山西、江苏、浙江、江西、湖北、湖南、甘肃等地同步在本省范围内开展了数字孪生流域建设试点，在多个市、县部署试点工作，探索数字孪生技术与水利业务深度融合。

2024 年全国水利工作会议提出要大力推进数字孪生水利建设：一是要全面提升水利监测感知能力；二是要大力推进数字孪生流域建设；三是要大力推进数字孪生水网建设；四是要大力推进数字孪生工程建设。水利部在印发的 2024 年水文工作要点中指出，按照“应设尽设、应测尽测、应在线尽在线”原则，统筹结构、密度、功能，重点围绕流域防洪、水库调度实际需求，加快构建雨水情监测预报“三道防线”。加快推进暴雨洪水集中来源区、山洪灾害易发区以及大型水库、重大引调水工程防洪影响区测雨雷达组网建设，提升雨量站密度，完善水文（位）站网。加快产汇流水文模型、洪水演进水动力学模型研发应用，加快遥感、激光雷达等观测技术应用，实现云中雨、落地雨、本站洪水监测预报并延伸产汇流及洪水演进预报。2024 年 5 月，水利部审议通过数字孪生水利一体化监测感知夯基提能行动方案，方案明确提出，通过高分辨率航天、航空遥感技术和地面水文监测技术的有机结合，推进建立流域“天空地”协同监测感知体系。

## （五）推动农业数字化现代化，全面赋能数字乡村发展

地理信息技术正在全面融入农业全产业链数字化转型，全面赋能数字乡村发展。地理信息应用于“天空地”一体化数据采集和监测预警系统建设、农村土地资源调查、宅基地确权登记、村庄规划编制、乡村智慧社区建设，地理信息技术为耕地监测与保护、农机装备智能升级、智慧农业发展提供重要支撑，广泛应用于种养、渔业、林业、加工、流通等农产品生产流通全过程，为乡村新业态新模式提供时空信息支撑，推动传统农业向智慧、精准、高效转型，为乡村数字基础设施建设、乡村数字化治理、乡村网络文化、乡村数字惠民服务、智慧绿色乡村、数字乡村发展环境等持续赋能。

### 1. 地理信息融合应用让传统农业焕发出新的活力

我国围绕大田作物耕、种、管、收的数字化需求，运用卫星遥感、北斗定位、互

联网、大数据、人工智能等新一代信息技术，收集分析从天到地的农业数据，监测农业灌溉用水情况，建立数字农田模型，实现卫星巡田、远程田管，精准分析作物长势，预测各种灾害风险，推进数字化生产、智能化管理和精准化作业，大大减少了人力物力投入，提高了生产品质和效益。据农业农村部数据，2022 年，我国农业生产信息化发展水平约为 26%，其中大田种植、畜禽养殖及水产养殖信息化率分别为 21.8%、34%、16.6%。大田种植信息化率中，小麦、稻谷、玉米三大粮食作物的生产信息化率分别为 39.6%、37.7%和 26.9%。截至 2023 年底，我国农业生产信息化率为 27.6%，大田种植信息化率已达 26.4%。

北斗系统产业化有效促进了农机智能化。我国农业正处于从手动作业向全面机械化规范作业转变的上升期，农作物耕种收综合机械化率从 2018 年的 67%提高到 2022 年的 73%，《“十四五”全国农业机械化发展规划》明确，到 2025 年，农作物耕种收综合机械化率将达到 75%。当前，农机装备已进入机械化、智能化并存阶段。随着农村劳动力减少与现代科技应用成熟度不断提升，农机智能化、无人化成为必然趋势。农机无人驾驶技术是在自动导航的基础上，将非结构化农田环境信息感知、作业路径规划、导航与路径跟踪、自主避障、农机具作业控制等技术集成，使自走式农机具备自主决策、自主作业功能。在此背景下，涌现出了诸多科技型农业装备企业，通过北斗导航定位、数字化高精度农田地图、云脑与自动驾驶技术、人工智能技术融合，实现农机无人化作业，进一步推动我国农机智能化发展。截至 2023 年底，全国安装北斗终端农机已达 220 万台，作业效率和作业精度达到国际先进水平。植保无人机总量超过 20 万架，年作业面积突破 21 亿亩次，极大提升了作业效率，实现了农药减量增效。2022 年，工业和信息化部指导发布了首个智能农机技术路线图，到“十四五”末期，我国平原地区主要粮食作物将全面普及以导航技术为主、具备自动行走能力的智能农机装备。在集中连片的大型平原地区农场，具备高度自主行走能力的智能农机、完全自主行走能力的农机将成为作业主力。

遥感卫星产业化、商业化发展让卫星巡田、远程田管从实验室走进田间地头。卫星遥感在农业灌溉用水监测方面逐步迈入业务化应用新阶段。农业用水量占全国用水总量的 60%以上，其中农业灌溉用水量占农业用水量的 80%以上。针对大范围农业灌溉取用水监管和用水总量统计复核难的问题，利用多源卫星遥感影像与地面数据协同，提出了田间尺度实际灌溉面积监测方法。2022 年和 2023 年，水利部办公厅相继印发《关于开展 2022 年农业灌溉面积遥感监测与用水量核算应用示范工作的通知》《关于开展 2023 年水资源遥感监测与应用示范工作的通知》，在全国 13 个粮食主产省份和西南典型干旱区云南省试点利用卫星遥感技术开展农业灌溉面积监测，完成了约 14 亿亩耕地和园林地实际灌溉面积动态遥感监测，成果集成到全国取用水管理平台，用于核定地方统计上报灌溉面积和水量，为各级水行政主管部门农业用水监管提供了精细的时空数据，提升了对违规取用水行为的监管能力和水平。目前，1 平方千米的卫星影像价格已经可以控制到 10 元以内，一个人可以管理 2 000 亩的农场，这有力推动了卫星遥感数据在农业农村领域的商业化应用。

**2. 地理信息技术应用助力林业渔业向现代化转型升级**

深化集体林权制度改革会对林业治理、林业信息化提出新的要求，这将进一步推动地理信息技术在林业领域的深化应用。2020 年，国家林业和草原局在全国森林管理"一张图"的基础上，汇集整合了历年遥感影像数据、森林资源清查数据、林地更新数据等各类业务数据，建立了可在互联网上开放共享的国家级森林资源大数据库。2023 年 9 月，中共中央办公厅、国务院办公厅印发的《深化集体林权制度改革方案》明确了深化集体林权制度改革的总体要求，提出了加快推进"三权分置"、发展林业适度规模经营、切实加强森林经营、保障林木所有权权能、积极支持产业发展、探索完善生态产品价值实现机制、加大金融支持力度、妥善解决历史遗留问题等 8 项主要任务，以及组织领导、试点探索、队伍建设、监督考核等 4 个方面的保障措施。集体林是提升碳汇的重要载体，是维护生态安全的重要基础，是实现乡村振兴的重要资源。截至 2023 年 10 月，我国有集体林地 25.68 亿亩，占林地总面积的 60%，分布在 2 600 多个县，涉及 1 亿多个农户。此次深化集体林权制度改革将会进一步推动北斗、遥感、地理信息系统等地理信息技术在林权不动产登记、林权综合监管、林业防虫防病防火、林业碳汇核算、集体林基础设施建设规划、优化林种树种结构等方面的深化应用，促进我国林业治理数字化、网络化和智能化进程，为不断促进森林资源持续增长、森林生态质量持续提高、林区发展条件持续改善、农民收入持续增加提供数据与技术支撑。

地理信息应用于海洋环境监测、船舶航行监管，为海洋捕捞提供服务与支撑。在海洋环境方面，我国海洋二号卫星同步观测海面风场、海面动力高度、海面温度的模式以及海洋三号卫星使用 1 米分辨率的合成孔径雷达、船舶自动识别系统（AIS）同步观测模式均为世界首创。在捕捞管控方面，对于船只的同步监测，除了 AIS 接收功能，海洋三号卫星还提供了主动探测的方式。除了对非法、不报告和不受管制（IUU）渔船的监控，以海洋三号卫星 AIS 数据和雷达数据为基础，可以设计渔船运行状态的指数，例如计算重点渔场的船舶数量、吨位等数据，反映捕捞产业景气程度。利用珞珈 1 号卫星影像等高精度数据源，实现了夜间灯光渔业遥感的突破，精确监测和评估了渔船活动和渔场分布。此外，海洋盐度卫星的应用研究展示了利用遥感技术监测海洋盐度，提高了对海洋渔业环境的监测能力。虽然，遥感技术在监测和评估海洋盐度、渔业资源分布方面取得进展，但数据的实时性和精准性还不足以全面支持渔业资源管理。

3. 政策不断强化地理信息在农业农村领域的深化应用

强化农业科技和装备支撑，加快农业农村大数据应用，将有力促进地理信息技术在农业农村现代化建设中的应用。中共中央、国务院《关于做好2023年全面推进乡村振兴重点工作的意见》指出，要深入实施数字乡村发展行动，推动数字化应用场景研发推广。加快农业农村大数据应用，推进智慧农业发展。加快先进农机研发推广，支持北斗智能监测终端及辅助驾驶系统集成应用。2023年6月，农业农村部联合国家发展和改革委员会、财政部、自然资源部印发的《全国现代设施农业建设规划(2023—2030年)》指出，突出科技创新在设施农业发展中的关键作用，大力推进自主创新、协同攻关，促进设施结构、专用品种、智能装备、农机农艺等方面技术研发与集成配套，强化高效农机、先进智能装备和管理系统推广应用，探索打造数字农业工厂、未来智慧农场。这是我国出台的第一部现代设施农业规划，对促进设施农业现代化具有重要指导意义。在地方层面，浙江、湖北、河南、河北、山西、吉林等多个省份也先后出台相关政策，明确提出推广应用北斗卫星导航系统和农业遥感技术，构建“天空地”一体化数据采集和监测预警系统。加快北斗智能监测终端在农业生产领域的应用。推广智能农机应用，升级改造农机装备，按需加装北斗导航、远程运维、无人驾驶系统、高精度自动作业等设备，配套无人机、智能催芽育秧、水肥一体化等智能装备，实现耕整地、播种、施肥、施药、收获等过程精准作业。运用遥感监控、“互联网+”、大数据等现代信息技术，构建省级高标准农田信息监测管理平台。建设“六级”耕地保护监测监管平台，每月将耕地“非农化”“非粮化”及其他变化图斑下发各市、县(区)。县级农业农村部门要规范、准确填报高标准农田建设项目基础信息，按照项目立项、完工、竣工验收三个阶段，及时完成上图入库，做到可追溯、可跟踪、可核实。推广卫星遥感数据在农村土地资源调查、土地利用现状调查、农林病虫害防控、农作物长势的监测与估产、林草湿调查监测和环境监测等方面的应用。实施智慧林业工程，建成以卫星遥感、无人机监测、视频监控、护林员网格巡查等为一体的监测感知体系。建设“智慧海洋”工程，推进渔船“宽带入海”项目，扩大海上卫星互联网覆盖面。以“一图一表一说明”等方式，有序推进“多规合一”实用性村庄规划编制。这些政策举措的落实将积极推动地理信息技术在农业农村领域的深化应用，为建设农业强国、推动乡村振兴持续赋能。

## (六)广泛应用于城市全周期管理，时空框架支撑数字化转型

地理信息是深化智慧城市发展、推进城市全域数字化转型的基础，而人工智能是通往未来新型智慧城市建设的关键性桥梁。近年来，地理信息技术在城市

规划设计、资源资产管理、城市交通治理、城市应急管理等领域得到广泛应用，催生了更多的新应用新业态，极大地提升了服务效率和管理水平，在“人工智能＋物联网”“人工智能＋大数据”“人工智能＋地理信息”“人工智能＋大模型”和“人工智能＋大算力”的协同作用下，推动了智慧城市从数字化到智能化智慧化的跃升，推动新型智慧城市实现高质量“智理”。

**1. 地理信息融合应用推动城市治理从数字化到智慧化**

数字城市利用计算机网络、空间信息和虚拟现实技术实现城市信息数字化，重在建设信息基础设施。智慧城市则依赖时空大数据、云计算、物联网等技术，旨在整合城市生活的各个系统，重在搭建统一的数字平台以便智能化管理。新型智慧城市结合数字孪生、区块链、元宇宙等技术进行全城整合，并采用基于人工智能的智能生命体进行决策，融合现实与虚拟元素，实现先进的城市管理。在国家高质量发展需求的牵引下，通过建设新型智慧城市，来提高生产效率、优化资源配置和推动产业升级，促进新质生产力发展，已是大势所趋。

地理信息数据为城市数字化精细化管理、经济发展和公众生活提供了实时、丰富、全面、权威的时空基础支撑。一是位置大数据、时空信息服务显著提升了公共服务水平。通过全国一体化政务服务平台“跨省通办”的线上地图服务，群众可查询、导航到就近的服务大厅，办事效率和服务体验得到有效提升。在疫情防控期间，地理信息在健康码、通信大数据行程卡等方面，起到了关键作用。二是高分辨率遥感、移动采集、物联网等新型测绘技术应用，显著提升了数据的精度和时效性。三是随着城市三维模型数据、实时感知数据等新型数据的规模不断扩大，地理信息数据类型更加丰富、数据质量不断优化。四是智慧城市建设对地理信息数据需求的不断提升，推动了城市全要素、多尺度、多维度的地理信息数据快速汇聚。

地理信息技术与人工智能融合发展，为新型智慧城市建设及运营提供了新引擎，也催生了大量的新产品、新业态。三维建模、数字孪生、元宇宙等前沿技术的发展和应用是实现新型智慧城市有力的技术基础，而人工智能技术成为重要的“破局”力量。一是在无人驾驶领域，基于实时路况信息的地图数据供给能力得到不断提升，为无人驾驶的规模化应用奠定了坚实基础。二是在智慧规划领域，地理信息技术与人工智能算法结合，实现了对城市发展的智能模拟和规划优化，提高了城市规划的科学性和前瞻性。三是在社会治理领域，地理信息与大数据、人工智能结合，在疫情防控、防汛抗旱等重大任务中发挥了关键作用，提升了城市的应急处置和风险管理能力。四是赋能新一代城市信息模型（CIM）平台，实现了地上地下、室内室外的全空间数字化，为城市管理和应急指挥提供了可视化、可分析、可决策的时空支撑。

### 2. 利用地理信息技术及数据首次划定出城市城区范围

遥感技术与规划管理紧密结合,形成了我国首版城市城区范围成果矢量数据集,实现了“从无到有”的跨越。长期以来,由于缺乏空间标准和相应监测手段,我国城市建成区面积主要依靠地方填报,但各地对“城区”统计口径不同,且没有对应到全国“一张图”的空间范围,一定程度影响了统计数据的准确性、可靠性和可比性等。2023年,自然资源部应用全国国土调查成果,组织683个设市城市,按照《城区范围确定规程》(TD/T 1064—2021)全面开展城区范围确定工作,形成我国第一版城市城区范围矢量数据集,首次实现了城市城区范围的空间化、定量化和精准化,为城市国土空间规划实施监测、体检评估等工作提供了基础支撑。

城市城区范围成果矢量数据集叠加多种信息,助力打造宜居、韧性、智慧城市。我国首版683个城市城区范围矢量数据集,主要包含城区范围和城区实体地域两个层次。城区范围,即一定时期城乡划分和城市化地区边界,其更新周期与全国国土调查、人口普查等保持一致,其间保持相对稳定。城区实体地域,即城市化标准统计区范围内的实际建设区域,是国土空间规划实施情况的年度监测数据。自然资源部将每年利用全国国土变更调查成果,对城市实际建设区域变化情况持续监测,保持一年一更新。城市城区范围确定后,可进一步叠加人口、用地、产权、产业等信息,成果应用广泛。目前,城区范围确定成果已应用到国土空间规划编制和实施监测、城市空间监测和体检评估、城市地价动态监测、沿海城市地面沉降监测等国土空间监测分析工作中,进一步促进了国土空间治理数字化转型。未来,自然资源部将加强与相关部门合作,继续推进城区范围确定成果在自然资源管理和经济社会综合统计等领域的应用,助力打造宜居、韧性、智慧城市。

### 3. 时空大数据标准助力城市国土空间治理数字化转型

将城市更新纳入国土空间规划“一张图”实施监督信息系统。中共中央、国务院《关于建立国土空间规划体系并监督实施的若干意见》(中发〔2019〕18号)提出要建立“五级三类”国土空间规划体系。2021年12月,中央网络安全和信息化委员会印发的《“十四五”国家信息化规划》提出,完善地理信息等基础数据,高质量建设楼宇、房屋、人员、企业、设施等基础对象电子档案库,提升数据完整性、规范性和准确性。2022年,我国首部“多规合一”的国家级国土空间规划《全国国土空间规划纲要(2021—2035年)》印发实施,地方各级总体规划、详细规划和专项规划编制统筹推进,“五级三类”国土空间规划取得决定性进展,形成法定化的国土空间开发保护蓝图。与此同时,自然资源部以实景三维中国、智慧城市时空大数据平台为基础底板,整合自然地理格局、经济社会发展、国土空间利用等各类数据，基本建成了全国统一、各级联动的国土空间规划实施监督系统，实现国家、省、市、县四级系统互联、业务协同和数据共享。截至2023年5月，40个智慧城市时空大数据平台建设完成，试点城市基于建成的时空大数据体系和时空大数据平台，开展了面向自然资源监测管理、城市精细化管理、交通和市场监管、土地税源管理服务等的400余项行业应用系统，为城市精细化管理、经济发展和公众生活提供了实时、丰富、全面、权威的时空基础支撑。《支持城市更新的规划与土地政策指引(2023版)》明确各级各类的国土空间规划应充分适应城市高质量发展的需要，将城市更新的规划要求纳入国土空间规划"一张图"实施监督信息系统，加强实施管理。鼓励依托国土空间基础信息平台和国土空间规划"一张图"实施监督信息系统，结合年度国土变更调查、城市国土空间监测、国土空间规划城市体检评估等工作，推进各类经济社会信息数据的加载，搭建适用于城市更新的规划管理和规划服务平台，加强空间治理的基础支撑。

2023年3月发布的《国土空间规划城市时空大数据应用基本规定》(以下简称《规定》)是新时代国土空间规划、时空大数据应用的第一个行业标准，是推动时空大数据在城市级国土空间规划中应用的重要举措。《规定》规范了国土空间规划城市时空大数据的定义与数据内容，数据采集、数据处理与质量控制，以及应用技术流程、典型场景的指标与数据服务要求等，为城市级国土空间规划时空大数据应用提出要求，其他层级国土空间规划工作也可参考执行。

**4. 统一时空框架将贯穿城市全域数字化转型建设始终**

2024年5月，国家发展和改革委员会、国家数据局、财政部、自然资源部联合发布《关于深化智慧城市发展 推进城市全域数字化转型的指导意见》(以下简称《指导意见》)，从全领域推进城市数字化转型、全方位增强城市数字化转型支撑、全过程优化城市数字化转型生态等方面提出13项具体举措。就全领域推进城市数字化转型，《指导意见》提出，要建立城市数字化共性基础，培育壮大城市数字经济，促进新型产城融合发展，推进城市精准精细治理，丰富普惠数字公共服务，优化绿色智慧宜居环境，提升城市安全韧性水平。鼓励有条件的地方推进城市信息模型、时空大数据、国土空间基础信息、实景三维中国等基础平台功能整合、协同发展、应用赋能，为城市数字化转型提供统一的时空框架。

## (七)多场景多层次赋能交通，实现陆水空立体全覆盖

地理信息技术已应用于交通的规划、勘测、设计、建设、运营、维护全过程，实现陆、水、空立体全覆盖，包含了自驾、公交、物流、低空飞行等多种场景，从时空信息采集、处理、分析、应用多个层次赋能智慧交通，为实现"人享其行、物畅其流"的美好愿景，提供坚实的时空信息支撑。

### 1. 地理信息应用从公路交通逐步向陆水空一体化升级

从2023年的政策来看，智慧交通从公路交通一枝独秀逐步向陆水空一体化发展升级。2023年，交通运输部印发的涉及智慧交通的政策覆盖了公路、铁路、内河航运、海运的基础设施建设及数智化运营，北京、天津、重庆、浙江、江苏、山东、河北、河南、山西、黑龙江、吉林、福建、四川、贵州、西藏、宁夏、新疆17个省(自治区、直辖市)也出台了相关的智慧交通政策。对比2022年，2023年涉及智慧交通领域的政策有以下5个特点：一是为了落实多式联运政策要求，在内河航运、海运、港口、码头等水路交通智能化方面，新增了更多的要求；二是针对公路交通、城市交通的政策，其内容更加全面、深化、细化，突出了提升人的出行感受、提高物流效率等方面的内容，如停车位信息平台、充电桩信息平台、“网上下单、一键送达”等；三是突出了对共享单车、充电桩信息共享等绿色出行方式的支持；四是突出了“一张图”“一张网”等各种信息平台的建设及互联互通；五是强调了无人化、智能化水平的提升。

### 2. 智能网联汽车进入“车路云网图”一体化商业化阶段

公路交通已经步入人、车、路、电、云等多要素融合交互创新发展的新阶段。地理信息技术、产品及服务已开始加速融入汽车产业链、电子信息产业链、新能源产业链、配套基础设施建设生态链中，带动了车用感知系统、定位、导航、地图、交通时空信息智能化处理等技术的应用与创新，将原本孤立的不同行业数据，如城市规划、交通、物流、环保、能源、商业、公共安全等，通过地理坐标系关联起来，实现空间数据共享和交换，新增了地理信息安全监管的场景，促进了相关政府部门之间的跨部门协作与业务融合。

目前，智能网联汽车已成为新型移动智能终端，进入“车路云网图”一体化商业化应用的新阶段。智能网联汽车是我国汽车产业发展的战略方向，也是地理信息产业的先锋应用场景之一。截至2023年8月，全国累计开放测试道路超过20 000千米，在网联发展方面，全国17个测试示范区、16个“双智”试点城市、7个国家车联网示范区完成了7 000多千米的道路智能化升级改造，中国具备组合驾驶辅助功能的乘用车新车销量占比已经达到42.4%，数据驱动、软件定义汽车已经成为行业共识。2023年11月，工业和信息化部、公安部、住房和城乡建设部、交通运输部联合发布了《关于开展智能网联汽车准入和上路通行试点工作的通知》，首次在国家层面以试点形式推动L3/L4自动驾驶商业化落地，明确各方角色和分工并允许一定程度试错迭代，通过开展准入和上路通行试点，加快智能网联汽车产品的量产应用，带动相关基础设施建设，探索实践自动驾驶、车路协同、共享出行等商业模式，推动汽车与新能源、人工智能、信息通信等产业融合，构建汽车、能源、智慧城市等融合互动的产业生态，助力智能网联汽车产业协同创新与高质量发展。

智能驾驶迈向 L3，车企在智能驾驶技术、大模型等领域开启全面比拼，图商不断创新。国内智能驾驶企业则正推动 L2（辅助驾驶）无限靠近 L3（有条件自动驾驶），实现 L2＋或 L2＋＋的城市高级辅助驾驶（NOA）。2024 年初，特斯拉正式推送 FSD v12 自动驾驶系统，将城市街道驾驶堆栈升级为端到端神经网络，经过数百万个视频训练，取代了 30 多万行 C＋＋代码。特斯拉端到端方案可减少自动驾驶中人为设定的规则，通过一套大模型完成原本多个模块的功能，更大程度发挥大模型效用。目前，高精地图正面临数据精度要求高、现势性要求高、成本可接受及信息安全可控的综合性挑战。有观点认为，随着车端实时感知能力的增强，以及国内车厂对端到端方案的追捧，自动驾驶对地图精度的依赖会进一步降低。为此，国内图商积极创新求变。例如，四维图新在 2023 年 10 月推出一款入门级行泊一体智驾平台 NOP Lite；百度地图利用百度文心大模型，大幅度降低了地图制图成本。从技术层面看，即便车企的感知技术与人工智能算法再先进，也无法绕开基本的导航地图，车企所收集的大量数据也必须找第三方图商"托管"。

目前，政产学研不断高效协同创新，共同推动地理信息产业与汽车产业、电子信息产业、交通事业之间的协同发展，促进高精地图应用。自然资源部采取多种举措，以推进地理信息产业与智能网联汽车产业融合发展。2022 年 8 月以来，自然资源部在北京、上海、广州、深圳、杭州、重庆六个城市开展的智能网联汽车高精度地图应用试点工作取得实效，开展了众源测绘及自动驾驶地图安全应用路径和解决方案探索和验证，召开了试点工作会议，系统总结和推广先进经验。2023 年，自然资源部统筹地理信息安全与应用，印发《高级辅助驾驶地图安全应用基本要求》，全面开放国内普通道路高级辅助驾驶地图应用；修订《公开地图内容表示规范》，引导新型地图产品规范应用；发布《智能汽车基础地图标准体系建设指南（2023 版）》，对智能汽车基础地图标准体系作出了建设规划；召开智能网联汽车高精度地图试点应用交流会，稳妥推进试点工作。2024 年 1 月 15 日，工业和信息化部、公安部、自然资源部、住房和城乡建设部、交通运输部联合印发通知，确定开展智能网联汽车"车路云一体化"应用试点工作，试点期为 2024 年至 2026 年，试点内容包括建设智能化路侧基础设施、探索高精度地图安全应用等九个方面。

### 3. 智慧港口和智慧航道建设全方位带动地理信息应用

水上交通以港口和航道基础设施数字化、生产运营管理和对外服务智慧化水平全面提升为导向，从工程勘察测绘、船舶导航定位、货物定位跟踪、电子航道图等全方位带动地理信息应用。交通运输部《关于加快智慧港口和智慧航道建设的意见》(交水发〔2023〕164 号)提出,到 2027 年,全国港口和航道基础设施数字化、生产运营管理和对外服务智慧化水平全面提升,建成一批世界一流的智慧港口和智慧航道。国际枢纽海港 10 万吨级及以上集装箱、散货码头和长江干线、西江航运干线等内河高等级航道基本建成智能感知网。建设和改造一批自动化集装箱码头和干散货码头。全面提升港口主要作业单证电子化率。加快内河电子航道图建设,基本实现跨省(自治区、直辖市)航道通航建筑物联合调度,全面提升内河高等级航道公共信息服务智慧化水平。2023 年 3 月,广东省印发《内河航道地理信息要素数据字典》(征求意见稿),旨在指导广东省内河航道地理信息数据采集、建库、内河电子航道图(IENC)生产、行业空间数据共享交换,以及空间数据预处理入库。

截至 2024 年 6 月,我国已建成全球规模最大的航海保障体系,实现了沿海港口航道“一图覆盖”,沿海水上安全通信“一网贯通”。我国航海保障事业发展迅速,沿海航标从 2013 年的 1.22 万座增长至 2023 年的 2.06 万座,增长 68.9%,并实现了航标遥测遥控全部北斗化。建设了由 23 座北斗差分台、75 座北斗连续运行基准站组成的沿海北斗地基增强系统,提供厘米级的高精度导航定位服务。海图服务从以纸质海图为主,发展为电子海图全覆盖并提供在线发布、更新服务,2023 年发行中国沿海电子海图达 492 万幅。

**4. 智慧民航与低空经济加速地理信息在低空领域应用**

智慧民航建设全流程运行场景试点推动地理信息应用由目视飞行航图进入全面深化应用阶段。目视飞行航图是低空目视飞行的基础性航空资料,是低空飞行的保护伞和指南针。通过目视飞行航图可以了解低空目视飞行所需的基础地理信息,人工障碍物、人工建筑物、矿区等低空目视飞行人文地物要素,以及低空目视飞行空域和航线、限制性空域、机场等航空要素。2019 年,首个国家级低空交管平台——中国民航通用航空信息服务平台构建起“全国一张图”的服务模式,打破了通航用户“孤岛式”的信息获取方式。目前,全国各地对低空交管平台的论证和建设需求,主要集中在省、市两级。2023 年 11 月,中国民用航空局智慧民航建设领导小组办公室发布《关于开展智慧民航建设全流程运行场景试点工作的通知》,旨在通过聚焦机场、空管、航司统一场景意识,开展空地一体、多方参与、高度协同的全要素全流程全场景示范,提升民航安全保障水平和运行效率。通过试点建设,将初步形成一批可参考、可复制、可推广的经验、成果和案例,出台一批政策、标准、规范等,为全面推进智慧民航建设和民航高质量发展提供更有力支撑。2024 年 3 月 4 日,中国民用航空局下发了《关于在淮安机场开展基于机场地图数据库共同情境意识全流程运行场景试点的通知》,计划通过 1～2 年时间,建立一套全国中小机场地图数据库(AMDB)的制作规范,包含数据制作标准、质量标准、精度要求、地理信息使用规范、要素关系、要素范围等全套数据规范。建立一套全国中小机场地图数据库(AMDB)的数据交换标准,包含输出格式、航空信息交换模型(AIXM)数据融合、GIS数据兼容性、软件开发工具包(SDK)扩展标准等。

低空经济发展将进一步促进地理信息在低空飞行等领域的深化应用。2024年全国民航工作会议提出,2024年民航将大力服务低空经济发展。将健全通用机场政策法规与标准管理体系,支持地方加快通用机场和临时起降点建设,引导支持运输机场开展通航业务。深化拓展航空医疗救护、无人机物流、应急救援、新兴消费等业态发展。支持以民用无人驾驶航空试验区(基地)为基础,推动打造若干低空经济发展示范区。随着无线通信技术、大数据、云计算、物联网、人工智能等现代信息技术的不断进步与深化应用,无人机将成为低空经济拓展新场景新业态的有力工具,这也将推动低空导航定位、感知探测、气象监测等地理信息技术的深化应用,带动无人机测绘、无人机物流、低空巡检、低空空管系统与相关信息基础设施建设等相关领域的发展。

## (八)支撑渗透物流业务全流程,构建智慧物流数字底座

地理信息技术已广泛应用于仓储、运输、配送等各个物流环节,渗透到智慧物流的全流程,在仓储智能分拣、智能调度、路径规划、无人配送、多式联运等方面的作用充分体现,地理信息已经成为智慧物流数字底座建设的重要内容。

### 1. 智慧物流成为推动物流行业高质量发展的重要引擎

智慧物流发展对于加快建设交通强国、促进经济高质量发展具有重要意义。2021年10月14日,习近平主席在第二届联合国全球可持续交通大会开幕式上的讲话指出:“要大力发展智慧交通和智慧物流,推动大数据、互联网、人工智能、区块链等新技术与交通行业深度融合,使人享其行、物畅其流。”交通运输是国民经济中的基础性、先导性、战略性产业和重要的服务性行业,是我国现代物流体系建设的重要基础和关键环节。智慧物流是物联网、大数据、云计算、区块链等信息技术与现代物流业深度融合的新兴领域,具有连通性强、融合度广、经济成本低、运行效率高、生态效益好等显著优势。

智慧物流代表着现代物流业的发展方向。智慧物流推动运输、仓储、配送、包装、装卸在内的各环节实现智能化,提升市场供需匹配度,助力制造业生产、批发、零售商之间实现更高效协作。通过物流信息化、运营智能化和服务网络化,智慧物流能够提供更加精准和高效的物流服务,大大提升整个供应链的效益,代表着现代物流业的发展方向。近年来,我国智慧物流市场规模呈高速增长状态。中商产业研究院发布的《2024—2029年中国智慧物流市场调查与行业前景预测

专题研究报告》显示,2023 年中国智慧物流行业市场规模约为 7 903 亿元,较上年增长 12.98%。行业内领先企业积极布局智慧物流,抢占先机。以顺丰、美国联合包裹运送服务公司(UPS)、敦豪航空货运公司(DHL)为代表的领先快递物流企业和亚马逊、京东、阿里巴巴等为代表的互联网科技企业通过组建研发团队或与第三方合作等方式,在物流地图、无人机、仓内自动导向车等领域深度布局和拓展应用,通过科技手段提升物流效率。随着新技术的广泛应用、政策举措的相继推出,智慧物流市场活力将进一步激发。

**2. 一体化感知体系与电子地图夯实物流行业数字底座**

基于泛在的线上线下一体化的感知体系,新型的面向智慧物流工业级地图融合了“最后一公里”的精细地图、语义地图、高精地图和实景地图,已成为物流行业数实融合的数字载体、产业赋能的数字底座。通过精准位置决策服务为物流运营决策变革、运营效率优化、作业成本下降、安全性提升等带来了一系列的价值,对保障产业链安全,维护供应链稳定,营造“绿色、安全、高效、智能”的四位一体服务能力提供时空赋能,助力物流行业打造新质生产力。

地理信息应用于智慧物流数字化作业的四个环节(图 2)。一是订单作业,在用户下单、信息查询等多种人机交互模式中,出现信息错误、信息不全情况时,自动识别错误信息并纠正,自动提取关键信息,同时补齐缺失信息,从而规范业务信息入口,规避错误地址进入系统,避免业务发生错误。二是仓储作业,依托海量语义地址大数据、智能地址引擎识别技术和精细网格区划分拣地图,结合数据分发业务逻辑,快速精准解析包裹地址信息,找到包裹最佳路由规划,自动计算出包裹途经的物流站点、中转场、配送网点等路由信息,实现包裹与网点精准匹配。改变传统人力分拣模式,取代大量人工,降低了人力成本,同时还大幅提高了分拣作业的效率与准确率。三是运输作业,借助货车线路规划和车辆调度的运前规划,以及货车导航和车辆在途的运中管控,融合各类设备定位数据、驾驶轨迹结算的运后管理,实现省钱线路挖掘、预计到达时间预警、轨迹质量分析、货运安全管控等场景应用,降低运输成本和道路交通安全事故率,提高运输效率。四是配送作业,通过高精地图、室内外一体化导航定位、智能路径规划、时空数据分析等技术实现无人货车驾驶、物流无人机、楼宇配送机器人等精准位置服务,实现智能配送路线优化、障碍物识别避让、位置精准标识和动态路径调整,提高无人配送的精准性、效率性和安全性,推动无人配送技术的发展。

地理信息应用于智慧物流数字化运营管理决策的三个场景。一是智能调度,依托高精细的物流地图和物流大数据挖掘,根据地址识别物流作业网格,通过对任务预测、地理位置、运力负载等多约束条件进行判断,由智能调度引擎将人员信息与任务进行高效自动化匹配,解决手动排班效率低下、分配不合理等问题，优化资源配置，提升服务时效。二是多式联运，依托多式联运地图工具，根据公路成本、铁路成本、空运成本等运价信息，评估出各运输方案的时效、成本情况，规划公路、公铁、公水、公铁水运输方案，支撑物流路由规划与多式联运项目。交通运输部等八部门联合印发的《关于加快推进多式联运"一单制""一箱制"发展的意见》(交运发〔2023〕116 号)提出，力争通过 3～5 年的努力，多式联运"一单制""一箱制"法规制度体系进一步完善，多式联运信息加快开放共享，多式联运单证服务功能深化拓展。为了加快推进多式联运，实现车、船、箱、货等信息实时获取，用地理信息技术夯实全国"一张网""一张图"的动态时空底座将成为基础性、先行性的工作。三是运营管理，基于物流地图数据、物流大数据及成熟的运营体系，打通"人、车、货、场"物流全链路数据，可视化呈现运营管理态势，辅助运营管理决策研判，提升业务运营的数据决策能力，促进提升组织协同效率。

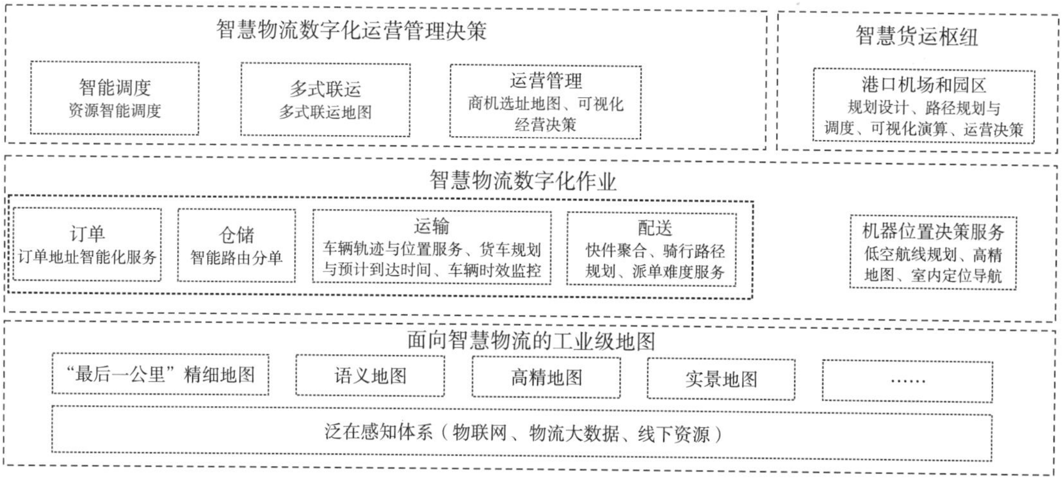


图 2　地理信息在智慧物流的应用场景框架

地理信息应用于货运机场、港口和物流园区，助力打造智慧货运枢纽。运用倾斜摄影测量、建筑信息模型、地理信息系统等技术，获取货运机场、港口和物流园区的全空间精细三维模型，融合物联感知、大数据、人工智能等技术，实现全要素、全场景、全流程仿真映射，实现设施信息化、管理智能化、作业安全化、运营数字化，实现物流园区的全生命周期数字化管理。

## （九）新一代警用地理信息系统深入应用，赋能科技兴警三年行动

公共安全是社会稳定和发展的基本保障。公安机关在预防、制止和侦查违法犯罪活动，防范、打击恐怖活动，维护社会治安秩序，制止危害社会治安秩序的行为，管理交通、消防、危险物品，管理户口、居民身份证、国籍、出入境事务和外国人在中国境内居留、旅行的有关事务，以及维护国家安全等方面履行着重要的

职责。在公安机关履行这些职责的过程中,地理信息技术都可以发挥重要作用。党的二十大报告把提高公共安全治理水平纳入“推进国家安全体系和能力现代化,坚决维护国家安全和社会稳定”的重要内容,并要求“坚持安全第一、预防为主,建立大安全大应急框架,完善公共安全体系,推动公共安全治理模式向事前预防转型”。

1. 警用地理信息系统已成为公安信息化基础设施之一

公安信息化经历了近 30 年的发展,特别是“金盾工程”(一期、二期)的建设,信息化已经覆盖了主要警务工作领域,基本建成了横向到边、纵向到底的信息化工作体系,形成了“纵向贯通、横向集成、互联互通”的整体公安信息化应用格局,在公安工作中发挥了重要作用。地理信息技术由于在基于位置的多源警务信息资源整合与可视化管理、在线地图服务提供、空间决策分析等方面具有独特优势,已成为公安信息化技术体系与基础设施建设中不可或缺的重要组成部分。

警用地理信息系统(PGIS)被公安部列为“金盾工程”一类项目,是公安大数据战略实施的重要组成部分。我国公安行业从 20 世纪 90 年代中期开始引入卫星定位系统、地理信息系统等技术,经过近 30 年的发展与应用探索,尤其是在“金盾工程”和“十一五”国家科技支撑计划“全国警用地理信息基础平台应用技术研究与规模应用示范”项目的共同推动下,地理信息技术推广和全警普及化应用取得显著成效,尤其是在不同层级多尺度警用地理信息分级数据更新、跨域数据无缝集成与协同服务共享技术等研究和应用方面取得技术突破,有效解决了警用地理信息系统应用横向“多警种集约化建设”和纵向“多级平台联网联动”技术难题,如图 3 所示。

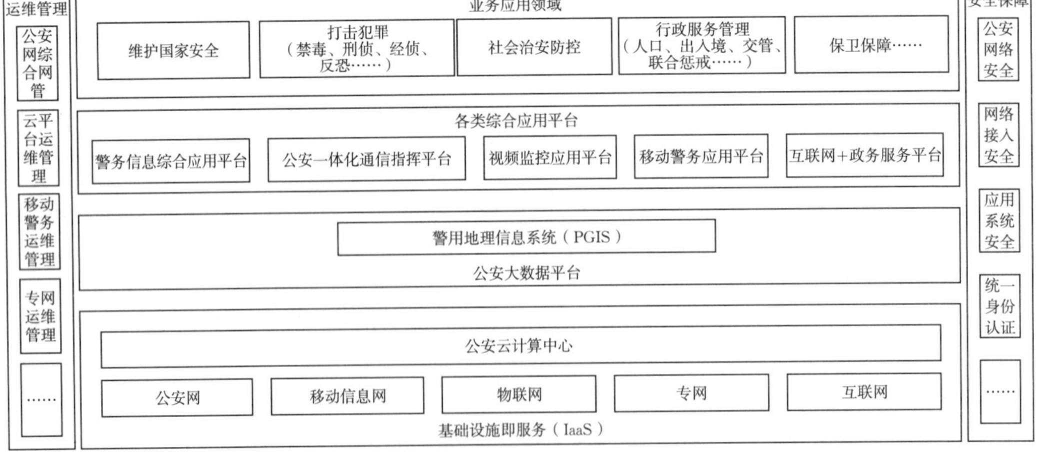


图 3 警用地理信息系统业务架构

### 2. 新技术集成应用助力新一代警用地理信息系统建设

从2019年开始，为了解决原有警用地理信息平台的不足，更好地服务支撑公安实战要求，在《公安机关"十四五"规划（2021—2025年）》《关于加强公安大数据智能化建设应用的指导意见》等政策指引下，公安部科技与信息化局牵头组织了新一代警用地理信息系统（PGIS 2.0）的设计与建设，各级公安机关陆续开展了警用地理信息平台建设，建立了部、省、市三级警用地理信息互联互通及共享服务支撑体系，为指挥调度、侦查办案、交通管理、大型活动安保等各类警务工作应用奠定了基础。在此基础上，各级公安机关进一步优化警用地理信息在民生服务、治安防控、打击犯罪等公安业务工作中的应用，取得了显著的成效，主要体现在以下五个方面。

一是全国公安机关基本完成了新的二维三维一体化矢量电子地图的升级。部分地区进一步结合BIM、视频计算机视觉（CV）等技术，将其与警务信息深度结合，形成"警务一张图"。各类警务业务一张图的出现，解决了原来的基础地图一张皮的问题，形成了业务视角的数字孪生基础底板。在治安防控方面，可以将监控设备、报警主机、卡口设备以及监控目标等实时、精准地展现在三维地图上，结合"雪亮工程"，警务人员能够直观了解辖区治安情况，熟悉监控布设方位，及时调取所需区域视频。

二是实现了门牌位置坐标的定时更新上图。编制采集门牌位置坐标，梳理形成标准地址，审核发布，实现定时更新上图。结合社会治安管理的相关内容，形成"一标 *N* 实"系统。实现对辖区内房屋、人口、单位的结构化、可视化管理，提升民生服务、治安管理的及时性和准确性。并在此基础上，结合地理信息系统、卫星定位导航系统及深度学习能力，提升语义地址映射服务能力，形成地址定位服务，可以为案件事件、警力资源、重点管控目标提供语义位置定位能力，提高110接处警的速度及准确性，提升警力资源派遣的合理性。

三是将地理信息技术与警务大数据充分结合，构建时空数据分析引擎。融合基础地理信息及各类业务基础信息，围绕各类业务场景，实现面向警务实战的时空轨迹数据智能应用，为警务情报研判、指挥调度提供决策辅助。例如，可以通过对卡口视频监控进行视觉识别，并依托地理信息技术进行人车轨迹推测还原，并进行时空分析挖掘，发现异常车辆、异常人员，提升治安预防能力，加快案件事件侦破速度。

四是发展基于地理信息系统的数字孪生仿真技术，加强事前非现场的事件处置推演等能力以及事中的指挥调度准确性。在事前，利用地理信息系统的分析功能进行态势分析展示，绘制态势图，推演处置救援方案；在事中，精准还原现场态势情况，调取处置预案，精准调派警务资源，提升处置救援效率。

五是初步形成 PGIS 应用生态，应用形态越来越多。近年来，随着全国 PGIS 应用的深入，以及警务云与公安大数据平台在各地公安机关的实施和落地应用，PGIS 通过分层解耦，微服务化迁移上云后，基于云计算架构的云地图与位置服务、网络端业务地图应用、移动警务地图小程序应用、警务时空大数据应用、视频地理信息、三维地理信息应用等新型应用形态已越来越多，进一步拓展了 PGIS 应用生态，丰富了其内涵。

**3. 科技兴警三年行动为地理信息深化应用提出新要求**

为了进一步提升科技创新支撑平安中国建设的水平，提升智慧警务质量及实战效果，优化公安科技创新平台布局，形成科技兴警协同工作格局，2023 年公安部、科学技术部联合印发通知部署推进科技兴警三年行动计划。该计划不仅重申了公安工作"向科技要警力，向数据要战斗力"的战略，也指出了具体的行动计划，对公安信息化提出了新的要求。

一是加强与警务业务尤其是基层警务业务的结合。目前，我国很多已建设的智慧警务系统功能表现较为丰富、炫酷、高大上，但实际功能不贴近实战，使用效率低下，没有达到智慧警务预期的效果。使用智慧警务系统最多的是基层一线民警，因此，应多采纳基层一线民警的意见和建议，让更多的基层实战民警参与到智慧警务系统建设中来，实现"向科技要警力，向数据要战斗力"的目标。

二是提升智慧警务系统的易用性。当前各地公安机关的警力资源不足，部分警务人员尤其是辅助人员技术水平不高，这也是制约智慧警务系统建设应用的一个重要因素。这要求公安信息化供应商提升质量意识，加强业务学习，坚持以实战应用成效为中心，从业务实际出发，降低技术应用门槛，让产品符合一线民警的应用习惯。

三是积极探索地理信息跨界融合应用。警务时空大数据的数据挖掘方法、分析模型与算法研究需要地理学、地理信息科学、计算机科学、数据科学、犯罪学等多学科相关理论与技术的支持。因此，在实践应用中，以解决警务实战应用需求为核心，推动国内高校、科研院所与警方在犯罪分析与预测研究领域的更多合作，推动行业间的合作和标准化建设，联手共同应对大数据带来的机遇和挑战，助推我国 PGIS 从当前警用地理信息共享和地图可视化应用阶段，逐步向深层次的犯罪分析与犯罪预测阶段发展，推动"公共安全治理模式向事前预防转型"。

## (十)融入应急信息基础设施，助力各种灾害风险防治

2023 年，应急管理部按照"建立大安全大应急框架"的要求，强化科技支撑保障，统筹推进应急管理科技创新、装备发展、智慧应急、应急卫星规划实施。建强国家应急指挥总部信息基础设施。建设安全风险监测预警体系，深化电力、铁

塔、通信、视频和卫星遥感大数据分析应用。加快防汛抢险等急需技术装备揭榜攻关，成功发射两颗应急减灾雷达卫星。完成国家地震烈度速报与预警工程建设。其中，地理信息技术是强化应急科技支撑保障的重要组成部分，广泛应用于各种灾害风险监测预警、应急物资保障、应急救援指挥、灾害调查评估、应急装备智能化升级等多个方面。

**1. 全国消防一张图助力构建消防安全风险防控体系**

为提升全国消防救援队伍应急救援和作战指挥的信息化、智能化、专业化效能，进一步适应“全灾种、大应急”实战需要，应急管理部消防救援局印发《关于推广建设智能接处警和智能指挥系统暨全国消防一张图的通知》(应急消〔2020〕292 号)，在全国开展消防智能接处警和智能指挥系统及全国消防一张图建设。国务院安全生产委员会 2022 年印发的《“十四五”国家消防工作规划》提出：科学编修城乡消防规划，积极融入多规合一，将消防安全布局、各类消防设施和场馆、消防力量等纳入各级国土空间规划“一张图”等相关规划；积极融入“智慧城市”“智慧应急”，深化“智慧消防”建设，加快消防信息化向数字化智能化方向融合发展；建设消防共享服务平台，依托应急管理大数据应用系统，统一提供人工智能及全国消防地理信息、区块链、模型算法等服务，构建业务共享体系。

消防一张图应用平台，依托遥感影像数据和技术，通过叠加电子地图、影像图、消防单位专题地图、倾斜摄影测量数据等地理信息数据资源，汇聚了各类消防系统数据，可视化呈现救援信息要素，用一张图完成了从灾情感知到智能研判再到救援调度的整个流程。实现灭火救援的一张图指挥、一张图调度、一张图分析、一张图决策，提高信息传递效率，保障消防设施的完好率，改善执法及管理效果，增强救援能力，降低火灾发生率及损失。

**2. 空天地融合应用强化矿山风险灾害智能预测预警**

2023 年，透明地质保障系统得到快速发展，不断赋能智能矿山建设。透明地质保障系统是智能矿山综合信息系统的重要组成部分和基础支撑，在系统勘探、梳理分析矿山地质特征的基础上，建立地质数据中心，构建矿山地质和矿体的三维空间模型和属性模型，并进行动态更新，实现矿山地质条件的透明化表达，分析研判掘进和开采前方的地质条件变化，为矿山生产计划编制和智能化安全生产提供地质要素的保障。2023 年，71 处国家首批智能化示范建设煤矿建成并通过验收。国家能源局、国家矿山安全监察局相继召开智能煤矿建设现场会进行总结推广，全国各矿业大省(自治区、直辖市)都召开了智能矿山建设推进会进行部署、推广和推进，智能矿山建设从煤炭行业推广到了非煤矿业。

建立矿山风险灾害评估模型库，提高地质灾害、人员、设备、气象等信息汇集和关联分析能力，实现矿山风险灾害智能预测预警。构建风险分级管控和隐患排查治理双重预防综合管控平台,加大矿山卫星遥感、无人机监测应用,探索采空区等有限空间安全智能监测,加强矿山人员聚集区域重大风险管控,推广井下人员高精度定位、视频智能监控、违法违规行为智能识别分析,实现重点作业流程智能监控、安全风险智能分级管控、隐患排查治理智能辅助。大力推广井下巡检、突水探测、火灾预测、瓦斯监测、有毒有害气体监测、冲击地压监测、边坡深部滑移识别、溃坝滑坡预警、重要机电设备运行状态监测等技术。

### 3. 北斗高精度定位支撑地质灾害自动化实时监测预警

地质灾害体是多场融合的地质体,地质灾害体变形演化过程中所反映出的信息具有多场、多维的特征。针对崩塌、滑坡、泥石流等地质灾害,以北斗高精度定位为核心,结合 GNSS 接收机、地基合成孔径雷达干涉测量(InSAR)、拉线式位移计、多维监测仪、倾角加速度计、土压力计、导轮式测斜仪、阵列式位移计、摄像机、雨量计、应力应变计、三轴加速度计等多种设备技术,并采用物联网、大数据、人工智能等技术实现实时动态安全监测,形成多源一体自动化监测解决方案。

自然资源部印发的《2023 年全国地质灾害防治工作要点》指出,以推动全国地质灾害防治"十四五"规划实施、进一步健全完善地质灾害综合防治体系、有效减轻灾害风险为主线,持续推进地质灾害隐患识别、调查评价、监测预警、综合治理和基层防灾能力建设,加强科技、人才和信息化支撑,最大限度保障人民群众生命财产安全。

### 4. 位置管理夯实危险化学品安全风险智能化管控基础

《"工业互联网+安全生产"行动计划(2021—2023 年)》(工信部联信发〔2020〕157 号)和《"工业互联网+危化安全生产"试点建设方案》(应急厅〔2021〕27 号)要求加快推进危险化学品企业安全风险智能化管控平台建设,以信息化推动安全风险治理能力现代化,有力防范重大安全风险,遏制重特大事故发生。

危险源及人员的时空位置信息管理是危险化学品企业安全风险智能化管控平台建设的基础。危险化学品企业安全风险智能化管控平台包含安全基础信息系统、重大危险源安全管理系统、双重预防机制系统、特殊作业许可与作业过程管理系统、智能巡检系统、人员定位系统、工艺生产报警优化管理系统、自动化过程控制优化系统、设备完整性管理与预测性维修系统等 11 个系统。其中,人员定位系统包括人员位置查询、人员轨迹分析、人员定位报警、电子围栏等内容,结合数字化电子地图上直观显示人员具体位置,通过电子围栏对重点区域人员进出进行管理,同时作为基础模块,为特殊作业许可与作业过程管理系统、智能巡检系统等功能模块提供人员位置信息。

### 5. 高精度卫星定位与电子地图技术支撑地震监测预警

卫星定位与电子地图在布局地震监测台网、分析地震源位置与波及范围、发布准确预警信息、编制地震动参数区划图等方面起到了基础支撑作用。中国地震局《关于印发〈全国地震动参数区划图编制工作方案〉的通知》(中震防发〔2022〕21 号)和《关于全国地震动参数区划图编制工作任务安排的通知》(中震防函〔2022〕28 号)启动了新一代地震动参数区划图编制工作。2023 年中国地震局加快推进此项工作,开展京津冀地区高精度地震危险性图编制工作,推进地震灾害风险信息管理与服务平台建设。

高精度卫星定位技术已成为世界主要国家和地区用来监测火山地震、构造地震、全球板块运动,尤其是板块边界地区的重要手段。通过基准站,实现地壳运动的自动监测,为研究地球板块间的相对运动,监测板块边缘及内部的构造变形,确定不同尺度构造块体运动方式规模和运动速率,确定区域位移场、速率场和应变场,提供实时的连续监测资料。截至 2023 年 6 月,国家地震烈度速报与预警工程已完成主体建设任务,建成 15 391 个地震预警站,3 个国家级中心、31 个省级中心、173 个地市级信息发布中心,形成了由台站观测、数据处理、信息服务、通信网络、技术支持保障五大系统构成的中国地震预警网,并在京津冀、川滇闽等地区开展试点服务。

### 6. 地理信息技术全面赋能灾害调查评估与应急物资保障

在应急物资保障、安全应急装备、灾害调查评估等专项政策中,对地理信息应用也有明确要求,这将会加速地理信息在应急管理领域的深化应用。《"十四五"应急物资保障规划》明确,科技支撑水平显著提高。建成统一可靠、留有接口的应急物资保障信息平台,大数据、云计算、人工智能、区块链、北斗、天地一体等新一代信息技术深入应用,机械化、信息化、智能化水平显著提升,应急物资全程监管、统一调拨、动态追溯、信息共享、决策支持能力全面提高。《安全应急装备重点领域发展行动计划(2023—2025 年)》提出要进一步加强空天地一体化灾情监测和多网融合通信装备、中小流域综合遥测报警智能技术装备、多功能水下探测装备、空天地一体化火情监测预警系统、边坡监测雷达、露天矿用无人驾驶装备、井下智能巡检装备的研发。《重特大自然灾害调查评估暂行办法》(应急〔2023〕87 号)第十三条明确要求"重特大自然灾害调查评估工作方法包括调阅资料、现场勘查、数据分析、走访座谈、征集线索、问询谈话、专家论证等。应当运用遥感监测、多元信息融合等现代化技术,结合相关部门和机构的分析资料及评估成果,深入开展统计、对比、模拟、推演等综合分析"。

### 7. 卫星遥感强化灾害监测空天地海一体化感知能力

《"十四五"国家应急体系规划》明确,强化风险监测预警预报。充分利用物联网、工业互联网、遥感、视频识别、第五代移动通信(5G)等技术提高灾害事故监测感知能力,优化自然灾害监测站网布局,完善应急卫星观测星座,构建空、天、地、海一体化全域覆盖的灾害事故监测预警网络。党的二十大报告指出:"坚持安全第一、预防为主,建立大安全大应急框架,完善公共安全体系,推动公共安全治理模式向事前预防转型。"

《国家自然灾害救助应急预案》(国办函〔2024〕11 号)的科技保障措施中再次明确,建立健全应急减灾卫星、气象卫星、海洋卫星、资源卫星、航空遥感等对地监测系统,发展地面应用系统和航空平台系统,建立基于遥感、地理信息系统、模拟仿真、计算机网络等技术的"天地空"一体化灾害监测预警、分析评估和应急决策支持系统。

2024 年 3 月 28 日,国家减灾中心党委召开理论学习中心组(扩大)学习研讨会议指出,要直面当前天、空、地、人一体化监测预警评估体系中存在的短板弱项,主动了解新技术、新产业、新模式、新动能,聚力集成创新和应用创新,加大科技攻关力度,不断夯实数据、人才和管理要素,推动各类应用创新转化为业务成果,大幅提升业务科学化、专业化、精细化和智能化水平,切实提高支撑应急管理部核心业务质效,为防灾减灾救灾工作服务保障经济社会发展贡献力量。

## (十一)全面融入智慧文旅行业,文博场馆数字化应用加速

地理信息正全面融入文化旅游产业的方方面面,为智慧文旅产业提供不可或缺的时空信息支撑。地理信息技术及服务在文物勘探、数字化建模、三维模拟分析与展示、保护规划、状态监测、灾害预防等方面发挥了重要作用。通过实景三维、数字孪生技术、大数据、虚拟现实、元宇宙的生动表达,突破传统旅游时间与空间的局限,给游客带来全新的沉浸式文旅体验。地理信息为文化旅游行业发挥信息管理、个性化定制、开发决策参谋等作用。由于旅游资源在空间和时间维度上存在一定尺度嵌套、属性多元等特性,地理信息技术可以在空间认知、分类体系设计、数据库标准化建设、空间分析与评价、智慧化管理、可视化展示等方面提供相关支持,渗透到旅游资源普查、评价、开发、管理的全流程之中,对旅游资源研究和开发利用起到关键支撑作用。

### 1. 地理信息应用于智慧旅游五大典型场景

自"十四五"规划明确提出"深入发展大众旅游、智慧旅游,创新旅游产品体系,改善旅游消费体验"以来,各地加快推进智慧旅游景区与智慧旅游公共服务平台建设,鼓励培育新业态新模式。2022 年底的中共中央政治局会议指出"把实施扩大内需战略同深化供给侧结构性改革有机结合起来"。发展智慧旅游,既能够以投资推动旅游供给侧结构性改革,又能改善旅游消费环境,来进一步拉动

旅游消费，是落实中共中央政治局会议所强调“要着力扩大国内需求，充分发挥消费的基础作用和投资的关键作用”的有效举措。2022 年 9 月，文化和旅游部资源开发司、国家发展和改革委员会社会发展司发布的《智慧旅游场景应用指南（试行）》指出了十大智慧旅游典型场景，其中结合地理信息技术应用的五大场景如下：①运用物联网、5G、大数据、云计算、地理信息系统、卫星定位等技术，实现旅游交通的智慧调度；②运用图像识别、卫星定位、地理信息系统、红外热成像、传感等技术，实现智慧旅游停车；③运用 5G、大数据、物联网、地理信息系统、生物识别等技术，通过视频监控、传感设备等获取特定区域即时人流密度和流向流速等数据，依托游客流量大数据平台，自动比对区域游客最大承载量，动态预测拥堵区域和时段，实时发布游客流量预警信息，及时告知游客调整游览线路，实现智慧游客分流；④运用 5G、大数据、人工智能、虚拟现实、蓝牙、基于位置服务（LBS）等技术，为游客提供基于位置的个性化路线推荐、导览和讲解等服务，实现智慧导览讲解；⑤运用 5G、大数据、云计算、物联网、人工智能、图像识别、地理信息系统、智能视频监控等技术，及时发现和有效处置各类安全隐患，保障游客人身安全和旅游环境安全，实现智慧安全监管。

**2. 地理信息赋能旅游业各层级资源规划、监控及优化**

在旅游资源认知和分类方面，依照空间特性，运用空间认知方法和地学图谱空间思维理论，将旅游资源划分为实体类和非实体类，建立了基于空间和非空间的旅游资源语义关系结构。在时空框架下，构建了基于地理语义的旅游资源事件模型，用于历史和文化旅游资源的提取和空间范围获取。在空间尺度分类上，构建了旅游资源单体、集合体、聚集区、组合区等概念，面向规划管理与开发，从不同尺度对资源的空间布局和赋存关系进行了界定，有效支撑了从资源到产品的开发设计与转换。

在旅游资源普查和建库方面，各地旅游资源普查充分地运用了地理信息系统数据编码、建库、空间分析和数字化管理等技术方法，利用地理信息系统强大的空间数据分析平台，结合遥感影像、数字高程模型、电子地图等各类数据，认知并挖掘旅游资源，应用基于位置服务、浏览器-服务器（B/S）网络架构上传等技术采集旅游资源。与传统旅游资源普查模式相比，基于地理信息系统等技术的资源普查流程更加便捷、精确与高效，大大提高了普查的效率与精度。

在旅游资源开发价值评价方面，依托地理信息系统相关技术方法开展的旅游资源空间上的聚合、结构、格局和分布规律评价，包括一定空间范围（集合区、聚集区和组合区）旅游资源数量、密度、类型数量、质量结构、组合、空间关联等模型构建。缓冲分析、邻近分析、网络分析以及叠加分析等大量地理信息系统方法被应用于旅游资源的区域评价中，包括面向集合区、聚集区和组合区的旅游资源评价模型，对资源的空间分布格局、资源的空间分布规律进行了深入分析，为科学规划提供了支撑。

在旅游资源开发适宜性评价方面，应用地理信息系统分析工具，通过综合考虑交通、海拔、坡度等因素的可达性分析，测算区域内交通可达能力，评估区域旅游开发潜力。通过交通可达性分析，可实现区域文旅资源开发的优先序判定，以及未来区域交通如何规划设计来支撑旅游开发。通过地理信息系统空间分析，对旅游规划区域的重点资源交通通达性进行分析，可实现对区域旅游开发时序进行计划与安排。

在区域旅游组合开发与规划方面，利用空间核密度法和空间分析，提取基于优质单体的旅游资源集合区和聚集区，可获得旅游资源的圈层结构和对称结构的旅游资源格局图谱，为区域旅游发展格局识别与判断提供支撑。基于地学知识图谱的图形化思维方式可以解释旅游资源的关联规则、组合模式、分布规律、空间格局，完成从识别、评价、格局到机理的分析过程，为旅游资源开发、选址与空间规划提供科学依据。

**3. 文化旅游产业数智化转型加速地理信息的深化应用**

2023 年，文化和旅游部出台多项政策以加快旅游业向数字化、智慧化转型，智慧文旅也成为 2023 年各地方政策所涉及的热门领域。在消费端，以数字地图为主要方式为游客提供出行、导游、导览、导购、住宿等多种信息服务，增强现实(AR)、数字孪生等地理信息技术将真实世界的人文景观数字化，并与虚拟现实(VR)、大数据、人工智能等技术有效融合，为游客提供较强的沉浸式体验和互动感受。在公共服务端，地理信息成为旅游规划、开发及监管平台的时空底座，国土空间规划“一张图”为各种旅游基础设施建设提供多源信息服务与时空决策引导，旅游地图简单明了地呈现各种旅游数据及其动态变化，为交通、应急、景区规划等旅游公共配套服务提供有效的时空数据支撑。

博物馆是文化旅游的重要场景，建设数字博物馆已成为发展智慧旅游的重要内容之一。文化和旅游部印发的《国内旅游提升计划(2023—2025 年)》中提出“大力推动博物馆等文博场馆数字化发展，加快线上线下服务融合”。地理信息技术及服务在文物勘探、数字化建模、三维模拟分析与展示、保护规划、状态监测、灾害预防等方面发挥重要作用。《央属文物保护利用项目资金管理办法》明确将勘探测绘费、软件开发和购置费等地理信息产品及服务纳入了支付范围。《国土空间历史文化遗产保护规划编制指南》提出，基于统一的底图底数，逐级汇交历史文化遗产保护名录、历史文化保护线等空间边界信息和空间管控引导要求等信息数据，统筹纳入规划“一张图”系统。在 2023 年的地方政策中，建设文物资源空间管理“一张图”、打造文物安全监管平台成为地方文物保护的共性举措。

未来，随着技术的不断进步和应用的不断深化，智慧文旅在文化遗产监测和旅游方面的价值将日益凸显。地理信息技术融合应用为文化遗产提供了更加全面、高效的监测手段，同时，也极大地丰富了旅游体验，利用虚拟现实、增强现实等技术，让游客能够身临其境地了解和感受文化遗产的魅力。通过多源大数据智能分析与三维可视化展示，实现科学规划和合理开发，促进文化遗产保护与旅游业发展的良性循环，为文化遗产的传承和旅游业的繁荣注入新活力。

## （十二）打造平台经济时空底座，支撑消费向数字化升级

消费是经济增长的原动力和社会稳定的压舱石，承载了人民群众对美好生活的向往。数字化日趋深入老百姓衣食住行的不同场景、生活的方方面面，无论是上班还是旅行，到店还是外卖，在家还是外出，人们都逐渐离不开地理信息。

### 1. 地理信息服务正连接越来越多的线上线下消费行为

越来越多的线上线下消费行为已经离不开地理信息服务，地理信息服务将逐渐覆盖消费者的全部生活。人、物、事的地理位置动态信息能够被及时接入互联网，包含时空信息的数字基础设施提供了重要支撑。数据、技术、业务多维度融合创新不断扩大了消费范围和场景，丰富了消费内容和形式。一方面，数字技术重构了传统消费场景，促进了消费数字化转型与平台经济发展。数字支付、网络购物、线上办公、互联网医疗用户规模持续增长，传统消费向网络化、平台化、数字化、智能化发展。另一方面，数字平台运用数字技术不断改善消费体验，升级营销方式。短视频、直播带货、即时零售、数字孪生、元宇宙、“5G＋AR（增强现实）/VR（虚拟现实）”沉浸式体验等模式蓬勃发展，迎合了消费数字化、个性化、社交化等新特点，提升了消费者的参与感、互动性和购买欲。商家也可以通过各种数据挖掘，对消费者的特点与消费兴趣进行捕捉，加快推动产品更新，更加及时、精准地提供新鲜、有趣的商品与消费体验，从而与消费者形成更多“情感链接”。

### 2. 地理信息为数字平台经济发展提供了时空底座支撑

近年来，数字平台已渗透到社会经济发展的各个领域，数字平台经济成为驱动我国消费潜力释放的重要引擎。

数字平台经济颠覆了工业时代原有的生产与消费模式，已经成为数字经济的重要组成部分。数字平台经济通过采用去中间化的直营模式，实现生产端与消费端的快速连接与智能匹配，有效满足了消费者的个性化需求。通过推动供应链数字化升级，建设更智能、更高效的现代物流配送体系，以“线上交易、线下交付”这种更高效的方式，实现商品的确定性供应，在满足个性化需求的同时，降

低了整体系统成本。数字平台以独特的信息聚合优势，重新对接和组合了供需资源，推进我国居民消费市场规模持续壮大。数字平台经济已然成为拉动经济回升向好的重要支撑力量，担负着新型消费时代的主要参与者和推动者角色。

地理信息为数字平台经济打造的时空底座，已成为支撑数字平台经济运行不可缺少的基础设施。阿里巴巴、美团、京东等数字平台经济的引领者都重视自己的地理信息服务平台建设，通过地理信息服务平台为其消费者、业务生态圈合作伙伴提供个性化物流地图、位置能力应用、地址库建设、专业货车导航、货车轨迹服务、智慧路线规划等地理信息服务。将大数据、人工智能与电子地图结合，能够分析预判出消费者的地域分布情况，帮助线下合作伙伴选址，更好地实现千人千面的新零售。借助地理信息、大数据、人工智能等现代信息技术，数字平台在为许多厂商提升商品物流时效的同时，降低了物流成本与消费门槛，能够触达线下营销所不能触及的地方及群体。当前，地理信息服务能力已成为各电商平台的核心能力之一。

**3. 地理信息从消费行为与对象两个方面支撑数字消费**

2022 年 1 月，国务院印发的《“十四五”数字经济发展规划》中提到“培育一批新型消费示范城市和领先企业”，“培养全民数字消费意识和习惯”。2022 年 6 月，为了更好地满足和创造消费需求，增强消费拉动作用，促进消费品工业加快迈上中高端，工业和信息化部、商务部、国家市场监督管理总局、国家药品监督管理局、国家知识产权局联合印发《数字化助力消费品工业“三品”行动方案(2022—2025 年)》，从政策落地实施层面给出了行动指南。2023 年，数字消费成为各地恢复消费、扩大内需等相关政策中的必要举措。其中，导航定位、数字地图为户外运动、赛事活动、自驾游、网约车、共享住宿、无接触式配送、智能零售终端提供时空信息支撑，加速消费行为数字化转型。增强现实(AR)、数字孪生与大数据、云计算、人工智能、5G、区块链、VR(虚拟现实)/MR(混合现实)等新一代信息技术融合，逐步渗透到智能家居、可穿戴设备等新型产品研发应用产业链，给消费者带来智能化沉浸式服务体验，促进消费对象数字化升级，促进网购、培训、电子游戏、影视文创等产业的数字化转型。

**4. 地理信息服务百姓美好生活，扩大传统消费，培育壮大新型消费**

《自然资源部关于加快测绘地理信息事业转型升级更好支撑高质量发展的意见》(自然资发〔2023〕158 号)明确指出“服务百姓美好生活。依托建设新一代地理信息公共服务平台(天地图)，及时发布各类测绘地理信息成果目录和标准地图，扩大基础地理信息和自然资源专题地理信息开放力度，推动平台由单一地理信息服务向综合地理信息服务转型，不断提升在线地理信息公共服务能力。支持企业利用测绘地理信息技术，开发基于时空大数据的即需即供、主动服务、个性服务新模式,打造智慧便民生活圈,丰富购物消费、居家生活、养老托育、家政服务等数字化应用场景”。2023 年中央经济工作会议提出“培育壮大新型消费,大力发展数字消费、绿色消费、健康消费,积极培育智能家居、文娱旅游、体育赛事、国货‘潮品’等新的消费增长点。稳定和扩大传统消费,提振新能源汽车、电子产品等大宗消费”。

**5. 地理信息融合应用将不断催生消费新模式新业态新产业**

以地理信息时空底座为依托,通过数据融合、技术融合、业务融合,数字平台与传统经济持续深度融合,突破行业壁垒,推动传统产业转型升级,不断催生新模式、新业态、新产业。

地理信息技术助力数字营销新形式。当前,我国电商消费行为呈现出碎片化、社交化、娱乐化的特征。直播电商与短视频电商顺应了内容营销新趋向,提供即时互动的渠道,通过“内容＋电商”的模式引导消费者完成购买。电商平台运用数字孪生、增强现实、元宇宙等地理信息技术为消费者打造“人货场”新交互场景,提供沉浸式线上购物体验,让消费者能够主动接收信息,提高了消费者的决策效率。

地理信息技术赋能数字零售新业态。与传统零售相比,数字零售在库存管理、产品信息及消费者需求方面更加智能、精细、贴心。一方面,以实体商超为代表的线下零售业态与数字平台协同联动形成即时零售,依托地理信息服务平台,能够就近为消费者实现快速送达服务,使时效性和便利化属性强的消费需求得到满足,激发本地零售消费活力。另一方面,地理信息技术让自助式消费模式得到普及,让商家与消费者拥有更多的互动模式。消费地点及位置选择让消费者拥有更多自主权,位置信息共享能够有效提升服务效率,降低服务成本。“线上下单＋门店自提”“座位扫码下单＋机器人送餐”等逐渐成为常见的消费模式。

## 四、中国地理信息产业发展趋势与展望

### (一)数字中国建设将更加凸显出地理信息作用地位

加快数字化发展,地理信息的基础性、先行性更加凸显。发展数字经济,新型基础设施先行。《测绘法》明确指出,测绘事业是经济建设、国防建设、社会发展的基础性事业。2021 年 9 月,国家主席习近平向首届北斗规模应用国际峰会致贺信并指出,当前,全球数字化发展日益加快,时空信息、定位导航服务成为重要的新型基础设施。2021 年 10 月,习近平在中共中央政治局第三十四次集体学习时强调,要加快新型基础设施建设,加强战略布局,加快建设高速泛在、天地

一体、云网融合、智能敏捷、绿色低碳、安全可控的智能化综合性数字信息基础设施,打通经济社会发展的信息“大动脉”。2023 年初,习近平总书记再次强调,要完善扩大投资机制,拓展有效投资空间,适度超前部署新型基础设施建设,扩大高技术产业和战略性新兴产业投资,持续激发民间投资活力。2023 年 2 月,《数字中国建设整体布局规划》明确要夯实数字基础设施和数据资源体系“两大基础”。

为数字中国建设打造统一的时空基底,体现出地理信息作为战略性数据资源的价值。自然资源部《关于加快测绘地理信息事业转型升级更好支撑高质量发展的意见》(自然资发〔2023〕158 号)明确指出“测绘地理信息是重要的战略性数据资源和新型生产要素”,“充分发挥测绘地理信息数据要素保障作用,促进地理信息产业健康快速发展,为数字中国建设打造统一的时空基底、为高质量发展提供丰富的数据要素保障、为地理信息产业发展营造优良环境、为构建新安全格局严守测绘地理信息管理底线,全面赋能高质量发展,助力中国式现代化建设”。

2024 年,各级政府加大对新型基础设施、新质生产力的投入,包含北斗、遥感的空天地一体卫星互联网建设成为热门选项。2022 年以来,我国适度超前开展基础设施投资,加快布局新型基础设施建设投资。空天地一体卫星互联网建设成为各地 2023 年新型基础设施建设政策中的热门选项,并与传统基础设施融合,实现时空信息赋能,推动城市、交通、能源、电网、水利等千行百业数智化转型升级。《数字中国发展报告(2023 年)》指出,2023 年数字中国建设总体呈现四方面特点:发展基础更加夯实、赋能效应更加凸显、数字安全和治理体系更加完善、数字领域国际合作更加深入。其中,数字经济保持稳健增长,数字经济核心产业增加值占国内生产总值比重达到 10%左右。2024 年政府工作报告指出“发挥好政府投资的带动放大效应,重点支持科技创新、新型基础设施、节能减排降碳,加强民生等经济社会薄弱领域补短板,推进防洪排涝抗灾基础设施建设,推动各类生产设备、服务设备更新和技术改造,加快实施‘十四五’规划重大工程项目”。

## (二)美丽中国建设将全面推动地理信息产业发展

构建美丽中国数字化治理体系从需求侧对地理信息应用提出了智能智慧的新要求,将从地理信息获取、处理、应用全链条推动地理信息产业发展。2023 年 12 月 27 日中共中央、国务院印发的《关于全面推进美丽中国建设的意见》明确“加快数字赋能。深化人工智能等数字技术应用,构建美丽中国数字化治理体系,建设绿色智慧的数字生态文明。实施生态环境信息化工程,加强数据资源集成共享和综合开发利用。加快建立现代化生态环境监测体系,健全天空地海一体化监测网络,加强生态质量监督监测,推进生态环境卫星载荷研发。加强温室气体、地下水、新污染物、噪声、海洋、辐射、农村环境等监测能力建设，实现降碳、减污、扩绿协同监测全覆盖。提升生态环境质量预测预报水平。实施国家环境守法行动，实行排污单位分类执法监管，大力推行非现场执法，加快形成智慧执法体系”。在地理信息获取方面，完善全要素、全地域生态环境监测网络，实现天空地海全覆盖。《自然资源数字化治理能力提升总体方案》明确要“构建一体化动态感知数据获取能力”，完善“空天地海网”态势感知体系。推进以国家自然资源公益卫星及小卫星为主体、商业等卫星为补充的卫星观测体系建设，提升全色、多光谱、高光谱、热红外、成像雷达、激光等不同载荷的高精度自然资源对陆对海观测能力，推进航空、无人机、车载等实景三维观测能力建设，探索低空无人机组网协同自主巡查监测，充分利用各地已建成的视频野外观测设备、移动终端等物联感知设施和互联网大数据，提升规划实施、底线守护等实时动态监测能力，实现“空天地海网”态势感知的一体化、实时化和精准化。生态环境部2024年3月印发的《关于加快建立现代化生态环境监测体系的实施意见》提出，以监测先行、监测灵敏、监测准确为导向，以更高标准保证监测数据“真、准、全、快、新”为目标，以科学客观权威反映生态环境质量状况为宗旨，健全天空地海一体化监测网络，加速监测技术数智化转型，筑牢高质量监测数据根基，强化高效能监测管理，实现高水平业务支撑，更好发挥生态环境监测对污染治理、生态保护、应对气候变化的支撑、引领和服务作用。在地理信息处理及应用方面，推进数据治理的规范化、系统化和智能化，深化数据资源挖掘融合，全面提升数据共享服务能力，充分发挥数据要素价值。《自然资源数字化治理能力提升总体方案》明确要“推动人机识别到机器智能解译转变，优化提升自动判读识别能力”，“加强各类专业模型算法的推广应用，提升智能化分析理解能力”。中国环境监测总站按照网络高效感知、监测质量管理、数据深度治理、数据智慧分析等专题，在2024年公布了《生态环境智慧监测前沿技术创新应用建议清单》，在数据智慧分析专题中，提出了“基于数字孪生＋大数据的地表水环境预警溯源分析技术”“基于遥感反演的流域面源动态监测评估技术”“基于遥感反演的湖泊水质时空特征反演技术”等以地理信息数据为基底的前沿技术的创新应用。

构建美丽中国数字化治理体系将加速推动山水林田湖草沙一体化保护和系统治理，协同推进降碳、减污、扩绿、增长。党的二十大报告指出，要推进美丽中国建设，坚持山水林田湖草沙一体化保护和系统治理，统筹产业结构调整、污染治理、生态保护、应对气候变化，协同推进降碳、减污、扩绿、增长，推进生态优先、节约集约、绿色低碳发展。数字化监测是实现一体化保护的有力支撑，统一调查底图、实现数据共享是协同推进、系统治理的前提条件。2024年4月国家矿山安全监察局等七部门联合印发的《关于深入推进矿山智能化建设促进矿山安全发展的指导意见》中明确,到2026年,建立完整的矿山智能化标准体系,推进矿山数据融合互通,实现环境智能感知、系统智能联动、重大灾害风险智能预警,全国煤矿智能化产能占比不低于60%,智能化工作面数量占比不低于30%,智能化工作面常态化运行率不低于80%,煤矿、非煤矿山危险繁重岗位作业智能装备或机器人替代率分别不低于30%、20%,全国矿山井下人员减少10%以上,打造一批单班作业人员不超50人的智能化矿山。2023年5月中共中央、国务院印发的《国家水网建设规划纲要》明确,发挥科技创新引领作用,大力推进水网数字化、调度智能化、监测预警自动化,加强实体水网与数字水网融合,提升水网工程科技和智能化水平。以自然地理、干支流水系、水利工程、经济社会信息为主要内容,建设数字孪生水网,加快构建映射物理水流过程及其响应过程的数字化场景,提升水网工程数字化水平,实现物理水网与数字水网间动态实时信息交互和深度融合。推进水网工程与相关行业数字化平台衔接,实现信息共享。自然资源部、国家林业和草原局《关于共同做好森林、草原、湿地调查监测工作的意见》(自然资发〔2022〕5号)明确,统一调查底图。森林、草原、湿地调查监测以上一年度国土变更调查成果为底图,保持相关数据基础的一致性。自然资源部统一向国家林业和草原局提供年度国土变更调查成果,国家林业和草原局统一制作调查底图下发地方林草主管部门使用。各级自然资源主管部门和林草主管部门共享卫星遥感影像数据(含原始数据和正射影像图)和相关基础地理信息数据。《全国防沙治沙规划(2021—2030年)》明确,依托国土空间规划"一张图"实施监督信息系统,应用林草生态网络感知系统和林草生态综合监测评价成果,推进防沙治沙空间和任务落地上图工作,整合规划设计、作业施工、检查验收、效益评估等数据,提升工程项目管理水平。不断完善以宏观调查监测为主体、年度趋势监测为辅、专题监测和定位监测为补充,天空地一体化的全国荒漠化和沙化调查监测体系,适时共享监测数据,及时发布荒漠化和沙化调查监测成果。自然资源部《关于统筹规范耕地保护卫星遥感监测工作的通知》(自然资发〔2023〕258号)要求,各级自然资源主管部门既要充分认识卫星遥感监测对加强耕地保护工作的重要支撑作用,发挥好技术优势,更要认识到卫片监测发现耕地变化情况,只是提供问题线索,不能直接作为作出行政处罚的依据,必须坚持实事求是,开展实地核查,依据事实和政策,客观作出耕地变化合法性判断。《空气质量持续改善行动计划》(国发〔2023〕24号)明确,加强大气环境监测系列卫星、航空、地基等遥感能力建设。完善空气质量分级预报体系,加强区域预报中心建设。

2024年各级政府将持续加强生态文明建设的资金投入,这将有力促进生态环境监测体系、美丽中国数字化治理体系的建设。2024年政府工作报告指出"加强生态文明建设,推进绿色低碳发展。深入践行绿水青山就是金山银山的理念，协同推进降碳、减污、扩绿、增长，建设人与自然和谐共生的美丽中国”。从《关于2023年中央和地方预算执行情况与2024年中央和地方预算草案的报告》中可以看出中央财政对生态文明建设的支持力度持续加大。2024年的污染防治资金相比2023年略有增长，其中，中央财政大气污染防治资金由330亿元增加到340亿元，水污染防治资金由257亿元增加到267亿元，土壤污染防治2024年则明确安排44亿元专项资金（2023年预算中没有明确的数字），农村环境整治资金2024年是40亿元（2023年没有明确数字）。另外，新增“三北”工程建设专项补助资金120亿元。2024年中央生态环境资金累计预算达811亿元，较2023年增加140亿元，增幅达21%（2023年度中央生态环境资金为671亿元，较2022年增加50亿元），继续体现出中央财政对生态文明建设的持续加码。据碳中和文库，基于公开数据汇总分析，截至2024年2月，26个省（自治区、直辖市）已公布的2024年重大项目总数量超19 000项，其中双碳环保领域项目超1 100项，总投资超30万亿元，2024年计划投资超6万亿元。

### （三）数据要素市场化改革将增添地理信息应用新场景

数据要素市场体系建设为地理信息数据市场化交易创造了良好的大环境。2023年12月31日，国家数据局等17个部门联合印发的《“数据要素×”三年行动计划（2024—2026年）》，选取了工业制造、现代农业、商贸流通、交通运输、金融服务、科技创新、文化旅游、医疗健康、应急管理、气象服务、城市治理、绿色低碳等12个行业和领域。财政部印发的《企业数据资源相关会计处理暂行规定》明确：自2024年1月1日起，企业数据资源可作为资产列入财务报表。上述一系列举措为统筹解决数据确权难、定价难、应用难等问题，加速数据这一新型生产要素融入生产、分配、流通、消费和社会服务管理等各环节，激发数字化新质生产力提供了政策支撑。地理信息作为数字中国的时空基底，通过时空数据增强、时空技术嵌入和时空服务协同等方式，叠加各种业务活动内容数据，发挥出地理信息的时空基底、时空关联、时空伴随、时空契合等作用，在相关的行业和领域深化应用，发挥数据要素乘数效应，赋能经济社会发展。

着力扩大国内需求，将加速地理信息向消费领域渗透。2024年政府工作报告指出“培育壮大新型消费，实施数字消费、绿色消费、健康消费促进政策，积极培育智能家居、文娱旅游、体育赛事、国货‘潮品’等新的消费增长点”。数字消费已成为各地方2023年恢复消费、扩大内需等相关政策中的重要举措，其中，地理信息从消费行为、消费对象两个方面支撑数字消费。一方面，导航定位、数字地图为户外运动、赛事活动、自驾游、网约车、共享住宿、无接触式配送、智能零售终端、智慧养老提供时空信息支撑，加速消费行为数字化转型。另一方面，地理信息与增强现实(AR)、数字孪生、大数据、云计算、人工智能、5G、区块链、VR/MR等新一代信息技术融合,逐步渗透到智能家居、可穿戴设备等新型产品研发应用产业链,给消费者带来智能化沉浸式服务体验,促进消费对象数字化升级,为网购、培训、电子游戏、影视、文创、旅游等产业数智化发展赋能。

地理信息安全共享是地理信息产业在数字时代的重要挑战。安全是数据共享的前提,数据共享在充分释放数据价值的同时,也能更好体现出信息安全投入的价值。多年来,基础测绘、重大工程以及卫星遥感,已产生海量地理信息数据。随着地理信息应用的深入,现阶段经济发展对地理信息共享需求日益增加。然而,长期以来,我国地理信息保密安全评估手段落后于地理信息产业发展的规模,无法从容应对所面临的严峻安全形势,对什么情况是密必保,什么情况非密放开,缺乏明确的技术指标和先进的评估手段,在一定程度上加剧了地理信息保密与应用的矛盾。在实际工作中,部分部门或单位往往选择从严管理,来被动降低技术缺位带来的涉密地理信息安全风险,不可避免地限制了地理信息的应用广度和深度。为加强测绘地理信息安全保密工作,2020 年国家颁布了《测绘地理信息管理工作国家秘密范围的规定》,从是否为敏感区域、比例尺、位置精度、涉密属性、分辨率、等高距及数据范围等方面,对国家测绘地理信息管理工作秘密事项名称、密级、保密期限及知悉范围等进行了详细规定,为地理信息安全评估提供了政策、法规依据。但由于缺乏有效的技术支撑,我国的地理信息安全评估工作还主要依赖有经验的技术人员对地理信息数据逐一进行检查判断,检查效率低、检查范围小、结果不全面,难以得到科学的评价结果,更难以应对大批量涉密地理信息数据的保密安全评价,面临高效率、自动化评估的技术瓶颈,需要解决地理信息数据智能化尺度判断、时空场景认知和自动化精度评估三个方面的科学问题。

构建新一代的地理信息安全监管的技术体系将进一步释放地理信息数据要素的价值,为地理信息产业发展增添新动能。当前,我国正在实施以数字化改革推动高质量发展的国家战略,地理信息作为基础性、战略性信息资源和生产要素,将发挥重要的支撑作用。在总体国家安全观的指导下,相关政策陆续出台。工业和信息化部等 16 个部门联合印发的《关于促进数据安全产业发展的指导意见》指出,“到 2025 年,数据安全产业基础能力和综合实力明显增强。产业生态和创新体系初步建立,标准供给结构和覆盖范围显著优化,产品和服务供给能力大幅提升,重点行业领域应用水平持续深化,人才培养体系基本形成”。我国各级测绘地理信息主管部门正在全面推进构建新一代的地理信息安全监管的技术体系,地理信息数据安全评估作为其核心技术,将会迎来前所未有的发展机遇,在国家地理信息安全监管和社会化应用中发挥更加广泛和深入的保障作用,同时，伴随着新一代地理信息安全监管技术体系的构建，地理信息数据要素的价值将被逐步激活与放大，这将给地理信息产业发展增添新动能。

## （四）发展新质生产力将推动地理信息成为科创重点

习近平总书记深刻指出，新质生产力是创新起主导作用，摆脱传统经济增长方式、生产力发展路径，具有高科技、高效能、高质量特征，符合新发展理念的先进生产力质态。它由技术革命性突破、生产要素创新性配置、产业深度转型升级而催生，以劳动者、劳动资料、劳动对象及其优化组合的跃升为基本内涵，以全要素生产率大幅提升为核心标志，特点是创新，关键在质优，本质是先进生产力。发展新质生产力不是要忽视、放弃传统产业，要防止一哄而上、泡沫化，也不要搞一种模式。要统筹推进科技创新和产业创新，加强科技成果转化应用，推动传统产业转型升级，发展战略性新兴产业，布局建设未来产业，加快建设现代化产业体系。

“大力推进现代化产业体系建设，加快发展新质生产力”被列入2024年政府工作任务清单。推动产业链供应链优化升级、积极培育新兴产业和未来产业、深入推进数字经济创新发展是加快发展新质生产力的三个方面措施。推动产业链供应链优化升级，进一步推动农业、矿山、冶金、化工、水利、制造、建筑、交通、物流、旅游等传统产业高端化、智能化、绿色化转型，将有力促进室内外定位、遥感、时空感知测量、时空大数据、影像智能识别、数字地图等地理信息技术在传统产业的深化应用。北斗以及智能网联汽车、卫星互联网（通导遥一体化）、空天信息、光电信息、量子精密测量、增强现实、数字孪生、元宇宙等与地理信息技术或应用密切相关的领域成为2023年各地方政策中布局战略性新兴产业与未来产业的热门选择。2024年政府工作报告提出“积极培育新兴产业和未来产业。实施产业创新工程，完善产业生态，拓展应用场景，促进战略性新兴产业融合集群发展。巩固扩大智能网联新能源汽车等产业领先优势，加快前沿新兴氢能、新材料、创新药等产业发展，积极打造生物制造、商业航天、低空经济等新增长引擎。制订未来产业发展规划，开辟量子技术、生命科学等新赛道，创建一批未来产业先导区。鼓励发展创业投资、股权投资，优化产业投资基金功能。加强重点行业统筹布局和投资引导，防止产能过剩和低水平重复建设”。深入推进数字经济创新发展，适度超前建设数字基础设施，建设智慧城市、数字乡村，积极推进数字产业化、产业数字化，促进数字技术和实体经济深度融合，正推动地理信息融入千行百业，充分体现出地理信息作为时空基底的基础性、先导性、战略性。2024年各省（自治区、直辖市）产业项目清单中都加大了对新质生产力的投入。新一代信息技术、生物医药、高端装备、智能网联新能源汽车、新材料等是重点投资领域,部分省份加强了对颠覆性技术、未来产业的培育力度,各省份均强调发挥科技创新引领作用,加强了科技基础设施的投入。

积极的财政政策和金融改革利好地理信息领域的科创型企业发展。2023年中央经济工作会议指出“引导金融机构加大对科技创新、绿色转型、普惠小微、数字经济等方面的支持力度”。2024年政府工作报告指出“积极的财政政策要适度加力、提质增效”,“落实好结构性减税降费政策,重点支持科技创新和制造业发展”。2024年3月,金融监管总局提出:“把服务新质生产力作为关键着力点,加大对建设现代化产业体系的金融支持,助力培育新兴产业、未来产业,支持传统产业转型升级。积极促进新型消费和传统消费,加大对国家重大工程、重点项目的资金供给,提供更有针对性的外贸金融服务。推动小微、民营企业贷款增量扩面。”金融监管总局正在研究以金融资产投资公司为平台,扩大股权投资试点范围,进一步加大对科创企业的支持力度。2023年以来,安徽、重庆、湖南、济南、雄安等省市相继成立空天信息产业基金,将进一步促进北斗、遥感等地理信息领域的发展。

## (五)智能化测绘技术体系建设开创产业发展新格局

近年来,随着新一轮科技革命和产业变革的深入发展,智能化转型已经成为大势所趋。当前,信息化正加快进入智能计算的新阶段,人工智能技术突破层出不穷,正逐渐深入应用到千行百业,为传统经济转型升级赋能,为数字经济发展提供新驱动力。2022年11月30日,OpenAI公司推出一款人工智能对话聊天机器人ChatGPT,其出色的自然语言生成能力引起了全世界范围的广泛关注,两个月突破1亿用户,国内外随即掀起了一场大模型浪潮,Gemini、文心一言、Copilot、Llama、SAM、Sora等各种大模型如雨后春笋般涌现。2022年被誉为大模型元年,人工智能领域正在迎来一场由生成式人工智能大模型引领的爆发式发展。习近平总书记指出,要把新一代人工智能作为推动科技跨越发展、产业优化升级、生产力整体跃升的驱动力量,努力实现高质量发展。

大力推进智能化测绘技术体系建设是加快推进测绘地理信息事业转型升级和地理信息产业发展的重要举措。在过去的数年间,人工智能几乎渗透到科技创新和产业发展的每一个角落,测绘地理信息也在与人工智能的融合发展中,从数字化、信息化测绘时代快步迈进智能化测绘时代。中国工程院院士陈军指出,将测绘自然智能与人工智能技术有机结合,构建时空型混合智能计算范式,提升测绘感知、认知、表达与服务的智能化水平,既是从数字化测绘走向智能化测绘的基本任务,也是提升时空信息供给与服务能力、更好地赋能国家高质量发展的必然选择。为有效应对这一国内外该领域的研究前沿与科技挑战,日前国家自然科学基金地学部批准设立了“智能化测绘的混合计算理论与方法研究”重大项目，支持开展智能化测绘混合计算的基础研究。其目的在于通过深入系统研究，厘清测绘混合智能计算的基本概念，建立时空型混合智能计算的基本范式，发展时空数据实景化感知、时空场景多维度认知、时空地图情境化表达、时空智能自主式服务等混合智能计算成套方法，创建智能化测绘的混合计算理论与方法体系，为测绘和地球科学研究等提供新方法、新手段，并带动国际该领域的研究发展。自然资源部《关于加快测绘地理信息事业转型升级更好支撑高质量发展的意见》（自然资发〔2023〕158 号）提出，大力推进智能化测绘技术体系建设，支持测绘基准、位置智能感知、遥感机理、时空信息模型、数据挖掘、知识服务等方面的理论研究和原始创新，着力开展实景三维、海洋测绘、地下水下测绘和对地观测、空间分析、安全应用、质量控制、测绘计量、地图审查等关键核心技术攻关和重大装备研发，加强测绘地理信息技术与新一代信息技术的应用研究和融合创新。

人工智能大模型成为人工智能迈向通用智能的里程碑技术，将加速与测绘地理信息技术的深度耦合，开创地理信息产品服务新格局。随着高分辨率遥感卫星的组网，我国已构建了自主全球观测系统，进入了遥感大数据时代。然而传统的数据处理方式难以充分挖掘海量遥感数据的价值，随着人工智能技术的飞速发展，“AI＋遥感”势在必行。仅 2023 年一年的时间，遥感领域就涌现了数十个国产大模型。在国产遥感大模型的发展中，呈现以下三个趋势。一是多模态：既指遥感数据类型的多模态，即支持可见光、合成孔径雷达等多元异构遥感数据处理分析，也指信息交互的多模态，即支持文本提示、视觉提示、交互式提示等信息输入。二是泛化能力：在不同的地区、时间、分辨率、传感器等多样化图像任务中保持高效和准确，能够覆盖更多的应用场景。三是国产化适配：“国产 AI 框架＋国产 AI 算力平台＋国产数据”，为基于国产化软硬件平台进行遥感预训练以及下游任务开发提供支撑。

## （六）低空经济万亿新市场带来新需求新赛道新机遇

中央层面持续重视低空经济发展，多个省份推出相关政策规划。2023 年 12 月，中央经济工作会议将低空经济定调为战略性新兴产业。2024 年 3 月，两会政府工作报告提出打造低空经济等新增长引擎。2024 年以来，地方政府因地制宜响应号召，紧抓这一重大机遇，多个省份推出低空经济发展相关政策规划。据不完全统计，北京、广东、安徽、四川、湖南、江西、江苏、陕西、重庆、云南、海南、山东、河南、山西、内蒙古、辽宁、福建等 17 个省（自治区、直辖市）已将“低空经济”有关内容写入 2024 年政府工作报告。

政策和产业双重催化共振，推动低空经济市场奔向万亿规模。作为低空经济的物质载体，低空产业具有创新引领、绿色低碳、跨界融合等特点。为落实国务院、中央军事委员会2023年6月颁布的《无人驾驶航空器飞行管理暂行条例》要求，2024年1月，交通运输部印发《民用无人驾驶航空器运行安全管理规则》，鼓励并有序推进典型的运行环境和情景下的试点和示范运行，为无人机行业创新发展营造良好发展环境。2024年3月，工业和信息化部等四部门联合印发的《通用航空装备创新应用实施方案(2024—2030年)》提出，到2030年，通用航空装备全面融入人民生产生活各领域，成为低空经济增长的强大推动力，形成万亿级市场规模。工业和信息化部赛迪研究院发布的《中国低空经济发展研究报告(2024)》显示，2023年我国低空经济规模达5 059.5亿元，同比增速为33.8%，预计到2026年低空经济规模有望突破万亿元。

低空经济将进一步促进我国无人机产业发展，给地理信息应用带来诸多新需求、新场景、新赛道。经过多年积累，中国在无人机研发、制造领域已经形成了较大优势，中国的无人机销售额在全球占到了70%以上，成为全球无人机市场的主要生产国和出口国，位居全球第一阵营。目前，中国在无人机领域已经掌握了多项核心技术，在自主控制、导航、避障、精准定位、智能感知等方面积累了较为成熟的技术和经验。无人机已经应用于社会生活的方方面面，从快递物流到农林植保，从地理测绘到应急消防，都能见到无人机的身影。在工业级无人机市场，农林植保、低空测绘、巡检领域的市场占比分别为30.7%、22.6%、18.8%。近三年来，无人机产值上升较快，增速每年都保持在30%～34%。随着无人机应用技术的不断提升，中国无人机产业正在以难以预测的速度与方式影响世界。随着第五代和第六代移动通信技术(5G/6G)、大数据、云计算和物联网技术的应用成熟度不断提升，无人机将成为低空经济拓展新场景新业态的有力工具，无人机产业将迎来快速发展，这也将带动无人机测绘、低空位置服务、低空导航、低空空管系统与信息基础设施建设等涉及地理信息应用的新兴领域的发展。

## (七)跨界融合带来多层次发展机遇与跨界竞争挑战

产业融合化发展成为“创新、协调、绿色、开放、共享”新发展理念落实到产业层面的重要体现之一。自习近平总书记在十八届五中全会上提出新发展理念以来，融合发展逐渐成为社会经济领域的热门词语。在党的二十大报告中“融合”一词出现14次。“先进制造业和现代服务业深度融合”“推动战略性新兴产业融合集群发展”“促进数字经济和实体经济深度融合”“推动创新链产业链资金链人才链深度融合”“推进职普融通、产教融合、科教融汇”“加强以企业为主导的产学研深度融合”“推进科技创新和产业创新深度融合”成为产业融合化发展的重要理念与举措。

以企业为主导的产学研深度融合、产教融合改革为有效提升企业创新能力开辟了新路径。《中国科技成果转化年度报告2022》显示，全国技术合同从2018年的41.20万项提高到2022年的77.3万项，成交额从2018年的1.77万亿元提高到2022年的4.78万亿元，分别增长87.6%和170%。企业科技成果转化主体地位更加突出，贡献了全国93.7%的技术输出和82.8%的技术吸纳。2021年，高等院校以转让、许可、作价投资和技术开发、咨询、服务6种方式转化科技成果的总合同金额、合同项数均明显增长，多种方式转化的科技成果的合同额呈上升趋势，转让、许可、作价投资合同总金额为129.8亿元，同比增长13.6%。中央和地方所属高等院校的科技成果转化合同金额、项数均呈上升趋势。在转化方向上，科技成果转化主要转化至中小微其他企业，占以转让、许可、作价投资方式转化总合同金额的67.9%。《2022年中国专利调查报告》显示，2022年我国企业发明专利产业化平均收益金额为799.2万元/件，较上年777.0万元/件的收益水平提高2.9%。其中，通过产学研合作产出的发明专利产业化平均收益达到1 038.5万元/件，超过企业整体平均收益金额29.9%。2022年高校发明专利实施率上升至16.9%，较上年提高3.1个百分点；高校发明专利产业化率为3.9%，较上年提高0.9个百分点，其中重点高校发明专利产业化率为4.4%，较上年提高0.2个百分点。跟发达国家横向比，我国高校成果转化能力还有很大提升空间。

在跨界融合发展中，机遇与挑战并存。跨界融合发展能够不断扩大地理信息及其技术的应用范围，提升地理信息产业影响力，让地理信息产业获得更多的关注、更多的资源投入，催生出更多的优质企业，形成不断做大做强的良性循环。跨界融合发展给当前从事地理信息业务的企业带来了业务合作、技术合作、资本合作、市场合作等多层次多维度的合作机会。同时，地理信息企业也要与时俱进，高瞻远瞩，系统思考，守正创新，重点发力，不断提升自身的核心竞争力，争取在融合的过程中发挥更大作用，取得更大发展。

## （八）构建人类命运共同体带动地理信息产业国际化

构建人类命运共同体推进经济全球化健康发展，地球大数据助力联合国可持续发展议程的落实。2023年10月10日，国务院新闻办公室在发布的《共建“一带一路”：构建人类命运共同体的重大实践》白皮书中指出，10年来，共建“一带一路”不仅给相关国家带来实实在在的利益，也为推进经济全球化健康发展、破解全球发展难题和完善全球治理体系作出积极贡献，开辟了人类共同实现现代化的新路径，推动构建人类命运共同体落地生根。联合国经过讨论于2015年成功地达成了可持续发展目标(SDGs)的全球性共识,进一步加深了各国对人类社会是一个相互依存的人类命运共同体的认识。中国科研团队用地球大数据加快联合国2030年可持续发展议程的落实,推动全球发展倡议的实施。2023年是联合国可持续发展目标实施中期评估年。中国科学院建设和运行的、全球首个大数据服务联合国2030年可持续发展议程的专业科技机构——可持续发展大数据国际研究中心于2023年9月19日在联合国2023可持续发展目标峰会期间发布了《地球大数据支撑可持续发展目标报告(2023)》,报告围绕7个可持续发展目标,研究地球大数据支撑可持续发展目标的41个典型案例,提供全球与中国尺度的湖库水体透明度、风光资源等数据产品32套,弥补了可持续发展目标指标监测的数据空缺,提升了指标监测与评估的空间精细度,揭示了中国和全球环境变化新动态,为促进可持续发展目标的监测与实施提供了科学依据。联合国2030年可持续发展目标管理,离不开地理信息数据的支撑,很多发展中国家和欠发达国家缺乏地理空间信息。根据联合国可持续发展目标报告对17个目标的分析,以及对230多个指标的调研结果,可以看出全球仍然有大约一半的国家严重缺乏指标进展数据,而且指标更新不及时,缺乏地理空间信息,严重影响指标的监测和科学决策。在目前230多个指标中,仍然有35%的指标处于有方法无数据的状态。而那些有数据的指标,在不同国家、不同领域分布也极其不均匀,尤其对很多发展中国家和欠发达国家,短期难以实现大范围的数据计算,急需高质量的全球数据产品。

加速推进北斗规模应用市场化、产业化、国际化发展,有助于带动地理信息产业国际化。北斗导航卫星系统是联合国认可的四大全球导航卫星系统之一。2023年3月20日,国际民航组织理事会第228届第五次会议审议通过了《航空电信》第一卷“无线电助航设备”的第93次修订,通过增加关于全球定位系统(GPS)、格洛纳斯导航卫星系统(GLONASS)和星基增强系统(SBAS)的额外运行频率的规定,并通过引入关于新的北斗导航卫星系统(BDS)和伽利略系统的规定,支持双频多星座(DFMC)全球导航卫星系统(GNSS),本次修订于2023年11月2日起适用。这标志着历时十余年努力,中国北斗导航卫星系统正式加入国际民航组织(ICAO)标准,成为全球民航通用的卫星导航系统,这将有利于推进北斗导航卫星系统在民航领域的市场化、产业化、国际化应用。截至2022年11月,中国已为包括“一带一路”合作伙伴在内的230余个国家和地区、超20亿用户提供北斗服务。基于北斗的土地确权、精准农业、智慧港口等产品,已在东盟、南亚、西亚、东欧、非洲等地成功应用,服务当地经济社会发展。2023年,中国与俄罗斯达成协议,将加强北斗和GLONASS应用方面的合作。

政府重视服务贸易、数字贸易的发展,有助于推动地理信息产业国际化发展。2024 年政府工作报告提出“出台服务贸易、数字贸易创新发展政策”“加快内外贸一体化发展”“办好进博会、广交会、服贸会、数贸会、消博会等重大展会”“积极推动数字、绿色、创新、健康、文旅、减贫等领域合作”“推进中国—东盟自贸区 3.0 版谈判”“推动加入《数字经济伙伴关系协定》《全面与进步跨太平洋伙伴关系协定》”。地理信息作为时空基底，也会跟随千行百业的数字化、国际化业务一起抱团出海。

外部环境的复杂性、严峻性、不确定性上升，国际循环存在干扰，一定程度上会阻碍地理信息产业国际化进程。近年来，世界大国之间在 6G、卫星互联网、芯片、人工智能等高科技领域竞争愈加激烈，以美国为首的西方国家对中国实施了全方位的遏制、围堵、打压，甚至采取制裁、“脱钩断链”和“去风险”等极端的手法。2024 年 2 月 12 日，美国白宫科技政策办公室（OSTP）发布了 2024 年最新版《关键和新兴技术清单》，其中空间计算，对地球的遥感、地球物理传感，人工智能，数据隐私、数据安全和网络安全技术，高度自动化、自主化和无人驾驶系统，以及机器人技术，增强现实（AR），定位、导航和授时（PNT）技术，量子传感，太空技术和系统等涉及地理信息领域的重要技术几乎都在清单之内。十四届全国人大二次会议新闻发布会发言人娄勤俭指出，中国主张，开放合作才是探索科学前沿、推动科技发展的正确选择，科技竞技场应遵循科技发展规律，符合市场经济规则。搞“脱钩断链”“小院高墙”只会阻碍全球科技进步，损害全球产业发展，拉大全球发展鸿沟。娄勤俭举例称，通过近 30 年的不懈努力和刻苦攻关，北斗导航卫星系统在全球范围内实现了广泛应用，赋能各行各业，融入基础设施，成为经济社会发展的时空基石。这个例子充分说明，只要我们坚持自立自强，就没有攻克不了的难关。任何一项已知的技术，要卡是卡不住的，最多就是时间问题。

当前，新技术、新产业、新模式、新动能在加快壮大，发展内生动力在不断积聚，经济回升向好、长期向好的基本趋势没有改变也不会改变。未来，在国家数字治理和数字经济发展进程中，地理信息的应用会更加广泛，作用会日益突出，加快发展新质生产力会从供需两侧促进地理信息产业发展。从需求侧看，为了加快发展新质生产力，会加大在智慧农业、智慧矿山、智慧水利、智能制造、智慧交通、智慧物流、智慧城市、智慧旅游、数字消费、数字政府、新质战斗力、新型基础设施、新兴技术研发等方面的投入，公众对地理信息及技术与应用将有更广泛和深刻的认识，越来越多的行业、部门、法人、个人使用时空信息的场景更多、频率更高，以地理信息为基底的数据集成和分析的市场需求将更加旺盛。从供给侧看，围绕形成新质生产力，会进一步全面深化改革，优化资本、数据等关键生产要素配置及流通机制，提升全生产要素率，全面深化教育、科技、人才的体制机制改革,加强科研成果转化体系建设,以科技创新推动产业创新,特别是以颠覆性技术和前沿技术催生新产业、新模式、新动能,这也将促进地理信息产业与关联行业的融合创新、协同发展。

## 致谢与说明

本文部分数据和资料引用相关政府部门、企事业单位、社会组织等网站或微信公众号,以及媒体新闻、专家文章、机构报告等,并得到了有关领导和专家的大力支持。在此一并表示最诚挚的感谢。

## 附件:

1. 2023 年新上市地理信息企业简介
2. 部分省(自治区、直辖市)2023 年度地理信息产业发展状况
3. 2024 地理信息产业百强企业榜单前 10 名简介
4. 2024 地理信息产业最具活力中型企业榜单前 5 名简介
5. 2024 地理信息产业最具活力小型企业榜单前 5 名简介
6. 2024 地理信息产业最具成长性企业榜单前 10 名简介
7. 2023 年中国地理信息产业十大亮点(按时间顺序)

# 附件 1. 2023 年新上市地理信息企业简介

## (一)上海禾赛科技有限公司

上海禾赛科技有限公司(纳斯达克代码:HSAI)是全球领先的激光雷达研发与制造企业,产品广泛应用于支持高级驾驶辅助系统(ADAS)的乘用车和商用车、自动驾驶汽车,无人配送车和自动导向车(AGV)等各类智能机器人应用,以及测绘、工业、无人机等应用。公司在中国上海、美国硅谷、德国斯图加特等地均设有办公室,客户遍及全球 40 多个国家。

《2024 年全球车载激光雷达市场报告》(*LiDAR for Automotive* 2024)指出,公司在车载激光雷达市场摘得四项全球第一:全球车载激光雷达市场占有第一、全球 ADAS 市场占有率和搭载量双项第一、全球自动驾驶激光雷达市场占有率第一,也成为此领域唯一一个连续三年获"多项全球第一"殊荣的中国企业。2023 年全球 L4 自动驾驶激光雷达市场规模达 1.24 亿美元,公司以市场占有率高达 74% 的绝对优势蝉联榜首。在全球头部的 10 家 L4 自动驾驶公司中,有 9 家使用的是公司的高性能激光雷达,其中包括 Aurora、Zoox、Apollo 等国内外知名企业。

2023 年公司全年营收为 18.8 亿元,同比增长 56.1%;全年激光雷达交付量约为 22 万台,同比增长 176.1%,截至 2023 年底,累计交付量突破 30 万台。

## (二)杭州经纬信息技术股份有限公司

杭州经纬信息技术股份有限公司(股票代码:301390)主要从事电力工程技术服务及地理信息技术服务,为电力企业和工商业等用户提供电力和新能源的规划咨询、设计、工程建设、运行维护、综合能源服务等综合型一体化能源服务。

公司地理信息技术服务包括地理信息数据服务以及基于公司三维 GIS 引擎和云渲染引擎技术的三维可视化管理平台、行业应用数字孪生管理平台、综合能源管理平台等数字化平台开发服务。在数字孪生基底建设中,公司可以为三维场景、数据驾驶舱建设提供特定区域内的空间地理信息基础数据采集、建模,以及提供专业、合规的测绘级城市数字孪生底座。利用自主研发的三维 GIS 引擎、云渲染引擎技术,驱动海量二维三维地理空间数据、3ds Max 数据、倾斜摄影数据、建筑信息模型(BIM)数据等多源地理信息数据,将指定区域内的多元信息集中融合,以三维可视化、图表化的形式呈现,达到多维度多时态数据可视化、场景化、实时交互关联应用等,为行业数字孪生应用提供基底服务。平台主要应用场景包括智慧城市、智慧园区、智慧社区、综合能源管理、智慧电力等。

2023 年公司营业收入为 51 450.48 万元,较上年增加 18.75%;归属于上市公司股东的净利润为 5 619.54 万元,较上年减少 24.83%。

## (三)广东纳睿雷达科技股份有限公司

广东纳睿雷达科技股份有限公司(股票代码:688522)是国内掌握全极化有源相控阵雷达关键核心技术并较早实现双极化(双偏振)有源相控阵雷达产业化的企业。

自成立以来,公司以科技创新为驱动,专注于提供全极化有源相控阵雷达探测系统解决方案。公司目前所生产的产品主要为双极化有源相控阵雷达,以及雷达气象产品生成软件、WebGIS 三维数据可视化软件等雷达软件,主要应用于气象探测、水利监测、民用航空、森林防灾、海洋监测、公共安全等领域。

公司创始团队由海归博士科学家和资深工程师技术团队组成,分别具有全球雷达巨头、世界 500 强芯片企业和北美微波国家重点实验室技术背景,是广东省引进的"创新创业团队"。公司先后获得国家级高新技术企业、国家级专精特新"小巨人"企业、省级相控阵雷达系统工程技术研究中心、省级企业技术中心、省级工业设计中心等殊荣。

2023 年公司营业收入为 21 249.3 万元,同比增长 1.18%;归属于上市公司股东的净利润为 6 330.2 万元,同比下降 40.25%。

## (四)上海司南卫星导航技术股份有限公司

上海司南卫星导航技术股份有限公司(股票代码:688592)是完全自主掌握高精度北斗等 GNSS 模块核心技术并成功实现规模化市场应用的国家级专精特新"小巨人"企业。

公司在高精度算法、专用芯片和核心板卡模块等方面持续投入实现了进口替代,并达到国际先进水平,在国内处于行业领先地位。公司主要产品为基于北斗及其他卫星导航系统的实时高精度定位芯片、模块、接收机等数据采集设备终端和高精度北斗等 GNSS 应用系统解决方案,广泛应用和服务于测绘与地理信息、智能交通、形变与安全监测、无人机、辅助驾驶与自动驾驶、野外机器人、精准农业、物联网等专业领域和大众应用等领域。公司加速全球市场布局,将国产自主核心技术和产品推出国门,积极拓展北斗高精度应用的海外市场,提高国际竞争力。2023 年公司产品和服务远销海外 130 多个国家和地区。

2023 年,公司营业收入为 4.12 亿元,同比增长 22.66%;归属于上市公司股东的净利润为 4 182.1 万元,同比增长 15.57%。

# 附件2. 部分省(自治区、直辖市)2023年度地理信息产业发展状况

## (一)2023年江苏省地理信息产业发展状况

2023年,江苏省地理信息产业展现出了稳健的发展态势,为推进中国式现代化江苏新实践提供了良好的支撑和保障。

**1. 地理信息产业市场总量稳步壮大**

截至2023年末,全省测绘资质单位总数达到1 451家,比上年末增加165家,同比增长12.8%;全省测绘资质单位从业人员共28 145人,比上年末增加1 185人,同比增长4.4%;全省测绘服务总值共95.49亿元,比上年增加1.23亿元,同比增长1.3%;全省测绘资质单位劳动生产率(人均测绘服务总值)为33.93万元,比上年减少2.25万元,同比下降6.2%。从资质单位和从业人员的数量来看,均实现了稳步增加,但测绘服务总值增幅受到经济环境影响而有所减缓,地理信息产业在发展过程中面临了一定挑战。

**2. 高新企业持续增加,科技水平持续提升**

截至2023年末,全省被认定为高新技术企业的资质单位共295家,比上年末增加64家,同比增长27.7%。其中,甲级资质单位有73家,比上年末增加13家,同比增长21.7%;乙级资质单位有222家,比上年末增加51家,同比增长29.8%。

截至2023年末,全省通过"双软"认证的资质单位共69家,比上年末增加11家,同比增长19.0%。其中,甲级资质单位有16家,比上年末增加2家,同比增长14.3%;乙级资质单位有53家,比上年末增加9家,同比增长20.5%。

**3. 通过园区和示范基地建设,打造竞争力较强的产业集群**

(1)江苏省地理信息产业园兰德园区:江苏省首家以地理信息产业为主题的园区,致力于打造一个集地理信息研发、生产、服务、培训、展示等功能于一体的综合性园区,在业态融合集群化发展方面取得了显著成果。

(2)江苏省地理信息产业园南京北斗园区:南京江北新区将北斗产业作为特色产业,充分利用国家发展和改革委员会重点支持的八大北斗产业示范园区中国北斗卫星导航(南京)产业基地基础,将北斗产业与智能制造深度融合,积极推动北斗产业发展壮大。

(3)江苏省地理信息产业园苏州空间大数据园区:以中科苏州地理科学与技术研究院为载体,主营国产高分辨率遥感卫星数据处理与区域应用,拥有资源三

号、高分一号等9颗国产卫星的全部数据实时推送源，是国内唯一获得全部数据推送的产业化机构。园区重点围绕地理信息大数据服务，搭建技术创新、企业孵化、人才聚集的平台。

(4)江苏省地理信息产业园国图软件研发基地：园区领军企业国图信息，主要从事地理信息与电子政务软件研发、地理信息工程及规划设计等业务，应用领域涉及自然资源、不动产、水利水资源、税务、农业、公安等。

(5)江苏省地理信息产业园高淳卫星遥感基地：紧紧围绕"产业高地、科创重地、宜居美地"战略定位，以推进地理信息产业发展为导向，深入谋划、积极探索空天遥感赋能地理信息产业，打造地理信息产业综合服务平台。

(6)江苏省地理信息产业园星月科技基地：以科技研发、技术创新、成果转化、产品展示、商务交流、教育培训、资本衔接为核心服务，发挥"数字经济＋"的优势，通过"润产权"商城平台软件打造产业基地的平台入口，引导产业链上下游企业入园共享资源，实现地理信息产业从业者的互通、互助、互利。

(7)江苏省地理信息产业园如皋互联网服务基地：园区秉承"十年磨一剑"的精神，形成了以软件研发、地理信息、数据处理、视频游戏与文创设计等为特色的信息技术服务外包产业。

(8)江苏省地理信息产业园宿迁电商基地：依托宿迁电子商务产业园区的空间规划、产业定位等资源要素而专门成立，打造电商产业生态闭环，目前已发展成为国内唯一的全产业链园区。通过组织保障、政策扶持、产业培育、资金支持等措施全方位推进地理信息产业发展。

(供稿：江苏省测绘地理信息行业协会)

## (二)2023年天津市地理信息产业发展状况

2023年度天津市地理信息产业发展状况概述如下。

### 1. 测绘资质单位数量

2023年全市共有测绘资质单位272家。其中，甲级49家，乙级223家；国有企业86家，事业单位24家，民营企业162家。

### 2. 测绘资质单位专业技术人员数量

2023年全市测绘资质单位专业技术人员共4 368人。其中，测绘专业高级职称有704人，中级职称有1 268人，初级职称有1 062人；测绘相关专业有1 334人。

### 3. 协会会员调研情况

2023年末参与调研的共计50家会员单位。其中，甲级资质单位有27家，乙级资质单位有23家。

50家会员单位2023年营业收入总计为238 202.5万元，同比上年平均增长1%。其中，营业收入为正增长的有27家，占调研总数的54%，其中：增幅为1%～10%的有11家，占调研总数的22%；增幅为11%～20%的有2家，占调研总数的4%；增幅为21%～30%的有3家，占调研总数的6%；增幅在30%以上的有11家，占调研总数的22%。营业收入为负增长的有22家，占调研总数的44%，平均降幅达－22%，其中最大降幅为－81%，最小降幅为－0.44%。营业收入零增长的有1家，占调研总数的2%。

2023年营业收入为1 000万元及以上的有29家，占调研总数的58%，其中甲级资质单位有21家，乙级有8家；收入为500万～1 000万元的有11家，占调研总数的22%，其中甲级资质单位有4家，乙级有7家；收入为100万～500万元的有7家，占调研总数的14%，其中甲级资质单位有1家，乙级有6家；收入低于100万元的有3家，占调研总数的6%，其中甲级资质单位有1家，乙级有2家。

2023年上半年用工人数总计为5 759人，同比上年用工人数增加71人。其中，20家单位用工人数有所增加，占调研总数的40%；12家单位用工人数有所减少，占调研总数的24%；18家单位用工人数与上年同期持平，占调研总数的36%。

2023年上半年新增政府欠款17 553.97万元，同比增长15.4%。其中，涉及政府欠款的有16家，甲级资质单位有9家，乙级资质单位有7家；政府欠款为1 000万元及以上的有3家，全部为甲级资质单位；欠款为100万～500万元的有8家；欠款为100万元以下的有5家。

**4. 天津地区产业发展特点**

一是受房地产市场下行压力影响，工程测量项目数量有所减少；二是伴随智慧城市时空大数据平台建设的需要，地理信息项目数量逐渐上升并赋能多行业；三是伴随无人机航测遥感技术的发展以及实景三维受众更加广泛，新型测绘逐步取代传统测绘。

（供稿：天津市测绘与地理信息协会）

## （三）2023年贵州省地理信息产业发展状况

2023年，贵州省测绘地理信息产业整体发展呈现放缓迹象，企业创新活动和成果呈增长趋势。测绘统计直报数据显示，2023年贵州省测绘资质企业总数为519家，其中高新技术企业增加到57家，测绘资质单位总产值约为24亿元，从业人员为8 567人。2023年贵州省测绘地理信息相关的产业总产值约在100亿元。

1. 主要情况介绍

测绘资质单位数量同比增长 37 家,其中甲级资质单位 25 家。民营企业总数为 403 家。产业链尚不完整,缺乏研发和生产制造类企业。

测绘资质单位产值整体下降,企业单位产值占比接近 80%。总体来看,还是以传统测绘项目开展为主,缺乏科技创新人才,科研投入不足。在形势压力下,部分企业开始尝试转型发展,提升科技创新能力,科技创新成果呈增长趋势。

测绘地理信息从业人员整体减少,从事传统项目业务人员保持主导地位。测绘资质单位年内录用应届毕业生不足 300 人,同比减少约 26%。

测绘资质单位主要设备投入减少,传统设备降幅明显。2023 年部分测绘资质单位歇业或正在注销资质,是设备数量减少的主要原因;无人机、激光、地理信息遥感类软件产品购置量略有增加;基础测绘地理信息成果主要面向社会提供量约为 220 TB,以政府和事业单位使用为主,企业申请使用占比约为 20%。

企业规模偏小,小微企业数量占主导。产值在 500 万元以下的测绘资质单位数量约占全省测绘资质单位总数量的 82%,其产值约占全省测绘资质单位总产值的 23%。

2. 贵州省地理信息产业发展面临的挑战和机遇

近年来,贵州省的经济增长一直保持稳定态势,产业结构持续优化,创新能力不断提升,但毕竟地处内陆山区,仍属经济欠发达省份,政府债务负担沉重。目前各级政府积极推行"化债"措施,虽暂时缓解了部分企业的现金流问题,但多数企业项目未纳入化债计划,经营发展仍举步维艰。

在我国经济结构调整的大背景下,贵州省测绘地理信息企业面临着更多的不确定性,需要更加积极主动地适应经济环境和市场的变化,充分利用和发挥地方政府促进经济发展的优惠鼓励措施,牢牢把握地理信息产业高质量、高效能、高科技的产品和服务特征,引入新技术、新模式、新业态,全面提升劳动力、资本、技术等全要素生产力,推动技术创新和产业深度转型,促进地理信息产品和服务更广泛的应用,才能创造更好的经济和社会效益。

(供稿:贵州省测绘地理信息产业协会　吴猛)

## (四)2023 年河南省地理信息产业发展状况

1. 河南省地理信息产业发展现状

截至 2023 年末,河南省共有测绘资质单位 1 033 家,其中甲级测绘资质单位有 116 家,乙级测绘资质单位有 917 家。测绘资质单位比上年末增加 156 家,同比增长 17.8%。其中,甲级测绘资质上市企业有 1 家,乙级测绘资质上市企业有 2 家。2023 年,河南省有 8 家单位入选地理信息产业全国百强企业,上榜数量与北京、上海、广东等地理信息强省(市)还有一定差距。

首先,在经营主体方面,散而不强,多而不大,1 000 余家资质单位中,上市企业仅有 3 家,入选 2023 年地理信息产业全国百强企业的仅有 8 家,缺少在全国范围内有影响力的龙头企业。当前,河南省测绘资质单位可以分为以下 4 类:一是省测绘地理信息技术中心及下属事业单位,作为省级基础测绘工作业务支撑单位,市场参与度不高,技术创新力量不强,无法带动河南省产业升级;二是省直各厅局及中央驻豫单位下属单位,在自身领域有较高的话语权,但经营主动性不强;三是省属国企及央企下属单位,这类单位多为综合性企业,是整个产业向上升级、向外融合的主力,但人员和技术投入力度有限,多将地理信息产业作为辅助专业;四是民营企业资质单位,作为行业的主力军,这类单位经营思路灵活,各有特色,有的基于某个地区,有的占据某个细分领域,还有少数具有较强的综合服务能力。

其次,在项目类型方面,传统项目多,新兴项目少,同质化竞争严重;本省项目多,国家级重点项目少,缺少覆盖全国的大型项目;低端项目多,高端项目少,项目集中在地理信息的数据采集和生产,处于整个产业链的低端环节。具体表现为:项目金额普遍较低,省测绘项目备案管理系统数据显示,2023 年全省测绘地理信息资质单位共备案测绘项目 2 330 项,其中 20 万元以下小型项目有 1 052 项,大量企业集中在低技术门槛的信息采集类项目中竞争;新兴产业项目占比较少,金额在 200 万元以上的项目多集中在传统专业,工程测量、不动产测绘业务仍占主导地位,地理信息系统开发项目仅占总体备案项目的 15%。产业整体位于全国地理信息产业链下游。

最后,在产业发展环境方面,地理信息产业内涵丰富,外延广阔,以赋能和技术支撑为主,难以由一个独立的部门主导发展,且相关部门之间的联动机制还不完善,没有形成促进产业发展的合力。受三年疫情和经济形势的影响,传统测绘市场萎缩明显,市场同质化竞争加剧,部分中小企业处于发展困境。具体表现为:缺乏沟通协调机制;缺少信息收集机制;缺少培训交流机制;缺少意见沟通机制;传统测绘市场萎缩明显;拖欠项目账款问题难解决。

**2. 河南省地理信息产业园建设概况**

(1)安阳地理信息产业园。由安阳市自然资源与规划局主导建设,位于安阳市永明路与安漳大道交叉口西北角。占地面积约 123.30 亩,项目总投资 12.5 亿元。该项目于 2023 年 4 月通过项目立项和可研审批。2023 年底开工,建设周期为 36 个月,预计 2026 年底完成,致力打造中部地区有较大影响力的地理信息产业园区。

(2)郑州北斗产业园。郑州北斗产业园孵化基地项目由郑州高新区管委会主导建设,项目占地面积约 133.4 亩,总建筑面积约 16.8 万平方米,以北斗应用及研发为主,年产值为 6.1 亿元,年度利税总额为 2 500 万元。园区先后被认定为省级科技企业专业孵化器、河南省小型微型企业创业创新示范基地。

(3)焦作地理信息产业园。焦作地理信息产业园是焦作市解放区政府主导建设的以地理信息产业为主的综合性产业园区。园区于 2018 年开始建设,主体由河南工业和信息化职业学院老校区改造而来,是河南省首家省级地理信息示范产业园和全国地理信息产业转型升级试验园。2023 年全园产值为 6.2 亿元,纳税 9 362 万元。

(4)鹤壁市空间地理信息与 5G 融合应用试验区。鹤壁市空间地理信息与 5G 融合应用试验区始建于 2020 年 7 月,由鹤壁市淇滨区政府主导建设。试验区内现有航天宏图、天章卫星、埃洛克、中科星图、航天驭星等 17 家卫星与地理信息产业高精尖企业,龙芯中科、云涌、力积、麒麟等 22 家信创重点企业,以及京东、360、垂天科技、阿里云等 20 家数字经济龙头企业。

(供稿:河南省地理信息产业协会　曹源　李震)

## (五)2023 年吉林省地理信息产业发展状况

### 1. 产业整体发展概述和整体特点

近年来,吉林省地理信息产业发展迅猛,服务范围涵盖经济社会发展和人民生活的各个领域。目前,全省有地理信息企业 900 余家、从业人员 2 万余人。省内高校和科研机构积累了大量的科研成果,培养了众多的地理信息专业技术人才。吉林省地理信息产业发展有以下特点:

一是产业政策大力支持。省政府出台的《关于加快服务业发展的若干实施意见》《关于促进地理信息产业发展的实施意见》《关于扶持遥感卫星及应用产业发展的意见》和《关于促进互联网经济发展的指导意见》等文件,提出了地理信息产业发展的目标和保障措施,为破解产业发展难题、厚植产业优势,全面提升发展质量和效益,实现吉林省地理信息产业的快速发展奠定了基础。

二是地理信息对其他产业的高融合、广覆盖。地理信息作为战略性、基础性资源,成为智慧城市和各行各业数字化、信息化、智能化的重要工作和有力支撑,促进数据、技术和业务的互相融合。伴随电子政务、电子商务、数字经济等新业态的兴起,地图逐步成为移动互联的入口,不断挖掘规划、交通、资源等行业以及人民群众日常生活对地理信息的需求。

三是数据获取和应用不断创新。吉林一号卫星星座从一箭四星到一箭四十一星,不断创造国内商业航天的历史。吉林省依托卫星产业优势形成了空、天、地一体化的地理信息数据获取体系,为高效、高频获取遥感影像提供了有力支撑。吉林省已实现1∶1万和1∶5万等基础地理信息全覆盖,航空影像和卫星遥感影像数据的年度更新。基于海量数据,在农林水环等自然资源领域不断开创新的应用案例,提升管理水平。

**2. 2023年产业发展状况、突出特点、科技创新**

一是夯实基础,加快重点领域数字化转型。鼓励各地建设“城市大脑”,加快数字城市态势感知平台建设,探索“互联网+社区治理”新模式,加强对城市运行管理服务状况的实时监测、动态分析、统筹协调、指挥监督和综合评价,进一步提升城市管理智能化水平。

二是融合光电信息产业,打造卫星遥感应用全产业链。吉林一号卫星星座实现108颗卫星在轨,长光卫星已在遥感信息服务领域占据优势地位,逐渐成为全球重要的航天遥感信息来源。吉林一号卫星星座可对全球任意地点实现每天35～37次重访,具备全球一年覆盖3次、全国一年覆盖9次的能力,为国土安全、地理测绘、土地规划、农林生产、生态环保、智慧城市等各领域提供了高质量的遥感信息和产品服务。

三是丰富海量数据应用场景,应用创新。充分利用吉林一号卫星覆盖和高频重访能力,开展卫星遥感数据在农村土地资源调查、土地利用现状调查、农林病虫害防治、农作物长势的监测与估产、林草湿调查监测和环境监测等方面的应用。

**3. 产业园区情况**

航天信息产业园总占地面积为21.6万平方米,建筑面积为17.1万平方米。目前建筑面积9.73万平方米的吉星楼已建成并投入使用,其中卫星批量化生产厂房可年产超过100颗卫星,存储中心具备超44 PB(千万亿字节)的容量,算力中心拥有超过400台服务器,具备每日自动化生产超过250万平方千米0.5米分辨率数据、超过400万平方千米0.75米分辨率数据的能力。

园区集卫星研发、生产、运营及遥感信息服务于一体,致力于打造航天信息特色经济产业创新基地,建设数据要素工厂,构建解决方案场景研发中心与合作联创中心。依托航天产业资源和地理信息产业应用,打造航天科普教育基地,连续举办多期遥感行业论坛;免费开展遥感开发者培训班,配备公司专业人员讲解行业应用,结合线上培训中心等形式,扩大培训范围,吸引更多人才投身产业链建设。依托星座遥感数据获取与自动化数量处理加工能力,打造对吉林一号卫星数据进行从标准产品、高级产品的数据初加工,到专题要素产品的数据深加工,再到质检中心质检修复的全流程航天信息数据要素生产工厂。为下游30余家政府、高校、科研院所和近百家企业遥感信息开发提供数据原材料。

园区内布置产品研发联创中心专线,接入吉林一号遥感数据资源库,重点针对遥感数据加工与处理、测绘与地理信息、数字化与系统集成、人工智能计算与大模型、大数据治理等相关支撑类企业。以吉林一号网为媒介与平台,已与新华社、人民网、阿里达摩院、商汤科技、易智瑞、超图、奥维互动地图、水经注等伙伴开展了形式丰富的生态合作。

目前园区内主要地理信息企业有长光卫星技术股份有限公司、远见吉星信息工程(吉林)有限公司、吉林省巡遥地理信息有限公司、吉林省天测科技有限公司等。

(供稿:吉林省测绘与地理信息行业协会)

## (六)2023年山东省地理信息产业发展状况

《山东省地理信息产业发展规划(2017—2025年)》(鲁政办字〔2018〕7号)已实施6年,产业规模不断扩大,产业集聚发展加快,创新能力持续提升。

### 1. 产业发展状况

产业规模效益向好。构建和巩固"1个基地+3个特色集聚区";全省地理信息产业单位数量居全国第二;2022年从业人员为22.6万人、总产值为724亿元。产业科技创新成果显著。2023年,全省获得6项测绘科学技术奖、11项地理信息科学技术奖、3项卫星导航定位科学技术奖。"天地图·山东"应用于全省生态环境、乡村振兴、应急指挥、自然资源等50多个领域、近300个业务系统。2023年,山东测绘地理信息事业取得诸多成果和亮点。

一是战略作用有了新定位。山东省委省政府高度重视测绘地理信息工作,强调要加快布局空天信息等新兴产业,加快实施空天信息跃升工程,强调要推进数字强省、智慧山东建设,建设国家数字特色服务出口基地,支持潍坊建设元宇宙产业园。转型升级有了新突破,完成新型基础测绘体系、新一代地理信息公共服务平台、公众版测绘成果加工编制等三项国家试点。要素保障有了新进展,编制出台实景三维山东建设省市两级实施方案、技术规范、质量控制方案、生产成本定额等,构建起制度体系"四梁八柱"。完成规划中期评估,二维三维、陆海岛、水上下、地上下地理信息资源不断丰富。

二是时空赋能有了新成效。首批省级智慧城市时空大数据平台建设试点完成,全省无人机联动管理平台开通,实行全品类省级测绘地理信息公共服务费用全额减免,时空信息在支撑赋能黄河流域生态保护、绿色低碳高质量发展先行区等方面作用彰显。

三是产业发展有了新进步。开展拖欠地理信息企业账款清理近1.3亿元;联合媒体制作"地信产业大家谈"节目、打造"卫星瞰山东"融媒体和"齐鲁山海图"创意地图品牌;推进地理空间数据流通交易试点,搭建国内首个地理空间数据专业运营服务平台。全国影响有了新提升,外省来鲁学习调研考察达到170多批次。

2. **产业园区情况**

山东测绘地理信息产业园于2011年12月批准设立,总规划7平方千米,是山东省唯一的集研发孵化、数据加工、装备制造等功能于一体的地理信息产业园区。产业基地按照"一中心两园区"规划建设,即研发孵化中心,高新区的北斗地理信息产业园、测绘地理信息产业园和凤凰地理信息小镇。246家地理信息企事业单位落户产业基地,基地年总产值达67.8亿元。2023年以来,被中国地理信息产业协会授予"中国地理信息产业示范基地"称号,被省政府批准为山东省首批特色小镇。山东测绘地理信息产业园被认定为山东唯一的地理信息服务特色出口基地。

济南地理信息产业"一区两园"建设。地理信息产业聚集区已入驻企业60余家,重点发展大数据、云服务、物联网、软件研发;齐鲁创新谷地理空间信息产业园已入驻企业10余家;齐鲁物联网创新园占地133.5亩,定位于智慧地图与自动驾驶、智慧城市、智慧物流、室内空间定位等领域。

青岛形成了东岸、西岸、北岸三区集聚发展的产业布局。东岸城区以青岛市勘察测绘研究院产业基地为代表,西岸城区以山东科技大学科技园为代表,北岸城区以占地近300亩的海克斯康智慧产业园为代表,在地理信息软件研发和装备制造、地图和地理信息文化产品生产、地理信息服务、遥感技术及应用等方面特色显著。

济宁打造地理信息产业发展核心区,以北斗导航、物联网、车辆网、无人机技术为特色产业,集聚了华为山东大数据中心等地理信息企业32家。

(供稿:山东省测绘地理信息行业协会)

## (七)2023年四川省地理信息产业发展状况

四川省已形成地理信息产业链完整、集群化发展趋势明显、公共服务体系日趋完善、营商环境更加优化、科技创新能力越来越强的新发展格局。地理信息产业技术水平和规模居西部首位、全国前列,建成了地理空间大数据应用和产业化高地,从测绘地理信息经济大省朝着经济强省迈进。

1. **发展现状**

1)测绘资质单位

四川是测绘资源大省,行业单位多,业务范围全,分布领域广。截至2023年末,全省测绘资质单位共计1 617家,居全国首位,其中甲级资质单位有120家,乙级资质单位有1 497家,以中小型企业为主,集中分布在成都平原地区。

2)测绘产值规模

近年来,测绘地理信息已成为四川社会经济发展的战略性资源,产业增速呈稳中有进,带动效益明显。截至 2023 年末,全省测绘资质单位总产值为 89.27 亿元,同比增长 6.8%。从业人员有 2.95 万人,同比增长 4.4%。

3)基础设施建设

建成四川北斗地基增强系统一张网,实现全省北斗实时、动态、高精度位置服务全域覆盖;消灭“无图区”,实现全省 1∶1 万基础地理信息数据全域覆盖;构建“天空地”一体的数据快速获取体系,四川省遥感影像统筹服务平台上线;建设四川省地理时空大数据中心,为经济社会高质量发展提供丰富的地理信息数据要素保障;成立国家遥感中心四川分部,促进西部遥感应用事业发展;完善四川省地理信息公共服务平台“天地图·四川”,实现四川地理信息数据的统一管理和共享。

4)人才培养

四川测绘地理信息人才储备基础良好,测绘地理信息与遥感领域教育资源丰富、师资力量雄厚,专业层次分明、门类齐全。据统计,目前开设测绘地理信息相关专业的院校共计 29 所,其中本科院校 14 所,大专院校 12 所,中职院校 3 所;专业门类包括测绘工程、地理信息科学、遥感科学与技术、工程测量技术、测绘地理信息技术、无人机测绘技术等。

四川大力实施测绘地理信息科技创新人才梯队培养计划,加速培养一批创新能力强的高层次科技人才团队,并构建了动态进出管理机制。现有省级测绘地理信息科技创新团队 6 个、科技领军人才 6 名和杰出青年科技人才 22 名。

5)科技创新

四川紧密围绕国家、省委省政府战略部署,积极实施“创新驱动发展”战略,形成科技管理新格局,基本建成完善的测绘地理信息科技创新体系,科技自主创新能力大幅提升。近年来大力推进智能化测绘技术体系建设,支持测绘基准、位置智能感知、遥感机理、时空信息模型、数据挖掘、知识服务等方面的理论研究和原始创新,加强测绘地理信息技术与新一代信息技术的应用研究和融合创新。在自然资源遥感智能解译、实景三维建设、应急测绘保障、北斗位置服务等方面形成一系列重要科技成果,其中智慧水利“一张图”基础信息与共享服务平台、人机协同自然资源遥感智能生产技术体系构建与应用、灾害应急三维智能服务关键技术及应用、北斗智慧云监测平台等技术成果,荣获多项省级或全国性行业学会协会科技进步奖。

同时,测绘地理信息与各行业、实体经济、数字经济等发展深度融合,与自然资源、水利、农业、生态环境、交通等行业单位协同联动、相互促进。地理信息技术在助推各行业单位数字化、信息化建设中发挥重要作用，让群众诉求回应更及时、行业监管更科学、政府决策更有力，转型升级提档加速，提质增效结果显著。

6)产学研融合

四川测绘地理信息领域产学研紧密合作，企事业单位与高校科研院所协同创新，形成以企业为主体、市场为导向，创新链产业链人才链深度融合的创新体系，促进科技成果转化应用，不断提升测绘地理信息生产力水平和产业化水平。联合相关高校和行业单位共建成了5个省部级创新平台，在科技项目申报、创新团队建设、人才联合培养等方面深度合作。成立四川省测绘地理信息行业产教融合共同体，进一步强化政行企校有效衔接，促进地理信息产业稳步发展。

**2. 四川省产业园区情况**

西部地理信息科技产业园，是成都市金牛区政府联合四川省测绘地理信息局打造的国家级产业项目，是中国北斗产业在全国布局的八大地理信息产业园之一，是西部第一个以“北斗＋”为主题的甲级产业园，是中国最早的国际型地理信息科技产业创新与服务基地、国家级地理信息产业示范园区、省级高科技产业示范园区。产业园位于金牛区北部功能区，2013年7月正式挂牌成立，规划用地500余亩，建设用地350余亩，规划建筑面积约89万平方米，总投资35亿元。目前已建设成集办公、科技研发、技术服务、企业孵化及成果转化为一体，汇聚产业功能、城市功能、生态功能的高新技术产业基地。

产业园着眼于服务四川地理信息产业高质量发展需求，战略布局“一中心、一基地、三平台”，采取“政府搭台扶持、行业主导管理、企业创造价值、市场配置资源”的合作模式，逐步探索“立足公益、推动产业、市场反哺”的运行机制，面向“北斗＋”、地理信息、轨道交通、智能制造、数字城市等重点细分领域，引进并支持建设数据汇聚、分析、服务平台，着力提升地理信息在“北斗＋”、自然资源管理、数字城市与数字经济发展等方面的支撑保障能力。

入驻产业园企业共计140余家，包括华测导航、南方测绘等以核心技术研发、测绘仪器生产、数据采集等为主的上游企业，北斗华测、自然资源部第三地理信息制图院等以地理信息软件开发、平台服务、地图生产等为主的中游企业，九洲北斗等以位置导航服务、技术咨询培训、销售运营维护等为主的下游企业。初步形成了以产业龙头带动、协同发展、全产业覆盖的良好生态产业链。

（供稿：四川省地理信息产业协会）

## (八)2023年云南省地理信息产业发展状况

**1. 云南省地理信息产业规模与结构**

截至2023年末测绘资质（甲、乙级）持证单位数量有747家；截至2024年

3月,测绘甲级资质单位有51家,规模继续增长趋势明显,在地理信息产业市场主体中,企业占比在95%以上。截至2023年末从业人员有13 824人。

大、中型企事业单位增长势头较好,“头部效应”继续扩大,大、中型企事业地理信息业务单位总产值、平均营收、单位平均净利润、人均净利润等各项数据稳步增加。小、微企业地理信息业务单位平均总产值、平均营收、单位平均净利润、人均净利润等各项数据同比下降。大、中型企事业单位与小、微企业在技术力量、仪器设备、人员规模及所产生的经济效益差异等方面越来越明显,两极分化的走势正在凸显。

中、东部地区测绘地理信息企事业单位数量占比为近五分之四,西、北部地区测绘地理信息企事业单位占比较少,地区分布差异明显,产业结构持续优化。

民营经济仍为产业主力军,全省民营测绘地理信息企业有622家,占比为82%,公司成立的下属分支机构覆盖全省129个县(市、区),立足农、林、水、国土等多个细分领域中的本地化就近服务渐趋合理。

在中国地理信息产业协会2023年发布(按2022年度数据)的地理信息产业百强企业榜单中,云南省有3家榜上有名,较上届榜单增加了2家。最具成长性企业中,云南云金地科技有限公司、昆明麦普空间科技有限公司、云南图腾信息技术股份有限公司3家企业上榜。

服务与地理信息相关的水利工程、建筑工程、交通、地质勘查、规划设计、生态环境等业务领域和范围较之前有显著拓展。先进设备和先进技术在大、中、小、微企业中得到广泛采用,地理信息产业转型升级和高质量发展的良好氛围正在形成。

**2. 2023年云南省地理信息产业科技创新特点**

为加快推进测绘地理信息事业转型升级,明确测绘地理信息“支撑经济社会发展、服务各行业需求,支撑自然资源管理、服务生态文明建设”的工作定位,实景三维、数字孪生建设快速推进,北斗、遥感卫星等空间基础设施快速发展,地理信息技术与人工智能、大数据、物联网等技术的深度融合,正加速数据要素潜能的释放。

采用无人机、激光雷达等先进设备和技术,让新技术有效驱动地理信息产品内容和形式创新、升级,助力社会各个领域决策科学化、测绘精细化、服务高效化,构建智能化测绘生态。

云南省2023年获地理信息科技进步奖二等奖2项、优秀工程金奖2项、优秀工程银奖2项、优秀工程铜奖2项。科技成果获奖较上年有明显增加,科技创新及应用水平进一步增强。

(供稿:云南省地理信息协会 罗志清)

# 附件 3. 2024 地理信息产业百强企业榜单前 10 名简介

## (一)北京北斗星通导航技术股份有限公司

北京北斗星通导航技术股份有限公司(股票代码:002151)成立于 2000 年 9 月 25 日,是我国卫星导航产业首家上市公司。北斗星通因“北斗”而生,在我国首颗北斗卫星发射前夕注册成立;二十余年来,北斗星通伴“北斗”而长,推动并见证了我国卫星导航及相关产业的发展。

2023 年,公司实现营业收入 40.82 亿元,归母净利润 1.61 亿元。这一年,公司坚决贯彻落实“坚定信心、稳中求进、夯实基础、强化优势”方针,坚定走高质量发展道路,坚决聚焦主业,剥离非核心业务和问题业务,加大新兴业务投入,目前已实现卫星导航核心部件全产品系列、全应用领域的布局,形成了“智能位置数字底座”和微波陶瓷器件两大主营方向,为全球用户提供卓越的产品、解决方案及服务。截至目前,公司导航定位芯片、模组、天线等产品在各行业得到广泛应用,在测量测绘、精准农业、无人机、户外机器人等高精度应用领域中国市场占有率超过 60%,进入全球十大卫星导航系统核心部件供应商行列。2023 年,公司正式对外发布了云芯一体高精度定位服务产品,包括厘米级定位服务(TruePoint. CM)及分米级定位服务(TruePoint. DM),公司云芯一体化业务模式成型。

面向未来,公司正以“云 +芯”为基础,加快构建全球覆盖、国际一流的“智能位置数字底座”,为从行业到大众、从生产到生活的各类应用场景提供无处不在、无时不有的高可靠、高精度位置基础产品和服务,为用户创造价值,为智能时代赋能。

## (二)北京四维图新科技股份有限公司

北京四维图新科技股份有限公司成立于 2002 年,聚焦汽车智能化主赛道,进一步明确了以智驾为龙头的解决方案提供商业务主线。公司成立至今,始终秉持科技创新的理念,重视科技创新成果的重要性,逐渐从产品提供商转型成为解决方案提供商。

2023 年,公司实现营业总收入 31.22 亿元,同比下降 6.72%;归母净利润亏损 13.14 亿元(上年同期亏损 3.36 亿元)。2023 年整体营收情况与 2022 年基本持平,但公司智驾软硬一体产品及解决方案交付量较上年大幅提升,智驾业务收入超过 3.76 亿元,同比增长约 187.28%。截至 2023 年末,公司共有国内外授权专利789项、软件著作权997项、作品著作权560项。公司研发投入达到56%,研发人员数量占比为80%。关键业务领域的软实力有助于公司保持产品和服务的竞争力,并且能够持续为技术创新、服务创新和产品创新提供驱动力。

公司坚守"赋能智慧出行,助力美好生活"的企业使命,致力于成为更值得信赖的智能出行科技公司,始终以客户需求为出发点,以"创新、担当、坦诚、严谨"的核心价值观为引领,积极推进企业文化建设。"创新":鼓励创新和自我挑战,打造行业标杆,引领行业发展。"担当":爱岗敬业,高效执行,大局出发,服从调配。"坦诚":正直坦诚,主动沟通,换位思考,寻求共识。"严谨":坚韧务实,专注耐心,用户至上,精品交付。公司作为一家积极履行社会责任的上市公司,深知ESG(环境、社会和治理)是当前可持续发展战略中的重要理念,在积极发展业务的同时,也深切关注公司对环境的影响、对社会的贡献以及公司治理的持续提升。公司主要从事智驾业务、智芯业务、智云业务、智舱业务。公司始终坚持以客户为中心、以解决客户痛点为己任,充分践行客户为先,交付大于承诺,持续围绕合作伙伴建立行业生态。

## (三)上海华测导航技术股份有限公司

上海华测导航技术股份有限公司(股票代码:300627)创立于2003年,主要从事高精度卫星导航定位相关产品的研发、制造、集成和产业化应用,为各行业客户提供高精度定位装备和系统应用及解决方案,是国内高精度卫星导航定位产业的领先企业之一。

公司坚持稳健经营,2023年度公司总营收为26.78亿元,同比增长19.77%。公司实现业绩长期有效增长,是长期研发投入、积极拓展行业应用、大力开拓海外市场及持续提升企业运营管理能力的综合体现。研发投入上,2023年度公司研发费用为4.62亿元,占营收比例为17.25%(连续三年超17%),公司坚持研发战略投入,持续建立公司在芯片、板卡、模组等高精度卫惯导航基础器件,兼容北斗三号的广域增强服务网络(SWAS系统)建设,智能控制技术等方向的技术壁垒,不断提升公司核心技术竞争力。公司参与完成的"北斗高精度实时融合监测技术与重大工程应用"项目荣获2023年度国家科学技术进步奖二等奖。迄今为止,公司已获得1次国家技术发明二等奖和4次国家科学技术进步奖二等奖。在行业应用方面,2023年度公司相关产品在资源与公共事业、机器人与自动驾驶等相关业务领域营收快速增长。区域布局上,2023年度,国内营收稳健增长,海外营收同比增长近50%。全球市场拓展是公司重要的市场战略,公司在海外建立了强大的合作伙伴网络及多个分支机构。公司的实时动态(RTK)装备、农机自动驾驶系统、三维激光雷达、无人船等产品已经远销至全球120多个国家。

公司目前拥有较为完善的研发、生产、市场、运营企业管理体系，并持续优化调整公司管理运营模式，建立高效的组织体系，服务于各行业客户。未来，公司将持续探索和深耕高精度定位技术所应用的有持续增长潜力的朝阳行业，持续为客户提供有竞争力的产品与解决方案。

## （四）中科星图股份有限公司

中科星图股份有限公司（股票代码：688568）创立于2006年，2020年7月在科创板上市，是中国科学院空天信息创新研究院投资的国有控股高新技术企业。公司自主研发了GEOVIS数字地球产品，面向政府、企业、特种领域及大众用户提供软件销售与数据服务、技术开发与服务、专用设备及系统集成等业务，通过数据上云、计算上云和应用上云，实现传统线下业务向线上业务转型，形成在线数字地球的服务运营模式。

作为国内数字地球产品研发与产业化的领军企业，自2020年7月在科创板上市以来，公司基于成熟稳健的管理体系，经营业绩保持平稳较快增长。2023年，公司实现营业收入25.16亿元，同比增长59.54%；归母净利润为3.43亿元，同比增长41.10%；经营活动产生的现金流量净额为1.25亿元，较2022年增长1.54亿元。

为实现公司第二个五年计划（2021—2025年）目标，公司制定了集团化、生态化、国际化的发展战略，并为此谋划三条增长曲线。通过集团化“赛马机制”培养更多的优质子公司走向资本市场，以确保公司的第一增长曲线；全面推进生态化建设，大力发展在线数字地球业务和相关新业态，以云服务商业模式打造第二增长曲线；通过“天临空地海”一体化布局，补齐产业链短板，推进多圈层观测体系覆盖，以国际化孕育第三增长曲线。展望未来，公司将继续深化生态链合作，携手产业链上下游企业共建生态圈，加速资源整合与优势互补。同时，公司将积极发挥创新引领作用，在产业链整合、产业生态化建设方面持续发力，充分释放空天信息的产业价值，打通空天信息触达大众的“最后一公里”，赋能千行百业，发挥好龙头企业的产业链带动效应，助力构建数字经济新业态。公司正以其独特的战略眼光和创新实力，引领着数字地球的新时代。

## （五）中煤航测遥感集团有限公司

中煤航测遥感集团有限公司（ARSC）成立于1965年，为驻陕央企，是科学技术部批准的国家“863”计划成果产业化基地、“国家西部3S空间信息产业化基地”、国务院国有资产监督管理委员会的“双百”企业、国有重点管理标杆企业，专注提供智慧地球综合解决方案，是我国地理信息产业产业链最长、专业覆盖面最全的单位，致力成为中国地理信息产业领军企业。

2023 年，公司持续聚焦测绘地理信息 1 个主专业，深耕数据采集处理、遥感技术服务、智慧集成应用和数字制图印刷 4 个细分领域，依托深厚的历史积累和全产业链数据整合优势，围绕大数据中心不断加大科技创新力度，全年申请专利 106 项，获得软件著作权 97 项。公司专题地图创新设计中心被工业和信息化部授予“国家级工业设计中心”称号。此次通过“国字号”认定，是公司以地理信息赋能行业应用的又一重大突破，该中心是我国地理信息产业首个国家级工业设计中心。该中心相继承担完成《中国城市群地图集》《中国水图》《自然灾害风险地图集》等多部国家级图集创新设计，其中《月球分幅地质图集》是我国公开出版发行的世界首部中、英文版 1∶250 万月球系列地质图集，是未来月球探测、月球基地选址和建设必不可少的基础资料。

## (六)北京辰安科技股份有限公司

北京辰安科技股份有限公司(股票代码:300523)成立于 2005 年，作为一家公共安全软件服务商与产品供应商，公司业务立足于公共安全与应急产业和城市安全产业，积极引入物联网、大数据、人工智能大模型、云计算、建筑信息模型、地理信息系统等先进技术，探索新思路、新方法、新技术，充分发挥公司在数据能力、核心算法能力、行业经验以及平台整合能力等方面的优势，向国内外用户在城市安全、应急管理等领域提供一站式解决方案与产品，并积极面向消费者终端用户提供“AI(人工智能)＋IoT(物联网)＋安全”智能范式产品。

2023 年，公司实现营业收入 22.57 亿元，同比下降 5.92%；归属于上市公司股东的净利润为 7 964.2 万元，同比增长 1 056.55%。公司主营业务涉及城市安全、应急管理、消费者业务、装备与消防、海外公共安全、安全文教等领域。其中，城市安全、应急管理、海外公共安全业务以平台软件为核心，以物联网智能硬件为支撑，为客户提供整体解决方案与监测云服务；消费者业务以人工智能核心技术能力，融合软硬件智能载体，构成“AI＋IoT＋安全”的智能范式，引领安全监管服务模式的创新和安全产品产业生态的拓展；装备与消防业务则以具备自主核心技术的智能硬件研发与制造为主要方向，提升公司的综合竞争力。

公司持续践行中国电信“云改数转”战略，积极响应和承接中国电信战略性新兴产业工作部署，围绕“十四五”期间“打造全球创新型公共安全领军企业”的规划目标，不断拓宽加深城市安全、应急管理等公共安全主赛道，城市生命线安全、城市综合风险监测预警项目在全国“多点开花”，已落地数十座城市；同时基于多年技术积累，开拓 AIoT(人工智能物联网)“安全卫士”产品体系，基于燃气安全、电梯安全、视频安全等多个智慧应用场景，打造便民安全全域感知应用体系，实现面向政府（TOG）、面向企业（TOB）、面向消费者（TOC）业务融通互促，推动公司第二增长曲线规模突破。

## （七）广州南方测绘科技股份有限公司

广州南方测绘科技股份有限公司1998年创立于广州，是测绘地理信息智能终端和时空信息应用解决方案提供商。产品业务涵盖光电测绘装备、高精度卫星导航定位、激光雷达测量系统、无人机航测、海洋测绘、精密监测及精准位置服务、遥感数据服务、数据工程、地理信息平台软件系统及智慧城市应用等。

2023年起，公司步入“大地信2.0”时代，致力于实现更大规模化价值，为用户提供更高质量的测绘地理信息技术应用和服务、高端装备以及时空信息应用和服务。在高端及新兴装备板块，无人机、激光雷达、无人船、机器人全站仪、智能全站仪、一体化北斗位移栈等产品实现翻倍式营收增长；在项目应用及集成服务板块，实现营收7.3亿元，同比增长38%；从校赛到省赛再到国赛，全面助力测绘教育；实现元宇宙虚拟仿真类数字孪生，实现营收超3亿元，同比增长85%。公司持续构建自主创新的技术体系，实现了系列测绘装备的国产化和产业化。2023年，公司研发投入超2.35亿元，已累计申请专利580余项。

公司不断探索时空信息服务技术体系和应用场景，以全链自主装备和技术、本地化服务、成熟型项目团队持续面向自然资源、住建、应急、交通、水利、电力、安防、建造、文旅、政数、农业、教育等领域提供优质的专业解决方案。努力成为世界级测量装备和时空信息应用提供商，成百亿企业，做百年品牌。

## （八）北京超图软件股份有限公司

北京超图软件股份有限公司（股票代码：300036）成立于1997年，是聚焦地理信息软件和空间智能领域的基础软件与应用软件厂商，是信创、时空大数据、人工智能、虚拟现实等领域的重要参与者。超图软件旗下的SuperMap软件是亚洲最大、全球第二大地理信息系统软件，是数字中国、数字政府、企业数字化、数字孪生、元宇宙、智慧城市的重要技术底座。超图软件目前在国内115个地级及以上城市、海外20多个国家有常驻员工，在50多个国家有代理商，在100多个国家有使用用户。

2023年，公司实现营业收入19.79亿元，同比增长24.0%；实现归属于上市公司股东的净利润1.52亿元，同比增长144.92%。2023年，公司进军遥感生产领域，正式发布遥感软件产品——跨平台遥感影像处理桌面软件SuperMap ImageX Pro(Beta)，实现了遥感软件与地理信息软件一体化的遥感数据全流程处理与应用。公司在围绕平台战略攻坚创效、纵深推进信创业务、深耕细耘自然资源的同时,积极拓展住建、大数据、水利、气象等领域的第二增长曲线业务,并努力实现面向企业应用的业务突破和海外业务拓展。

在信创方面,公司积极与中国电信天翼云、阿里云等国产生态合作伙伴进行适配认证,打造自主可控生态圈;在自然资源方面,构建全域、全空间、全生命周期的自然资源管控解决方案,显著提升调查监测、登记、规划实施等方面的市场占有率;在住建方面,以城市信息模型(CIM)为统一数字底座,联通"数字住房、数字建造、数字城乡"三大业务板块,助力城市精细化管理;在数据要素方面,在数据治理、数据应用能力中枢建设和数据运营领域全方位布局,打造时空大数据平台,树立行业标杆加快时空数据转型升级;在水利方面,积极布局水利信息化市场,参与承建水利部数字孪生平台,支撑水资源智慧管理调配;在气象方面,面向交通、农业等多领域构建了"气象+"行业应用的服务模式,为各行各业提供防灾减灾气象保障;在海外业务方面,积极耕耘国际化布局,开展本地化行动,通过展会和巡展与海外诸多企业达成多项战略合作。

## (九)深圳市智慧城市科技发展集团有限公司

深圳市智慧城市科技发展集团有限公司成立于2018年,是深圳市人民政府国有资产监督管理委员会全资直管的国家高新技术企业,以"为智慧城市和数字政府建设提供高标准一站式整体解决方案"为总体定位,按照国家数字化发展战略,围绕市委市政府工作部署,全力支撑深圳智慧城市和数字政府建设,布局战略性新兴产业,落实重大专项任务。

公司以数字孪生城市为核心推进深圳四大先锋城市建设,推进云网底座、空间底座、数据底座建设,系统构建数字孪生基础设施体系。支撑一网统管、一网通办、一网协同"三个一网"融合发展,全力保障数字政府建设和城市治理数字化。统筹开展政务、交通、住建、应急、医疗、教育、人社、金融、企服、征信、工会等重点领域智慧化业务。在国内已服务30余个省(自治区、直辖市)、160余座重点城市,国际上已与中东、东南亚地区开展广泛的业务合作。公司通过构建"1+$N$+1"的"国企平台统筹+生态组合"运作模式,统筹推动智慧城市建设运营,链接31个主要城市、75个细分行业的474家优质生态伙伴,形成"共建共享共治"智慧城市综合建设运营生态。

2023年,公司围绕"新业务、新区域、新技术、新团队"实现高质量突破,建设全球首个电力充储放一张网平台,打造低空经济全过程解决方案,首期首批1 000 P(每秒100亿亿次)智能算力中心已建成,发布iCityOS产品、交通OS产品、算力调度平台等自主研发产品。坚持技术领先,加大关键核心技术攻关力度，保持每年超10%的高水平研发投入，2023年研发投入强度达16.3%，同比增长26%。依托领先的科研能力，近5年已承担16项国家重大科技项目，拥有国家企业技术中心等一批国家级和省部级科研载体，累计获得各类知识产权1 000余项，其中授权发明专利400余项。2023年获中国专利奖、广东省科技进步一等奖等各类奖项50项，累计获得各类奖项超500项。

## （十）北京合众思壮科技股份有限公司

北京合众思壮科技股份有限公司（股票代码：002383）成立于1994年，是中国较早进入卫星导航领域的公司之一。基于时空信息行业领先的技术能力、专业产品和全球化业务，公司实现了从核心技术、板卡部件、终端设备、解决方案到服务平台的产业布局，业务覆盖高精度、时空物联、智能制造等主要方向。

2023年，公司实现营业收入18.02亿元，同比下降6.31%；归属于上市公司股东的净利润为4.78亿元，同比扭亏。2023年，公司研发投入1.62亿元。截至2023年末，有在职员工2 157人、研发人员984人，研发人员占比为45.62%。截至2023年末，公司累计申请专利560余项，其中发明专利250余项。公司持续以高精度、泛高精度导航定位应用技术为基础，积极拓展以先进部件、智能控制、智能网联、三维激光、影像测量和云中台为基础的“端＋云”产品战略，推进在多领域的行业应用。在测量测绘领域，公司创新推出了高度集成的监测型卫星导航定位接收机MC10，具有行业领先的航向精度和测量精度，满足全要素动态监测应用要求，另外推出了采用“手簿＋主机”双增强现实（AR）影像模式的G950 AR型视觉实时动态测量新品，满足放样全流程作业中的智能引导，大幅提升放样效率；在精准农业领域，公司慧农“端＋云”的解决方案累计作业面积已超5 000万亩；在形变监测领域，超过万套的形变监测终端已在广东、湖南、江西等省份的千余座水库大坝监测项目中得到应用；在数字施工领域，数字施工产品解决方案在湖北鄂州花湖国际机场建设、内蒙古某地引水工程等重点项目中发挥重要作用，打造行业标杆；在智慧民航领域，成功向多个大型枢纽机场提供智能北斗设备及创新应用系统；在智慧交通领域，参建的“河南焦唐高速公路新一代信息技术集成应用科技示范工程”获批创建交通运输科技示范工程；在智慧城市领域，提供城市数字底座及一系列数据驱动的惠民、善政、兴业智慧应用。

# 附件 4. 2024 地理信息产业最具活力中型企业榜单前 5 名简介

## (一)中科星图空间技术有限公司

中科星图空间技术有限公司成立于 2016 年,是中科星图股份有限公司的全资子公司,控股单位为中国科学院空天信息创新研究院。公司近年来在业务重点方向上精准发力,持续深化在数字地球领域的布局,聚焦于天、地、海、气、网、电等专业技术能力,提供遥感测绘处理、地理信息应用、能源金融数智化及软件测评等应用产品和技术解决方案。

2023 年公司不遗余力,加大对核心技术的研发力度,积极探索人工智能、大数据与空间信息技术的深度融合。通过不断创新,成功推出了一系列具有自主知识产权的新技术,如高精度的地理空间数据处理技术和智能遥感图像分析技术,显著提升了产品的性能和竞争力。在新产品方面,公司推出了新一代数字地球平台,该平台具备更强大的可视化展示和交互功能,为用户带来了全新的体验。同时,公司不断优化和拓展产品线,满足了不同客户的多样化需求。市场经营成果斐然,公司凭借优质的产品和服务,在国内市场的份额稳步提升,并成功拓展了多个国际市场。与众多知名企业建立长期稳定的合作关系,进一步巩固了行业地位。在整体战略布局上,公司着眼于未来,加强与高校和科研机构的合作,积极参与国家重点科研项目,为行业发展贡献力量。同时,加速产业生态的构建,整合上下游资源,推动行业的协同发展。企业文化与管理方面公司始终秉持创新、协作、共赢的理念,注重人才培养和团队建设,营造积极向上的工作氛围,为公司的持续发展提供坚实的保障。

## (二)陕西华地勘察设计咨询有限公司

陕西华地勘察设计咨询有限公司成立于 2005 年,隶属于陕西华地专业地产顾问集团,是一家集自然资源调查评价、国土空间规划、风险评估、用地审批服务、土地整治规划、勘测定界、工程测量、房产测绘、图件编制及数据库构建等多元化服务于一体的专业化服务机构。公司现有员工 200 余人,长期致力于自然资源和农业农村管理领域的技术研究与咨询服务,发展形成了一支高素质的专业化咨询服务团队。

2023 年,公司实现了业绩的稳步增长,全年营收达到 9 805.8 万元,同比增长 30%,其中地理信息业务发展尤为亮眼,营收 3 763.71 万元,增幅近 60%。

这一年，公司圆满完成了陕西省自然资源统一确权登记监理、西安市 2023 年度国土变更调查、陕西省“三区三线”划定、城镇基准地价体系构建、节地评价规程制定及案例汇编、西安市国土空间总体规划编制、西安市永久基本农田核实整改补划（市级）等一系列具有重大影响力的省、市级重点项目，进一步彰显了公司的综合实力。

在新时期，公司积极响应“走出去”战略，在业务市场方面不仅实现了省内各地市、各类业务的全面覆盖，并进一步将业务市场版图拓展至河南、甘肃、青海及新疆等多个外地省份地区，实现了跨区域的业务稳健发展。

展望未来，公司将继续秉承“同步成长、价值共振”的企业文化精神，坚持“诚信为本、规范运营”的经营理念，恪守“多方位服务、高起点定位、高质量输出”的服务宗旨，专注于自然资源全要素，贯穿土地管理全周期，不断丰富和优化数据类型，矢志不渝地为社会各界提供国内领先、国际接轨的专业服务，携手共创自然资源与城乡发展的新篇章。

### （三）连云港市水利规划设计院有限公司

连云港市水利规划设计院有限公司是一家融规划设计、勘察、测绘、工程咨询等为一体的综合性设计单位，具有水利工程咨询、设计、监理甲级、测绘甲级（测绘航空摄影、工程测量、界限与不动产测绘、地理信息系统工程、地图编制）以及农业、市政、风景园林、勘察等乙级资质。作为高新技术企业，公司业务领域涵盖水利、自然资源、农业、住建、交通、应急等诸多行业，并重点为其提供各类地理信息技术服务。

2023 年，公司在省、市级重点测绘项目上持续发力，高质量完成“天地图·连云港”全市域数据融合更新、连云港市区约 500 平方千米大比例尺地形图更新及正射影像采集等重点项目。同时，公司注重研发与技术创新，创新能力持续提升，与水利、农业等行业相结合的创新成果不断涌现。在水利行业积极拓展智慧灌区信息化、水旱灾害防御、水资源综合管理、水库大坝安全监测、智能巡检等业务上，完成了基于“BIM＋GIS＋VR”的智慧水利一体化数字孪生平台的建设，为水利规划设计、施工建设、运维管理提供支撑；完成了市级河湖水域监测及评估（2023 年度）项目，满足了对本年度的水域管理和防洪安全的现实需求。在农业方面，完成了全市范围内的高标准农田建设上图入库项目，实现了动态监测监管，加快推进农田数字化建设。

2023 年公司制定并落实年度经营计划，审时度势巩固市场经营成果，注重人才培养与储备，优化团队结构，不断提升核心竞争力，更好地以推动新阶段地理信息技术高质量发展的实际成效立足于市场、服务于社会。

## (四)宁波上航测绘股份有限公司

宁波上航测绘股份有限公司成立于1997年1月,隶属于世界500强中国交通建设集团,是一家集时空数据采集与处理、地理信息系统开发集成服务于一体的国家高新技术企业和国家级专精特新"小巨人"企业。公司专业从事以海洋测绘、工程测量、测绘航空摄影、摄影测量与遥感为主的现代化测绘技术服务,以及以高新测绘与大数据、物联网、人工智能等数字化技术融合的地理信息系统开发集成服务。

在现代化测绘方面,公司聚焦以利用智能化传感器实现海洋及内河湖泊环境的多维度监测、利用倾斜摄影和三维激光扫描实现数字孪生空间为主要特色的系列测绘服务,在海洋观测及传感器智能装备集成应用、水下精细目标及障碍物探测、城市数字孪生及数字化治理系统开发方面持续研发投入,掌握了"沉底式海上定点验潮技术""水下精细目标探测技术""三维激光扫描应用技术"等一系列关键核心技术。在地理信息系统开发服务方面,公司基于"产业数据化、数据产业化"的理念,通过大数据、物联网、人工智能等数字技术与高新测绘技术的深度融合,充分挖掘地理信息数据价值,不断开拓测绘服务的新应用场景,为解决海洋港口建设、城市开发等行业治理升级需求和管理痛点提供一体化、系列化的智慧解决方案。在产学研合作方面,公司与自然资源部空间环境感知与装备技术创新中心、广州南方测绘科技股份有限公司合作成立地理信息装备应用示范基地,共同推进测绘设备国产化替代,努力突破国产高精尖测绘设备的"卡脖子"难题。

## (五)重庆欣荣土地房屋勘测技术研究所有限责任公司

重庆欣荣土地房屋勘测技术研究所有限责任公司成立于1993年,是国家高新技术企业、国家科技型中小企业、重庆市专精特新企业、重庆市企业技术中心,设立了重庆市博士后科研工作站。公司专业从事摄影测量与遥感、界线与不动产测绘、工程测量、资源调查保护和空间规划等技术服务,以及融合大数据、人工智能、物联网和云计算等高新技术的信息系统开发集成服务。

2023年,公司营收1.29亿元,同比增长4.03%;研发投入886.54万元,占营业收入比重6.93%,同比增长7.23%。公司累计承担或参与国家级和省部级重大科研项目100余项,获得省部级、厅局级等各类科技奖项60余项;获得知识产权90余项,其中发明专利4项、实用新型专利4项、软件著作权84项。公司以自主知识产权的"清河云"为基础底座,围绕自然资源管理、智慧城市、乡村振兴和数据生产构建创新型业务生态体系,孵化应用系统20余项,不断推进科技成果转化应用，其中综合管理办公平台、土地储备整治全流程监管平台、土地智慧管护平台和房地产电子售楼部等多个自主研发的系统已上线运行，基于清河城市信息模型的“多测合一”系统已在重庆全域范围内推广应用，农村宅基地审批系统已为多区县万余农户提供服务。

公司秉持“法治精神、诚信品格、创新追求、匠心专注”的企业核心价值观，着力推进数字化转型改革，稳步拓展测绘科技、管理支撑、数智科技、工程建设市场化业务，致力于提供管控数字化、数字产业化和产业数字化的数字化转型整体解决方案，提供高质量的专业技术和创新产品两类服务，努力建成一流的科技创新引领型国企。

# 附件5. 2024地理信息产业最具活力小型企业榜单前5名简介

## (一)深圳市森歌数据技术有限公司

深圳市森歌数据技术有限公司成立于2020年,是国家高新技术企业、专精特新中小企业、江西省自然灾害监测预警与评估重点实验室共建单位。公司拥有直升机、无人机、激光雷达、倾斜相机、高光谱采集设备等近地空遥感平台和先进的智能计算中心,专注于人工智能、数字孪生等新质生产力技术,在大规模时空三维重建、三维新建等领域形成了具有自主知识产权的人工智能中台Sen-AI和时空孪生底座Sen-Twins等产品,为各行业提供全栈的人工智能和数字孪生综合解决方案。

2023年公司重点开展了管理提升、技术研发、市场拓展等工作。在人才队伍方面,新进博士3名、高级测绘工程师等各类高级人才4名,形成了一支技术能力深、管理能力强的核心团队。在技术研发方面,实现了复杂地区无人机路径规划、时空三维重建等技术突破,新授权发明专利8件,构建了基于大规模时空孪生的林业资源综合监测技术体系,成果评价为国内领先水平,其中多源数据协同采集技术评价为国际先进水平。在项目实施方面,年营收突破7 000万元,各重大项目顺利交付,其中联合阿里云等单位完成了“吉安市数字三维规划与决策可视化信息系统平台”项目,构建了超高精度、超大规模的吉安实景三维模型,有效支撑了城市智慧化的规划、建设、服务和管理。在智能装备方面,新建了具有4P(每秒4000万亿次)算力的时空孪生计算中心,同时提供人工智能专用计算和时空孪生专用计算服务。

“数字孪生万物”,公司将继续以数智化技术驱动我国产业化转型和升级,服务于数字中国建设等国家战略。

## (二)江西航科勘测规划有限公司

江西航科勘测规划有限公司成立于2015年,2021年取得林业调查规划设计资质证书,主要从事事务包括:森林资源调查规划设计、林业工程项目技术咨询和技术服务;林场经营方案,林业数表(图),征占用林地、森林、湿地公园、林业碳汇项目咨询和可行性报告编制;野生动植物、种质资源、湿地资源、荒漠化土地调(检)查评价;林木种苗培育、经营;营造林工程规划设计、监理、施工等。公司设有园林工程部、林业工程部、办公室、总工室、规划设计室、财务室、后勤部、档案室、苗木基地、研发部。具有雄厚的团队技术力量，现有常驻员工 22 人，其中高级工程师 4 人、工程师 7 人、助理工程师 3 人、技术员 6 人、其他人员 2 人。

作为江西省一家高新技术企业，公司拥有全面的资质认证，致力于成为一家立足江西、辐射全国、具有行业竞争力的技术企业。公司的目标是通过不断的技术创新和服务优化，为客户提供高质量的自然资源管理解决方案。公司目前有 4 台工作用车，以及无人机、台式和便携式计算机、激光多功能打印机、卫星导航定位接收机、罗盘仪、测高器、激光测距仪等基本设备，为公司的发展打下了一定的基础。

新时代迎来新机遇，公司将始终坚持“质量第一、服务至上、求实创新、精益求精”的宗旨，立足赣南、面向江西、辐射全国，为全面推进生态文明和美丽江西建设，在林业建设事业中作出应有的贡献。

## （三）湖南楚林地理信息研究院有限公司

湖南楚林地理信息研究院有限公司成立于 2011 年，具有测绘甲级、国土空间规划乙级、城乡规划乙级、土地利用规划乙级等资质，主要从事测绘地理信息、国土空间规划、产业园区规划、乡村振兴规划、自然资源资产调查监测、工程测量、航空摄影测量、数据库构建等业务，搭建客户与政府部门沟通的桥梁，在全省自然资源技术服务行业中独树一帜，是致力于地方高质量发展顶层设计、全流程决策咨询、自然资源领域综合解决方案的一站式服务平台。

2023 年公司营收 8 566 万元，申报有效实用新型专利、计算机软件著作权多项，并成功申报国家高新技术企业，评为省级地理信息产业及规划行业十强企业。

公司结合新时代的互联网思维，创新研发了“云招商驾驶舱”信息平台，包括电脑端与手机端两个服务端口，主要通过用地风险因子排查、无人机航飞和测绘设备制作 720°虚拟现实全景图，加工和整合包括正射影像地名地址、地理实体、电子地图和公共专题数据在内的多种类、多尺度的基础数据集合开发地理信息服务平台。基于地理信息服务平台的“云招商驾驶舱”电脑端和手机端，创新部署招商地图、规划三维、宣传视频、智慧选地、地方优势、招商政策地块详情、虚拟现实全景看地等模块，实现国土空间数据与现状利用、规划与管制设施配套、土地政策、实景三维等多源数据集成与协同运用，同时支持二维码扫码进入信息系统，查阅地块信息，支持一地（项目）一码，720°全景沉浸式看地。目前公司已为长沙市长沙县安沙镇和路口镇、湘西土家族苗族自治州古丈县、凤凰县长潭岗流域、常德市汉寿县提供了“云招商驾驶舱”服务，均取得了显著成效，为地方打造了一个好看、好用、好找、好卖的智慧供地解决方案信息系统，实现了传统规划业务与新技术创新的“业技融合”。

## (四)中图控股集团有限公司

中图控股集团有限公司成立于 2013 年，是一家集激光雷达测量、航空摄影测量、无人机应用、工程勘察、地下市政基础设施普查、地理信息系统工程等于一体的综合性高新技术企业。公司总部位于武汉，在全国共有 30 余个分公司，服务范围涉及 20 多个省份。先后获评高新技术企业、专精特新“小巨人”企业、地理信息产业高成长 TOP50 企业、瞪羚企业、地理信息产业最具活力中小型企业，多次获得地理信息科技进步奖，并拥有发明专利 3 项、实用新型专利 18 项及软件著作权 17 项。

2023 年，公司营业收入为 6 063.78 万元，同比增长 12%；净利润为 1 483.56 万元，主营业务利润率为 46.33%；净资产为 8 293 万元，净资产收益率为 4.91%。公司规模逐年扩大。公司在发展业务的同时，不断加大研发费用的投入，在数字孪生、人工智能、大数据、智慧园区、智慧城市建设等领域进行技术创新。依托于武汉大学、中国地质大学、华中科技大学等高校，采用“产、学、研”相结合的模式，共建校企合作技术中心，专注于新型测绘技术应用、智慧城市建设等解决方案。

2023 年，公司在交通勘测、激光雷达测量、管线探测、新型基础测绘、工程测量、工程勘察等领域取得了卓越业绩。参与实施了全国各地的百余项国家重点工程勘测工作。公司始终以一流的技术、一流的产品和一流的服务，长期服务于测绘地理信息、工程勘察与设计、城市信息模型、园区建筑信息模型应用建设等领域。

## (五)西安星讯智能通信科技有限公司

西安星讯智能通信科技有限公司成立于 2015 年 7 月，是一家专注于通信、地理信息、数字孪生、大数据、人工智能、行业大模型等先进技术领域的高新技术企业。公司建设自有大型数据运算中心，注重技术研发，以地理信息、数字孪生平台软件为基础，以人工智能技术、大模型技术为核心，把地理信息新技术赋能智慧城市、智慧林业、智慧交通、位置大数据、智慧通信、智慧公安、智慧水利、智慧园区等多个行业领域。

公司拥有 140 多项软件著作权、20 多项知识产权发明专利，拥有甲级测绘资质、CMMI(能力成熟度模型集成)等多项资质，是 3A 信用企业、高新技术企业、双软企业、科技型中小企业、创新型中小企业 、瞪羚企业。2024 年，公司获评 2024 地理信息产业最具活力中小企业和 2024 地理信息产业最具成长性企业荣誉称号。

2023年公司创新性地把数字孪生、地理信息技术引入通信行业无线网络数字孪生、通信网络规划领域，应用数字人、人工智能空间计算、人工智能、位置大数据等技术创新性地支撑智慧园区运营管理，通过人工智能技术进行计算机辅助设计(CAD)图纸识别，把传统CAD图形数据、图表数据自动化提取到地理信息系统和关系型数据库，并实现对CAD传统图纸进行图纸人工智能审核以代替传统人工审核，极大提升了工作效率。公司通过人工智能技术进行卫星影像地理信息识别，实现了人工地理信息数据采集替代，推动了人工智能技术在地理信息产业技术的应用和发展。未来，公司将以更敏捷、创新的方式，以客户为中心，用先进的技术构造地理信息产业大模型，推动地理信息产业的应用和发展。

# 附件6. 2024地理信息产业最具成长性企业榜单前10名简介

## (一)长春建工勘测规划设计有限公司

长春建工勘测规划设计有限公司成立于2003年10月14日，坐落于吉林省长春市，是独立法人企业，注册资金为7 300万元，是一家专注于工程勘察、设计的测绘地理信息综合性技术型服务企业。公司凭借多年的技术积累和市场经验，业务领域覆盖自然资源、农业、水利、勘察、工程设计等诸多行业。

2023年，公司营业收入总额超1.6亿元，同比增长55%。公司不仅成功中标了多项重要工程项目，如大连市高新区2022年市政道路维修工程项目、广州科学城协同创新中心项目基坑监测等，还积极拓展新业务领域，进一步提升了市场竞争力。公司注重技术创新和人才培养，拥有一支高素质的专业技术团队，为各类项目的顺利实施提供了有力保障。在业务拓展方面，公司积极参与全国范围内的招投标活动，中标数量再创新高，充分展示了公司的实力和信誉。同时，公司还加强与国内外知名企业的合作，共同推动行业技术进步和产业升级。

2023年，公司紧跟测绘行业的前沿技术，积极引进并应用无人机、三维激光扫描仪等现代测绘设备，显著提升了测绘作业的效率与精度。公司继续深度布局多维市场业务，优化团队结构，规范经营管理，提升公司实力。公司将继续秉承“诚信、创新、务实、高效”的企业精神，不断提升自身实力和服务水平，为客户提供更加优质的勘测设计服务，助力国家基础设施建设和经济社会发展。

## (二)浙江万维空间信息技术有限公司

浙江万维空间信息技术有限公司成立于2017年，是国内较早开展国土空间规划和政务数字化业务的国家高新技术企业，专注于为自然资源、农业、林业等行业提供高品质规划咨询服务、数据治理服务、信息化技术服务和产品解决方案。

2023年，公司聚焦前沿动向，深度参与自然资源领域生成式人工智能应用的探索，布局了“国土空间＋产业＋企业”三位一体的万维空间自然资源大模型。这一年公司坚持开拓创新，主持了国土空间规划背景下城市“四线”规划及管理基础研究等多个国家级、省级课题，不断提高公司竞争力和行业影响力，逐步形成以万维自然资源大模型为技术引领，“规划＋”设计咨询业务和“智慧＋”产品信息化相互赋能的全新业务格局。这一年公司砥砺奋进，在地理信息产业领域屡创佳绩，入选地理信息产业最具成长性企业，荣获中国地理信息产业优秀工程奖10余个奖项。

2023年，公司积极把握行业机遇，持续深耕国土空间规划领域，参与制定多个行业标准，先行助推行业高质量发展；立足多项全域土地整治实践，不断创新土地整治新模式，打造行业领先标杆，助力深化浙江“千万工程”。聚焦自然资源核心业务领域，引领国土空间治理方式变革，打造了“浙地智用”应用场景、无锡自然资源规划“全业务、大融合”一体化平台等多个数字化平台系统。深入智慧招商和产业治理领域，积极探索以“企业服务”为代表的新业务方向，逐步形成“项目＋运营”的综合业务模式。未来，公司将继续秉持“匠心、进取、服务、担当”的核心价值观，致力于用先进的技术、优质的产品、完善的服务，成为顶尖的空间规划和信息技术服务商。

## （三）沈阳美行科技股份有限公司

沈阳美行科技股份有限公司成立于2008年，现有员工1 300余人，是行业领先的智能网联汽车软件产品提供商。作为创新型科技公司，公司长期专注于智能汽车与智慧出行领域的技术研发和产品推广，申请专利900余项，是国家级专精特新“小巨人”企业、国家高新技术企业、国家规划布局内重点软件企业、科学技术部认证瞪羚企业。

2023年，公司通过创新研发智能座舱与自动驾驶相关产品技术服务，促进地理信息产业与智能网联汽车产业的交互融合，服务于智能汽车与智慧城市相关应用场景。同时，公司基于时空大数据，加快数字地图、导航定位等地理信息数据与智能网联汽车产业融合，拓展出众源地图系统、智驾地图引擎、智驾导航中间件、多信源融合定位、全链路数据合规闭环等创新产品和解决方案，推动智能驾驶级别不断进阶、场景逐步完善、体验不断提升。

公司还同字节跳动等行业生态联合创新，共同完成自然语言交互大模型导航产品。该产品引领传统“指令执行式”语音助手向“主动陪伴式”智能管家演进，能够理解和适应出行环境的特殊性，通过综合分析用户的行为习惯、历史偏好以及实时路况，提供定制化的出行建议，在行程规划方面的应用具有重大意义。

此外，公司积极布局低空经济领域，研发高精度地图与北斗应用相结合的低空空管数据系统，保障低空领域的空中交通安全、有序和高效运行。同时，公司积极参与标准编制，引领行业规范，2023年参与编制国家标准、行业标准及团体标准超20项。公司以深厚的技术实力和专业能力获得政府及各行业组织的广泛认可，荣获国家知识产权局发布的国家知识产权示范企业、中国软件行业协会发布的中国软件诚信示范企业等荣誉称号。

## (四)北京佳格天地科技有限公司

北京佳格天地科技有限公司由归国的美国国家航空航天局前科研专家团队于2016年创立,是全球率先将目标智能识别技术和机器深度学习技术应用于高分辨率遥感影像领域,并在农业领域应用落地的时空大数据公司。产品已服务全国4.5亿亩耕地,覆盖近30个省份。

2023年公司进一步加大研发投入,获批博士后工作站、企业科学技术协会、北京市农业农村信息化示范基地等。在产品方面:公司服务农村综合性改革试点试验项目开展,实现单项目体量过亿元;承建的江苏省农药经营电子台账管理系统与江苏省数字农药监管平台,运用数字技术助力江苏省农业农村厅加强对全省农药化肥的监管,推动肥药使用减量增效;公司依托卫星遥感、人工智能、大数据等技术建设的鄂尔多斯"三农三牧"数字化指挥调度监管平台,统筹数字农牧建设,为传统农牧业转型升级和农村牧区现代化发展提供有力支撑;佳格农产品产地冷藏保鲜数字化系统于2023中国数字乡村博览会上获评创新产品奖。

公司的持续努力,得到了社会各界的普遍关注和认可。面向农业保险的地理信息智能化服务关键技术与应用项目,荣获地理信息科技进步奖一等奖;高绘遥感人工智能软件荣获2023年中国遥感优秀成果一等奖。

## (五)中科星图股份有限公司

公司介绍见附件3。

## (六)陕西华地勘察设计咨询有限公司

公司介绍见附件4。

## (七)广东普蓝地理信息服务有限公司

广东普蓝地理信息服务有限公司2019年创立于广州,是一家集精准位置服务、大数据应用及地理民情信息服务于一体的科技型企业。2023年,公司营收为5 058.80万元。公司创新研发"6″地理家园"(6″Geohome)地理数据产品,将大确权、控制线、人口、法人、经济、物联网数据以及多时态、多尺度的空、天、地、水等大数据融为一体。服务于测绘地理信息、地下空间、岩土工程勘察、乡村振兴与规划、全域土地综合整治与生态修复、综合解决方案等板块;应用于自然资源、住建、交通运输、农业农村、水利、环保、海洋、应急等各个领域。

公司秉承"以技术开发为服务基础,以先进技术为服务引领,以信息融合技术为服务目标”，坚持技术创新应用服务。2023 年全年研发投入为 436.30 万元；截至 2023 年底，公司的发明专利、实用新型专利和软件著作权等技术研发成果已达上百项，并多次获得行业科学技术奖和工程奖。同年，公司入选中国地理信息产业协会地理信息产业最具活力中小企业榜单，在小型企业中排名第二位；获评广东省政务服务数据管理局“广东省数据经纪人”、广东省“专精特新”企业、广州市 2023 年“种子独角兽”创新企业。目前，公司立足广东，产品和服务覆盖全国。未来，公司将走向世界，实现“人人参与与享受的地理服务、人人参与与受益的地理服务”的愿景，朝着“百年老店”的远大理想和目标勇毅前行。

### （八）北京四象爱数科技有限公司

北京四象爱数科技有限公司成立于 2017 年 6 月，核心团队来自国家级遥感机构，是国内商业航天领域顶尖的卫星应用创新型企业。公司在卫星总体设计、星地运营和数据应用方面具备丰富的国际大型专项经验，在遥感数据提取算法和数据应用方面已积累了近百项知识产权，在卫星系统规划、卫星测运控、多源卫星数据综合处理方面具备专业优势。

2023 年公司在“SAR＋光学＋热红外”同轨多手段遥感卫星星座方面取得了技术首创和关键技术突破，2023 年 7 月 23 日在太原卫星发射中心首发 A 组多源遥感卫星星座，实现了国内首个同轨多手段遥感卫星星座的突破。通过综合利用雷达、光学和红外数据，搭建了多源卫星系统和卫星运营服务平台，有效保障了国家重大应急需求，解决了遥感卫星数据来源单一、缺乏等问题。自有数据源强势撬动多方需求，已服务众多行业头部客户。公司作为国内首家具备同轨“雷达＋光学＋热红外”的商业遥感卫星星座的业主和运营服务公司，形成了自主可控的数据获取能力，积累了海量、高质量的遥感数据，构建了从卫星论证、卫星测运控、遥感数据处理和行业应用的卫星遥感应用全产业链，抢占了卫星应用市场。

### （九）山东博林地理信息有限公司

山东博林地理信息有限公司成立于 2013 年，总部位于山东省德州市天衢新区，下辖青岛、济南、威海、滨州、黑龙江等多家分公司。公司致力于遥感、测绘地理信息的数据服务、规划设计、评估等专业领域，业务范围覆盖自然资源、林业、农业等行业。

2023 年，公司营收实现了稳步增长，同比增幅达到 43.23％，其中测绘地理信息业务收入占总营收的 86.65％，同比增长 42.66％，经营效益持续提升，整体规模实现高质量增长。2023 年，公司积极把握产业和行业发展机遇，以数字孪生概念为方向，利用实景三维、地理信息、监控管理、物联网等技术，为企业展示、日常管理、总体规划等提供支持，针对现有企业的需求以及投入能力等现实问题，推出了数字孪生-实景三维监控展示系统、停车场车位引导系统，以满足市场发展需求，将安防、地理信息、实景三维、大数据等新老技术整合一体化，为智慧安防、数字孪生、智慧城市等数字化行业的落地实施作出一定成果。加大了对技术研发的投入，全年完成研发支出占营业收入的比例约为7.33%，并积极引进新技术、新设备，提升了公司的技术水平。未来，公司将继续秉承“以质量争信誉，以技术求发展，以管理创效益”的经营方针，坚持贯彻“为客户创造价值”的价值理念，勇于创新，追求卓越，致力于专注，致力于专业，致力于服务，致力于奉献，以扎实的工作、优质的成果、一流的服务服务于客户，奉献于社会。

## (十)黑龙江广森测绘科技股份有限公司

黑龙江广森测绘科技股份有限公司于2007年5月15日成立。公司经营范围包括：测绘技术开发、咨询、推广、服务；无人机系统技术开发、服务；测绘航空摄影；无人机飞行器航空摄影；摄影测量与遥感外业；地理信息系统工程、数据采集、数据处理，其他按测绘资质从事的相关业务；国土空间规划服务；计算机软件及辅助设备批发；物联网服务；软件开发；信息系统集成服务；信息技术咨询服务；等等。公司成立以来通过现代信息技术手段在农业农村、自然资源、生态环境、交通运输、水利工程、数字政府等领域提供了优质服务，取得了丰硕成果，获得众多用户的好评。

2023年，公司注册资本为2 000万元，当年营业收入达6 266万元，纳税563万元，资产总额为10 966万元。近年来，公司不断加大研发投入，2021年中标和签订合同资金4 297万元，2022年中标和签订合同资金4 600万元，2023年中标和签订合同资金7 462万元，整体实现稳步快速发展。在社会责任方面，公司2023年对鸡东县2 516名困难居民捐赠医疗保险费65万元，对鸡西市恒山区民政局捐款100万元。公司于2019年3月31日进行股改，当年12月公司股票在全国中小企业股份转让系统公开转让。公司当前阶段战略目标为，力争2025年初进入创新层，2026年申请在北京证券交易所上市。

# 附件 7. 2023 年中国地理信息产业十大亮点(按时间顺序)

## (一)新型基础测绘、实景三维中国建设加快推进

2023 年 3 月,自然资源部印发《实景三维中国建设总体实施方案(2022—2025 年)》,对实景三维中国建设的建设任务、技术路线与方法、主要成果与汇集、组织实施等进行说明。11 月,中国地理信息产业协会成功完成首次实景三维相关软件测评并发布测评结果。2023 年,实景三维中国建设加快推进,新型基础测绘试点建设驶入快车道。我国已初步确立以现代测绘基准、实景三维中国、时空大数据平台为主要内容的新型基础测绘业务格局。

## (二)我国北斗系统、遥感卫星等空间基础设施快速发展

2023 年 5 月、12 月,第 56、57、58 颗北斗导航卫星成功发射。三颗卫星将进一步提升北斗系统的可靠性和服务性能,对支撑北斗系统稳定运行和规模应用、推广北斗系统特色服务、为下一代北斗卫星的设计奠定基础具有重要意义。同年 11 月,北斗系统正式加入国际民航组织(ICAO)标准,成为全球民航通用的卫星导航系统。

2023 年,我国成功发射多颗遥感卫星,其中 SAR(合成孔径雷达)遥感卫星数量大幅增长,丰富了我国卫星遥感数据产品。3 月,航天宏图信息技术股份有限公司"女娲星座"首发 4 颗 SAR 卫星成功发射。5 月,武汉大学、山东锋士信息技术有限公司等单位牵头研发的全球首颗 Ka 频段高分辨率 SAR 卫星珞珈二号 01 星成功发射。6 月,长沙天仪空间科技研究院有限公司研制的绵阳星座、涪城一号 SAR 卫星成功发射。7 月,北京四象爱数科技有限公司抓总研制的"矿大南湖号"SAR 卫星成功发射。8 月,国家民用空间基础设施中的科研卫星、世界首颗地球同步轨道 SAR 卫星陆地探测四号 01 卫星(应急减灾高轨 SAR 卫星)成功发射。

## (三)清理拖欠测绘地理信息企业账款工作持续开展

2023 年,自然资源部发布《关于持续开展清理拖欠测绘地理信息企业账款工作的通知》,继续常态化做好清欠工作,并委托中国地理信息产业协会开展监测工作。首次监测填报工作已于 2023 年 7 月完成,协会已将监测数据上报自然资源部。自 2024 年起,每年 1 月、7 月填报两次。除自然资源系统外,协会还开展了各领域拖欠地理信息企业账款情况的调研,并向农业农村部、住房和城乡建

设部、水利部、应急管理部、国务院国有资产监督管理委员会等提交了调研报告并得到积极反馈。

## (四)地理信息进一步助推自动驾驶发展

2023 年,自然资源部先后发布了《公开地图内容表示规范》《智能汽车基础地图标准体系建设指南(2023 版)》,印发了有关自动驾驶地图安全应用的通知,修订了高级辅助驾驶地图审查技术规程,组织京、沪等城市开展高精度地图应用试点,在确保地理信息安全的前提下,在全国范围内开放高级辅助驾驶地图普通道路应用,进一步释放地理信息潜能,激发市场活力,促进自动驾驶等新业态发展。我国智能网联汽车准入和上路通行试点工作,以及湖北襄阳、浙江德清、广西柳州国家级车联网先导区建设启动,自动驾驶市场规模快速增长,自动驾驶技术由测试示范稳步迈向商业化应用。

## (五)测绘地理信息事业转型升级加快推进

2023 年 8 月,《自然资源部关于加快测绘地理信息事业转型升级更好支撑高质量发展的意见》印发,明确了新时代新征程测绘地理信息事业的发展方向、主要目标和重点任务。中国地理信息产业协会在 2023 年 10 月印发了《关于学习贯彻〈自然资源部关于加快测绘地理信息事业转型升级更好支撑高质量发展的意见〉的通知》,以该意见精神指导和推动产业发展和协会各方面工作。

## (六)第一届中国测绘地理信息大会成功召开

2023 年 11 月,由自然资源部指导,中国测绘学会、中国地理信息产业协会和中国卫星导航定位协会联合主办的第一届中国测绘地理信息大会在浙江德清成功召开。大会举办了主论坛、颁奖、科技与产业发展沙龙、37 场分论坛、测绘地理信息技术暨北斗应用博览会和“测绘地理信息+北斗”之夜等活动。1.2 万多名测绘地理信息等相关领域工作者参会观展。

## (七)我国地理信息产业规模持续扩大

2023 年 11 月,中国地理信息产业协会发布《中国地理信息产业发展报告(2023)》,2022 年我国地理信息产业总产值达到 7 787 亿元,增速达到 3.5%,产业规模持续扩大。截至 2022 年末,我国地理信息产业从业单位数量超过 19.3 万家,产业从业人员将近 400 万人。

## （八）百强、上市企业持续加大研发投入增强核心竞争力

《中国地理信息产业发展报告（2023）》显示：2023 地理信息产业百强企业 2022 年研发投入总额约为 88.5 亿元，同比增长 17.5％，研发投入总额占营收总额的 8.7％；71 家内地地理信息上市企业 2022 年研发投入总额为 165.7 亿元，同比增长 11.4％，研发投入总额占营收总额的 11.1％。2023 年，经纬股份、司南导航、禾赛科技、纳睿雷达等企业成功上市；道达天际、星图测控、星图维天信等企业成功在新三板挂牌。百强、上市企业持续增加研发投入，重视增强核心竞争力。各企业产品研发活动活跃，发布多项地理信息新产品新技术，软硬件产品不断迭代升级。

## （九）李清泉、童小华当选中国工程院院士

2023 年 11 月，中国工程院公布 2023 年院士增选当选院士名单，深圳大学李清泉、同济大学童小华当选中国工程院院士。李清泉院士长期从事动态精密工程测量创新理论和自主装备研究，针对变形测量面临的“测快、测全、测准”挑战，构建动态精密工程测量理论方法，在瞬时变形、表观变形和内部变形测量等技术上取得开创性突破。童小华院士研究领域方向为行星测绘遥感，其研究成果推动了测绘遥感从地球到深空天体、从广域到实时的技术发展，取得了系统性创新成果并支撑多项重大工程。

## （十）地理信息产业积极探索跨界融合创新发展

2023 年，地理信息技术与人工智能、大数据、物联网等新技术加速融合，地理信息数据要素潜能不断释放。地理信息产业各界积极探索跨界融合、深度应用、创新发展。同年 5 月，由中国地理信息产业协会、中国旅行社协会、中国林业与环境促进会、中国气象服务协会、中国风景园林学会共同举办的 2023 跨界融合创新应用合作发展大会在四川成都成功召开，推动地理信息与各应用领域之间进一步加强跨界交流与协作。协会各工作委员会在各领域不断探索，活动异彩纷呈，各产学研融合创新基地在成果转化、产教融合、人才培养等方面成效显著，各省级地理信息产业协会在技术与应用创新等方面组织了丰富多彩的活动，为推动跨界融合创新发展打开了新局面。

# 特邀报告

# 数据驱动的测绘地理信息技术新范式

深圳大学
自然资源部大湾区地理环境监测重点实验室
广东省城市空间信息工程重点实验室
李清泉　汪驰升　胡忠文　张　星　李明晓　张博琛

当前传感器技术、计算机技术和机器人技术的迅猛发展正在推动测绘地理信息数据感知、处理和表达等理论技术的变革。测绘地理信息领域已进入大数据和智能化时代,形成了以数据驱动为核心的测绘地理信息技术新范式。在空间感知方面,正在从规则驱动向智能自主测绘转变;在数据处理方面,正在从几何计算向空间特征理解发展;在信息表达方面,正在从地图可视化向人机共融表达拓展。本文剖析了人工智能时代测绘地理信息技术面临的新挑战,并阐述了数据驱动的测绘地理信息技术新范式;同时,提出了新时代测绘地理信息技术需要解决的三大科学技术问题。

## 一、人工智能时代的测绘地理信息技术发展趋势

测绘地理信息技术综合了应用地球物理学、地理学、计算机科学以及遥感、定位和导航、光学和电子信息等技术,通过测量、计算、分析和处理地球表面各种信息,形成数值模型和符号表达,其主要包括空间数据感知获取、多源数据处理分析、测绘地理信息表达等关键部分(图 1)。

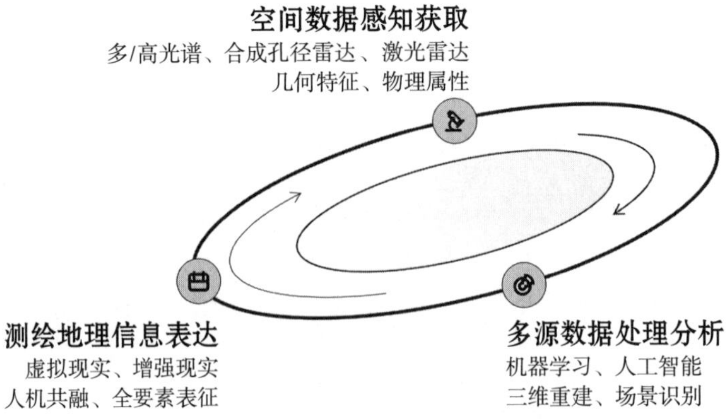


图 1　测绘地理信息技术主要组成部分

测绘地理信息技术的发展史是人类理解和记录地球空间信息的进步史。在

远古时期，测绘技术的发展主要由建筑、天文、农业和水利需求推动，主要进行基本的距离测量和角度测量，测量工具简单。18 世纪末至 19 世纪，最小二乘法的提出和摄影测量方法的发明为测绘技术带来了科学的飞跃，不仅提高了测量的准确性，也为后续技术的发展提供了坚实的数学理论基础。20 世纪，航空技术的进步极大地推动了航空摄影测量技术的发展，使得通过航空影像生成地形图成为可能，从而大幅提升了测绘的效率和精度。20 世纪 50 年代以后，电子信息和自动控制等技术的进步开启了测绘技术的新篇章。电磁波测距仪的出现解决了复杂环境下距离测量的难题，电子计算机的问世大大加快了数据处理的速度。解析测图仪及其技术的发展进一步促进了测绘技术的自动化和数字化转型。1957 年人造地球卫星的成功发射将测绘科学带入了新的维度。卫星导航定位、航天摄影测量、多光谱遥感、卫星测高及合成孔径雷达干涉测量等新型对地观测技术的出现（张永军 等，2021；Wang et al，2024），为测绘学科注入了新的内涵和手段。进入 20 世纪 80 年代，信息技术的迅猛发展使得测绘科学经历了从传统测绘向数字化、信息化、智能化测绘的跨越（陈军 等，2021）。当前，传感器技术、计算机技术和机器人技术迅猛发展，多传感器集成化、智能化趋势越来越明显，深刻影响了测绘地理信息数据感知、处理以及制图理论、方法和技术的发展（朱建军 等，2021）。

在空间数据感知获取方面，多源传感器的集成融合已成为当前测绘地理信息数据获取的重要趋势，多/高光谱、雷达、声呐等传感器以及高精度定位导航系统的集成为精确获取空间的几何信息和物理属性提供了多源数据支持（杨元喜 等，2023）。几何特征和物理属性的探测，以及高精度室内外一体化的定位与导航技术，为突破空间环境限制、实现未知空间的自主探测提供了可能。在多源数据处理分析方面，人工智能技术如机器学习、深度学习不断渗透（龚健雅 等，2021），在地图制作、三维重建、场景识别、目标识别与定位等方面展现出其独特的优势，不断提升测绘地理信息数据处理和分析的自动化和智能化水平（张永军 等，2021）。大数据和云计算技术改变了测绘地理信息数据存储、计算与分析的固有模式，使得高效存储、管理和处理海量数据成为可能。在测绘地理信息表达方面，虚拟现实与增强现实技术快速发展，提供了更为直观的、沉浸式的测绘地理信息展示和分析方式，为实现人机共融的信息可视化和交互提供新的可能。

## 二、人工智能时代测绘地理信息技术面临的挑战

### （一）如何精准感知并反演不同场景下的几何物理特征？

伴随着数据获取技术和装备的发展，丰富的数据获取手段使得我们有机

会去探测更加多样的空间场景，从而拓展人类对地球乃至整个宇宙的认识。然而，在地外空间、水下环境和灾后场景等复杂未知场景中，存在时空基准缺失和场景物理介质未知等挑战，带来了测量基准不足和特征测量不准等问题。一方面，在缺少空间基准的情况下，无法理解和描绘场景中不同传感器间的相对位置和关系，导致目标空间定位无法开展；时间基准的缺失，导致不同传感器感知数据无法进行整合和分析。另一方面，不同感知场景下物理介质和环境条件存在差异，导致常用传感器和现有测量数据模型无法适用。不同场景下空间测量环境多样且缺乏先验信息，其物理介质和环境条件可能与已知空间大相径庭，给获取目标准确的几何物理特征带来困难。人工智能时代传感器与人工智能技术的迅速发展，带来更多可用的高性能、高智能测量与传感设备。如何结合新型传感器与人工智能算法，在不同环境场景和不同物理介质中进行测量基准构建与空间数据感知，是人工智能时代测绘地理信息技术面临的重要挑战。

## (二)如何实现多种测绘地理信息数据的高质量融合与高效分析?

由于各类传感器、测绘设备的日益普及，通信技术的飞跃以及网络基础设施的高速发展，测绘地理信息领域已经收集和积累了大量数据，亟须融合多种测绘地理信息数据进行分析，充分发挥大数据的价值（李清泉 等，2014）。例如，公交卡刷卡数据、出租车轨迹数据、自行车租用数据、手机定位数据都是典型的城市大数据，但是单独使用其中任何一种数据都无法全面客观地描述城市交通人群的移动等信息。智能手机上也具备多种传感器，但是单独使用卫星定位功能只能进行室外定位，结合无线局域网、陀螺仪、气压计等可以同时进行室内及高程定位。因此，无论是在宏观还是微观层面的应用都应尽可能地使用多源数据，并对多源数据进行融合分析，以充分发挥大数据的优势。当前，已经积累了地表自然、生态以及人类活动基本情况的大量数据，具有大体量、多模态、流质特性、非结构化等特点，给数据处理带来巨大挑战。如何实现多种测绘地理信息数据的高质量融合与高效分析，也是当前人工智能时代背景下测绘地理信息技术面临的重要挑战。

## (三)如何从海量数据中挖掘时空信息进行全要素表征?

时空信息表达长期以来以人为中心，服务于人对时空信息的理解和决策。然而，随着机器人和人工智能技术的发展，各种类型和形态的智能体逐渐涌现，并逐渐推广到测绘地理信息技术领域，特别是未知空间的测绘任务。这些智能体能够自主感知信息，并据此作出决策，以实现特定目标或任务。因此，当前测绘地理信息技术除了需要为人提供信息，还要为各类自主探索的智能体提供有效信息。例如，地外星体表面的测绘需要依赖无人系统自主获取周边的几何物理信息进行现势建图，因此测绘地理信息技术需要为无人系统的连续感知与探索提供必要的时空信息。地下、灾后等场景环境十分恶劣，威胁人员生命安全，因此需要依靠多无人系统获取实时时空信息，辅助其他智能系统作业，支撑资源开发与应急救援。当前以人为中心的地图理论和制图成果，无法为智能体系统认知对象、理解环境和任务决策服务。因此，亟须构建人机共融的全要素表征理论和现势建图方法。如何从海量数据中挖掘时空信息，并进行人机共融的全要素表征和现势建图，也是当前人工智能时代背景下测绘地理信息技术面临的重要挑战。

## 三、数据驱动的测绘地理信息技术新范式

### （一）空间感知：从规则驱动到智能自主测绘

目前，测绘技术主要依靠场景的先验知识和规则驱动测绘任务的规划和执行。然而，地下、水下、灾后和基础设施内部等空间通常存在先验知识不完整、人员难以到达、作业安全风险高等问题，导致规则驱动的测绘方法难以适用。近年来，随着传感器、人工智能、无人系统等技术的快速发展，智能自主测绘技术受到了广泛关注。智能自主测绘将传统测绘理论方法与具身智能（embodied AI）（Savva et al，2019）、无人系统等技术相融合，目的是使无人测绘系统能够在复杂环境中自主、智能地规划并执行测绘任务。智能自主测绘的关键技术包括任务驱动的无人系统自主导航与探索、多系统智能协同实时测量、测量数据可用性与完备性评价、无人化自主测绘装备研发与集成等，通过这些关键技术的融合提升测绘技术在复杂、未知环境下的自主测绘能力。

图 2(a)是本文研究团队为四足机器人研发的移动三维测图系统，集成了激光雷达、双目相机、惯性测量单元（IMU）、全球导航卫星系统（GNSS）和控制单元，结合了场景地形感知、多源数据融合测图、自主导航、机器人路径规划与运动控制等技术，能够实现复杂地形条件下的自主三维测量；图 2(b)和图 2(c)为大型在建隧道场景移动三维测图示例，在高噪声动态在建隧道场景下的三维测图平均误差约为 1 cm。

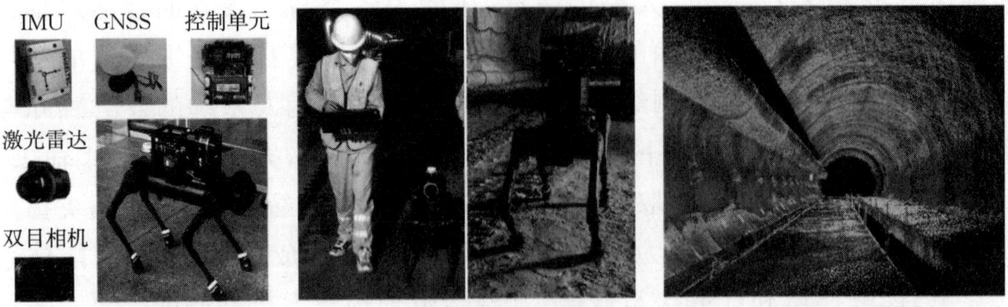


（a）移动三维测图系统　（b）在建隧道三维测图　（c）隧道三维测图示例

图 2　基于四足机器人的在建隧道移动三维测图

## (二)数据处理:从几何计算到空间特征理解

随着传感器的多样化、测量平台的动态化和被测对象的复杂化,测量任务发生了颠覆式变化,进入了从传统几何测量到当代融合大数据与人工智能、以多要素提取为目标的工程测量新时代。测量要素从过去的边、角、高等基本静态几何要素扩展到综合描述测量对象状态的多要素指标(李清泉 等,2022)。例如,高速公路路面的平顺度、特大桥梁的实时线形、大坝表面的裂缝等测量成果,从离散的几何点逐步变为测量对象的几何形状、特征语义,甚至是状态变化。当代工程测量通过快速获取目标对象的多源几何和非几何数据,并进行高效处理和识别,获得目标对象相关的变形、沉降、表观变化等特征信息,并在此基础上对测量目标的状态进行评估和分析,为其安全运行和维护提供可靠依据。

以本文研究团队研制的城市管道检测胶囊设备为例(李清泉 等,2021;Fang et al, 2022),它是一种新型的适用于大范围、低成本、高效率、简便作业的排水管道检测设备,由防水外壳、广角摄像头监控模块、发光二极管(LED)补光灯、感光调节系统、电源模块、惯性辅助测量单元、配重块等模块组成,是一款轻量级的物联网设备。为了实现管道病害的定位和识别,除了要涉及几何计算的胶囊定位测图技术,也要涉及空间特征理解的管道病害检测分类技术(图 3)。

## (三)信息表达:从地图可视化到人机共融表达

地图可视化作为数据呈现的一种形式,长久以来帮助人类理解和分析地理空间信息。当前测绘地理信息技术研究场景已从既有空间定位准确、作业条件简单的已知空间拓展至卫星定位拒止、环境相对恶劣的未知空间,推动了地图表达目标主体由“以人为主”向“以机器为主,以人为辅,人机共融合作”的表达范式转变。如何利用人类智能和机器自动化的优势,使二者相互补充、相互支持,共同实现更高效、更智能的空间信息表达与决策已经成为测绘地理信息技术的前沿领域与新兴挑战。

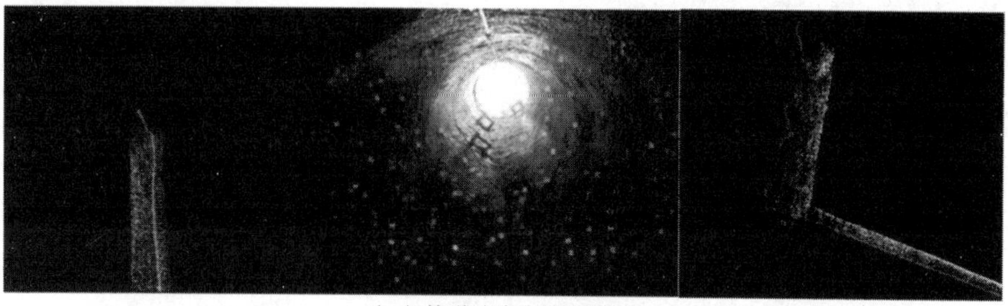

（a）管道胶囊定位与测图

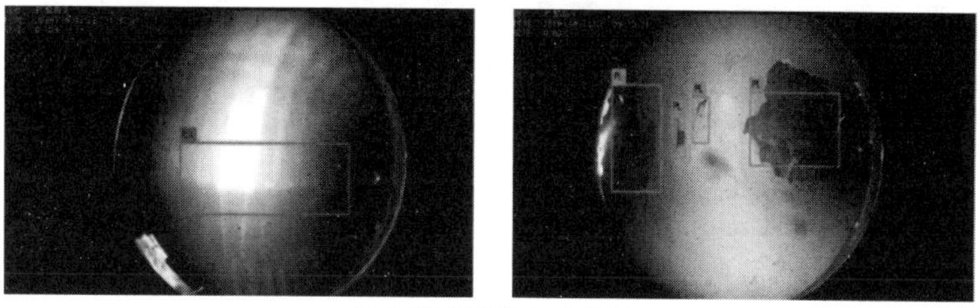

（b）管道缺陷自动识别

图3　管道胶囊定位与测图以及缺陷自动识别

“人-机”可读表征理论可为人与机器和机器与机器协作建图与交互提供理论基础。现势地图测绘中多无人系统亦需要基于“机读”现势图进行信息交互，以实现任务分配与调度、测绘成果质量评价。“人-机”可读现势地图是未知空间测绘和开发利用的必要基础资料。当前，地图学理论以人为中心构建地理要素表征和符号系统，制作人读地图，而没有顾及“机读”，也就无法支撑无人系统认知对象、理解环境和执行任务。从现有要素的分级分类体系和符号化体系，可提出基于深度预训练模型的全要素特征向量表达方法，形成机器可读的现势地图语言模型；建立人机可读的逻辑表达和物理存储格式，可全面提升空间要素的存储、管理和分析效率；建立“图-数”一体化的场景知识表达模型，满足“人-机”可读空间场景知识表达的准确性、完备性、扩展性等需求。

几何物理要素现势建图方法可提升建图效率并服务空间表达实时更新。以道路交通为例，本文研究团队提出了道路立体交叉口提取方法，解决了遥感影像的遮挡问题；提出了基于车载卫星定位轨迹大数据的U-Turn道路结构信息获取方法，推动道路信息精细化、丰富化（图4）（王梓豪 等，2023）；开创了众包数据用于城市人行路网识别与提取系列创新性研究，填补了人行路网感知空白（唐炉亮 等，2022）。研究成果创新性地提出了车道级精细道路数据众包测图方法，形成了大数据环境下高精度道路地图众包测绘与动态更新的新理论、新方法与成套技术，突破了基于众源轨迹数据的车道级道路精细提取、变化检测与动态更新技术。依托同类系列技术突破，可实现静态地理要素与人及智能体等动态要素的实时提取和变化检测，可服务于全空间要素多维多尺度现势建图与更新。

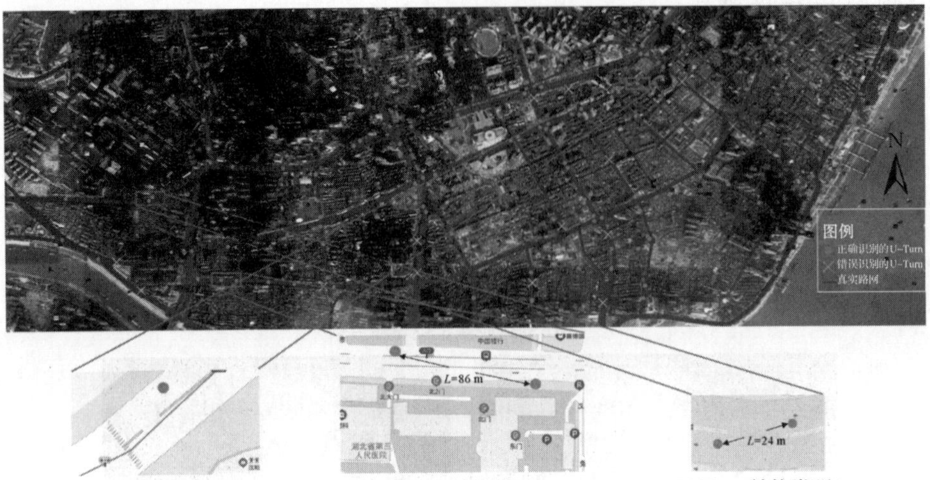


图4　U-Turn 道路结构信息获取方法

场景驱动现势建图大模型可降低既有测绘地理表达对先验经验与专家知识的依赖程度，全面提升测绘任务响应的实时性，并拓展测绘成果的应用场景。当前地图制图方法由规则驱动，依赖人类对地球表面的认知和先验经验，制图过程复杂且流程较长。对于海量异质场景空间，先验地图知识与经验难以完全适用。迁移学习、强化学习等新机制和知识图谱、生成模型等新方法，为构建场景驱动的现势建图大模型提供了技术基础(任福 等,2022)。引入人工智能驱动“地图”理念，构建现势建图基元操作库，并创建计算机与地图构建基元操作库的中间件，让计算机在不同的地图元素与地图底板中进行基础元操作和交互，可形成计算机分析理解、辅助人类专家介入引导的现势建图模型。通过多任务元学习的过程，可让建图大模型从大量源域环境中学习到可迁移的异质场景空间建模能力，形成学会学习的能力，即元学习能力。利用真实未知空间的探测任务，不断迭代训练和更新建图垂直大模型，不断演化，可将当前测绘场景下的技术拓展应用至地外天体、地下空间、水下工程等场景下的自主测绘任务中，拓宽测绘成果应用边界。

## 四、人工智能时代测绘地理信息发展的科学技术问题

### (一)空间测量基准与多物理介质感知机理

人工智能时代人类对空间的认知边界得到极大拓宽。然而，复杂未知空间通常缺乏完善的测量基准，定位、导航、授时服务存在空白，难以支撑自主无人系统的定位定姿、时间同步与协同测绘。地外星体环境未知，测量条件不足，测量

仪器匮乏，难以直接应用地球表面测量基准和方法。地下空间、水下环境等存在卫星信号受限、弱纹理特征等问题，无法实现高精度绝对定位，难以构建可靠的空间参考。如何基于多智能体多源传感器获取海量测量数据，智能自主构建时空参考框架，为自主无人系统提供准确、可靠的测量基准，是未知空间自主测绘需要解决的首要基础性科学问题。

另外，地外星体、地下空间、水下环境等未知空间的环境因素与物质组成和地球表面并不完全相同，导致光谱、电磁、声场等信号传播特性出现显著差异。未知环境中固态、液态、气态等多相物理介质混杂，感知信号跨相、跨介质的传播过程极其复杂，现有传感器和测量数据模型无法适用，难以实现精准的几何特征测量与物理特性感知。因此，刻画多相介质、非均匀介质中信号传播过程，揭示多物理介质感知机理，构建物理特性感知的智能模型，也是人工智能时代测绘地理信息技术的基础性科学问题。

## （二）多无人系统自主决策与协同测绘机制

人工智能技术的发展推动了无人系统的广泛应用。无人系统目前已经在自动驾驶、国家安防和深空探索等众多行业和领域开始广泛应用，其发展路径大致可以分为程式化、智能化和自主化的三个阶段（Chen et al，2022）。在测绘地理信息领域，具备自主决策或自主智能的无人系统是未来智能化测绘发展的最终目标。要实现这一目标，一方面需要将已知的先验知识和测绘决策策略迁移到未知探索场景下，另一方面需要通过自主探索的增量学习，渐进式理解测绘环境，实现自主任务调度与智能决策。人工智能技术的发展则为无人系统的自主决策提供了强大的技术支持和算法基础。然而，无人机、无人车、无人船和潜航器等异构无人系统在感知维度、测量精度、测量范围、测量效率等方面存在局限，单一无人系统无法满足复杂测绘任务需求，需要异构多无人系统协同测绘。在交互共融达成共同目标的群体行为过程中，无人系统在局部个体行为与全局最优决策间存在矛盾，无人系统间的任务分配和动态调整也面临挑战。因此，开展测绘行为决策、任务分配与规划调度研究，引入大量测绘先验知识，并基于群体智能，探索知识迁移和增量学习的无人系统自主决策和群体智能任务分配与规划机制，是实现多无人系统协同自主测绘的重要途径。

## （三）人机共融全要素表征与现势建图模型

测绘地理信息数据是国家社会和经济发展的重要基础。精准且易理解的现势地图有助于全面及时掌握空间的几何和物理特征，在自动驾驶、资源开发、灾后应急响应等领域具有重要的作用（Chen et al，2022）。在现势地图测绘中，多无人系统需要基于“机读”现势图进行信息交互,以实现任务分配与调度以及测绘成果质量评价,因此,必须要建立“人-机”可读的现势地图。当前,地图学理论以人为中心构建地理要素表征和符号系统(郭仁忠 等,2022),制作“人读”地图,而忽略了“机读”地图的需求,无法支持无人系统认知对象、理解环境和执行任务。同时,现有测绘数据处理方法与制图模型依赖统计学,流程冗长、效率低,无法全面快速地刻画变化和未知空间的态势,无法满足无人系统实时性的要求。因此,需要开展人机共融全要素表征的研究,以及面向无人系统的现势建图新模型,这对于人与机器、机器与机器信息交互有着极其重要的意义,是自主测绘和测绘成果应用的重要基础。

## 五、结论与展望

伴随着信息技术的发展,测绘地理信息技术实现从模拟测绘向数字化测绘、信息化测绘和智能化测绘的阶段性发展。在当前大数据和人工智能算法蓬勃发展的背景下,产生了数据驱动的测绘地理信息技术研究新范式,进一步丰富了行业内涵和应用场景。未来,随着人们对空间测量基准与多物理介质感知机理、多无人系统自主决策与协同测绘机制、人机共融全要素表征与现势建图模型等关键科学技术问题的深入研究和突破,测绘地理信息技术将进一步适应大数据和智能化时代的发展,为空间信息的感知、融合和服务作出更大的贡献。

### 参考文献

陈军,刘万增,武昊,等,2021. 智能化测绘的基本问题与发展方向[J]. 测绘学报,50(8):995-1005.

龚健雅,许越,胡翔云,等,2021. 遥感影像智能解译样本库现状与研究[J]. 测绘学报,50(8):1013-1022.

郭仁忠,陈业滨,马丁,等,2022. 论 ICT 时代的泛地图表达[J]. 测绘学报,51(7):1108-1113.

李清泉,谷宇,涂伟,等,2021. 利用管道胶囊进行排水管网协同检测的新方法[J]. 武汉大学学报(信息科学版),46(8):1123-1130.

李清泉,李德仁,2014. 大数据 GIS[J]. 武汉大学学报(信息科学版),39(6):641-644.

李清泉,汪驰升,熊思婷,等,2022. 从几何计算到特征提取的广义测量数据处理[J]. 武汉大学学报(信息科学版),47(11):1805-1814.

任福,翁杰,王昭,等,2022. 关于智能地图制图的几点思考[J]. 武汉大学学报(信息科学版),47(12):2064-2068.

唐炉亮,赵紫龙,杨雪,等,2022. 大数据环境下道路场景高时空分辨率众包感知方法[J]. 测绘学报,51(6):1070-1090.

王梓豪,唐炉亮,杨雪,等,2023. 利用车载 GNSS 轨迹大数据的 U-Turn 道路结构信息获取方法[J]. 测绘学报, 52(8): 1330-1341.

杨元喜，王建荣，2023. 泛在感知与航天测绘[J]. 测绘学报，52(1)：1-7.

张永军，张祖勋，龚健雅，2021. 天空地多源遥感数据的广义摄影测量学[J]. 测绘学报，50(1)：1-11.

朱建军，宋迎春，胡俊，等，2021. 测绘大数据时代数据处理理论面临的挑战与发展[J]. 武汉大学学报(信息科学版)，46(7)：1025-1031.

CHEN J, SUN J, WANG G, 2022. From Unmanned Systems to Autonomous Intelligent Systems[J]. Engineering(5):16-19.

FANG X, LI Q, ZHU J S, et al, 2022. Sewer defect instance segmentation, localization, and 3D reconstruction for sewer floating capsule robots[J]. Automation in Construction, 142:104494.

SAVVA M, KADIAN A, MAKSYMETS O, et al, 2019. Habitat: a platform for embodied AI research [C]//IEEE. Proceedings of the IEEE/CVF international conference on computer vision. [S. l.]: IEEE: 9339-9347.

WANG C S, CHANG L, WANG X S, et al, 2024. Interferometric synthetic aperture radar statistical inference in deformation measurement and geophysical inversion: a review[J]. IEEE Geoscience and Remote Sensing Magazine, 12(1):8-35.

# 空间分析与动态建模:从地表要素观测推演到深空天体探测选址的拓展

同济大学 童小华 冯永玖

## 一、引 言

空间分析与动态建模是测绘遥感地理信息的核心技术,是空间实体格局及规律挖掘的关键方法,可通过矢量和栅格等数据结构来实现。地球和深空天体表层的典型要素本质上都是具有时变特性的空间实体,分析并发掘其空间格局及演变规律,据此服务于对地观测与深空探测中的工程任务,尤其是地表要素观测推演及深空天体探测选址,是国家战略任务和国际科学前沿对空间分析与动态建模提出的迫切需求。这同时体现了测绘遥感地理信息从对地观测到深空天体探测领域的拓展与创新(童小华 等,2022)。

地表要素观测推演涉及多源遥感监测、空间模式识别、动态建模推演等复杂过程,其核心是空间分析与动态建模。地表要素观测推演尤其需要高分辨率遥感数据的支持,在这方面我国高分辨率对地观测系统重大专项促进了遥感数据的广泛应用,推动了中国空间信息产业的快速发展(童旭东, 2016)。这些数据在空间分析与动态建模领域的应用尤为显著,通过融合高分卫星影像与其他遥感数据,实现地表要素变化高精度监测,以及建模分析与情景推演。例如,地表要素动态演变的典型现象为城市发展和土地利用变化,对其进行遥感监测与分析建模需融合卫星、航空和地面传感器等多源异构时空数据,最终有效推演其动态过程与未来情景(陈军 等,2021)。以历史和现状等原生时空格局为基础,突破空间分析与动态建模中的模拟推演方法,有助于评估其未来情景和衍生格局,从而为可持续发展等提供关键支撑(周成虎 等, 2020)。而联合国可持续发展目标 SDG 11 可持续城市和社区也提出,模拟推演技术是城市空间要素规划指引与分析的重要手段(郭华东, 2022)。我国在 2018 年发布的《自然资源科技创新发展规划纲要》中,将仿真、预测和推演关键技术列为主要研发任务。这些需求提高了对地观测数据的利用层级,促进了空间分析和动态建模方法的发展,为地表要素观测推演、可持续发展策略制订提供了科学依据。

随着人类空间探测活动从地球拓展到深空天体,空间分析与动态建模方法也亟须做相应的拓展创新。经过数十年的努力与进步,我国目前已成功完成探月工程一、二、三期(吴伟仁 等,2019),实现了嫦娥月球探测“绕、落、回”三步走规划;探月四期工程将开展月背采样、水冰探测、月面建造、载人探月等任务(Wang et al, 2024),目前嫦娥六号探测器已在国际上首次载回月球背面的月壤样品。此外,我国正在开展天问二号小行星探测和天问三号火星采样返回的任务论证与工程研制。其中,去深空天体的哪个位置进行探测是一个典型的空间分析与动态建模问题。以月球南极探测为例,其科学目标、极端地形、复杂光照等各类情况给探测器着陆和巡视器行驶带来了巨大挑战。因此,为了保障工程任务成功实施,在考虑高价值科学目标的同时,选择具有高工程安全性的着陆区是任务成功的关键因素。通过空间分析与动态建模方法,兼顾地形、辐射、光照、温度、地质、矿物等各类科学与工程目标,实现其价值最大化,进而识别平坦安全区并选择最佳着陆点以实现安全着陆(Feng et al, 2024b)。空间分析与动态建模也可以支持巡视探测路径规划,确保探测器能够安全到达科学目标点。在多类型月球与深空探测任务的驱动下,空间分析与动态建模不仅发挥着重要作用,还得到了拓展与创新,逐步形成了以专家决策为主、启发式学习为辅的新技术体系。

从本质上来说,无论是对地观测还是深空探测,其时空数据模型均可采用矢量结构和栅格结构来表达,这也是空间分析与动态建模的底层数据结构。综合地表要素观测推演与深空天体探测选址,可知空间分析与动态建模是其共性技术,其中需要解决的三个关键难题是:①融合多源异构数据准确识别地表要素和深空天体关键要素,包括其特征、性质、数量、质量和分布;②在多类型、高维度和复杂性时空数据中准确挖掘要素的空间分布与动态演变规律(在一定条件下的发生概率),为地表要素未来情景推演与深空天体探测着陆选址提供关键支撑;③构建未来情景未知(如未来时间的可能状态)或者真值未知等困难条件下的建模结果可信度验证方法,提升空间分析模型从地球观测到深空天体探测的适应性和泛化能力。以上三个关键问题的解决,可为地表要素观测推演与深空天体探测选址任务,提供空间分析与动态建模技术的支撑。

## 二、空间分析与动态建模的新方法

### (一)空间要素演变与格局形成的发生概率

任何空间实体均随着时间而演变,因此未来时间可能迎来某种格局的形成和出现。此外,某种空间实体分布在一定的环境中,是必然性和偶然性共同作用的结果,因此也存在一定的发生概率。可见,发生概率是用来描述和分析空间要素变化、转移和相互作用中的发展方向和随机性的核心概念。

这一概念主要涉及两类概率,即转移概率和适宜概率。在地表要素观测推演中,以城市发展和土地利用变化为典型的空间分析与动态建模对象,以时间为主线构建核心要素从前一时期到后一时期的状态转移概率模型,量化状态转移模式和未来情景发生的可能性(Feng et al, 2020)。例如,在人居密集区的土地利用变化模拟推演模型中,转移概率用来预测土地要素从一种状态(如耕地或林地)转变为另外一种状态(如居民区或商业用地)的可能性,据此推演可能发生的未来情景。在深空天体探测选址中,以空间优化为主线构建的同时考虑科学价值和工程安全的着陆适宜概率,用以评估候选着陆区作为着陆或探测目标区的适宜程度。例如,在月球南极探测的着陆点选址任务中,科学目标包括地质、矿物、化学、水冰、天文等,即存在不同的科学任务,任何一个候选着陆区可能同时满足多个科学目标,因此在兼顾科学目标时可根据探测任务的工程约束构建适宜概率,据此识别最适宜的着陆区和探测目标区(Feng et al, 2024b)。

## (二)动态建模与情景推演的五类共性因素

要素空间格局演变是一个受多因素综合影响的复杂过程。这些因素包括自然因素、人为因素以及随机因素等,在细分方向可能涉及几十个甚至百余个因素,它们相互作用、彼此关联,共同决定了地表和深空天体表层要素的空间分布及其关系(Feng, 2017; Feng et al, 2024b)。本文在广泛研究文献的基础上,提炼出面向空间要素动态建模与情景推演的五类共性因素(以下采用 TCAPH 来指代该五类共性因素及其模型),在地表要素观测推演和深空天体探测选址的空间分析中具有通用性。

(1)地形因素(T: terrain)指地球或地外天体形貌的影响,主要包括高程、坡度、坡向、形态、粗糙度等特征,对要素的空间分布和适宜评估有直接影响。例如,在对地观测领域,地形影响城市发展与国土空间规划、开发利用与设施选址等;在深空探测领域,地形影响探测器着陆区的选择、巡视器路径的规划、矿物资源的探测利用等。

(2)限制区因素(C: constraint)指因特定原因而被限制利用或因技术局限不可探测的区域。例如,在对地观测领域,人居密集区的空间利用受法律、政策、环境保护等因素的限制(如生态保护区);在深空探测领域,地形复杂区的科学探测受到高坡度、低光照、极端温度等因素的限制(如永久阴影区)。在空间分析与动态建模时一般排除这些区域,定义其为零发生概率区域。

(3)可达性因素(A: accessibility)指空间实体与其他实体之间的可连通性及其连通的便利程度。例如,在对地观测领域,可达性可采用飞机、轮船、汽车、自行车、步行等多种交通方式的通行时间来衡量,或用特定范围内的人群对某种资源的可利用程度或便利性来衡量;在深空探测领域,可达性主要指巡视器是否能通过,需考虑工程安全性、任务执行程度、路径移动时间和能量消耗等因素。

(4)邻近性因素(P: proximity)指空间实体与某些关键要素的距离,发生概率与邻近性因素可能呈正相关关系,也可能呈负相关关系。例如,在对地观测领域,某地块被开发利用的概率与其到市中心的距离可能是负相关的,即距离越近其转移概率越高;在深空探测领域,邻近性表征着陆区与科学探测目标、原位资源、安全行驶区域等的距离,距离越近则适宜概率越高。

(5)异质性因素(H: heterogeneity)指空间实体在不同位置的分异特征,几乎所有因素均存在空间异质性。例如,在对地观测领域,异质性体现为各类影响因素的各向异性(如城市土地覆盖在各方向上的梯度变化);在深空探测领域,主要表现为光照、温度、辐射、地质、矿物、水冰等各类因素,尤其是一些时序动态影响因素分布的各向异性。

## (三)顾及五类共性因素的发生概率建模方法

基于五类共性因素的空间分析与动态建模,提出将描述空间要素之间相互作用和转换关系的数学规则,定义为发生概率模型 TCAPH:总体发生概率 $P_{global}$ 表征要素在空间上出现的可能或发生变化的概率,由地形(T)、限制区(C)、可达性(A)、邻近性(P)、异质性(H)来定义规则 F。该规则函数是结合具体真实需求的总体发生概率计算模型,其模型参数从历史演变过程或专家决策经验中学习优化而得,体现了 TCAPH 模型的核心优势。

TCAPH 模型可利用空间统计、机器学习、深度学习等方法,通过在高维海量样本数据集上进行模型训练,优化产生最佳规则 F,反映时空演化规律和专家决策经验,实现复杂现象在空间上的分布规律或模式的模拟预测,体现了 TCAPH 模型发现动态变化与空间模式的优势。基于五类共性因素的 TCAPH 模型,其转移概率可解释空间要素演变机理并建立空间演变推演方法(如地表城市土地利用变化、月表辐射变化等),而适宜概率可解决复杂环境下空间位置选择的适宜性问题(如地表基础设施选址、月表着陆与建站选址等)。图 1 展示了深度学习和机器学习等方法优化的发生概率模型,结合实际地表要素来计算转移概率,应用于时空演变模拟与未来情景推演,结合实际月表要素来计算适宜概率,应用于深空探测的智能选址。

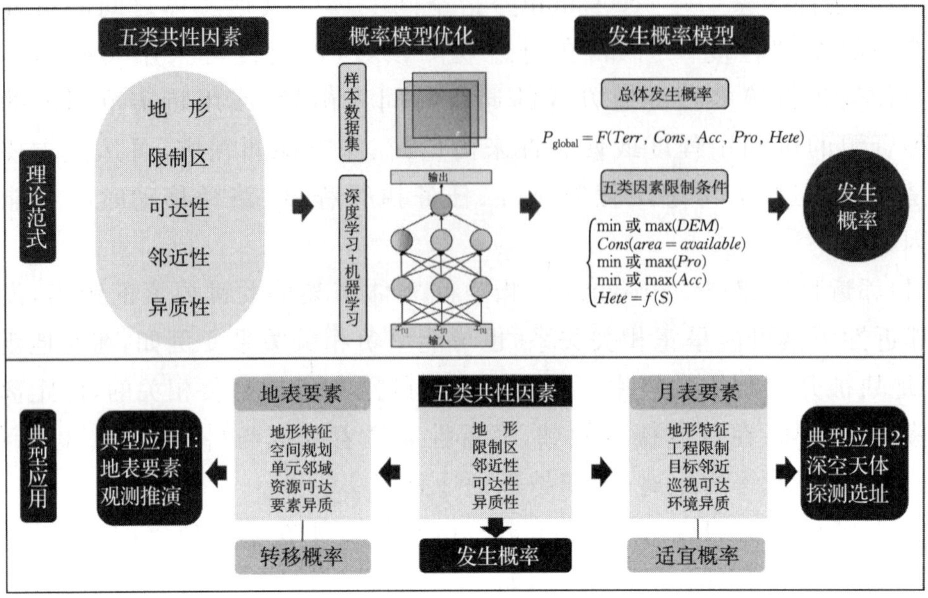


图 1　顾及五类共性因素的发生概率动态建模共性方法

# 三、空间分析与动态建模的典型应用

## (一)典型应用 1:地表要素时空演变分析与推演

地表要素时空演变分析与推演是《自然资源科技创新发展规划纲要》中的重要技术需求,尤其在针对城市空间要素方面,可以为城市空间规划和治理提供前瞻性空间数据支撑。由于城市空间人类活动频繁、空间要素存在严重相关性等问题,基于五类共性因素的空间分析方法,可实现关键要素可信建模、可信模拟推演、结果可信评估,为城市空间管控、规划利用、决策管理等提供关键支撑。

### 1. 地表关键要素遥感监测与分析

地表关键要素遥感监测可以分为两类:目标要素的遥感监测和影响要素的遥感监测,在人居密集城市区的需求尤其迫切。在众多分类器中,智能化决策树方法基于专家知识库和客观分类规则,协同主被动多源遥感的时-空-谱特征,通过有限次迭代动态更新阈值,实现城市目标要素的高可信识别与监测(冯永玖等,2022)。针对五类共性因素,可综合多源异构遥感影像和时空大数据进行智能化监测。例如,在城市要素监测与分析领域,可以利用关注点(POI)并采用空间多尺度方法来挖掘城市的空间模式、结构和功能。此外,可将与此有关的地表温度和城市热岛作为一类典型的异质性要素,协同热红外遥感数据实现其识别、校准、挖掘与推演(Feng et al, 2018)。

### 2. 基于五类共性因素的时空推演模型

地表要素观测推演中，典型空间要素涉及土地利用、国土规划、城市形态、地表温度、碳储量、生态安全等，而地学计算和元胞模型是对这些要素进行空间模拟推演的关键方法。模拟推演模型的建模要素主要包括状态、邻域、转换概率、全局因素、随机影响、空间管控等，而这些要素的交互本身是复杂非线性的，亟须发展与实际需求对应的建模体系。

基于五类共性因素中的地形、可达性、异质性等因素，利用智能优化算法获取关键要素变化的转换规则，构建每一类要素的时序转移概率。针对此类模型中存在的固有难题，Feng 等(2020)提出了异权异质建模架构：①用时间增量参数(TIP)来抵消转换概率的时间衰减效应，从而有效地反映出不同因素对建模对象的影响；②用局部调整参数(LAP)来减少模拟过程中因邻域影响增强而产生的异常，准确传递邻近单元之间的底层相互作用；③采用异权方法关联模型元素之间的交互作用，从而实现更加真实的情景推演。据此，考虑空间管控(如城市发展规划等)和邻域配置(邻域大小、形态等)等，形成了基于五类共性因素的地表关键要素异权异质建模架构(图 2)。

该架构结合了通用智能、进化智能和群体智能三类智能化建模方法，可自主挖掘推演模型的建模参数，从而提高对地观测领域地表要素的模拟推演精度，并提供各种条件和限制下的最优化情景。

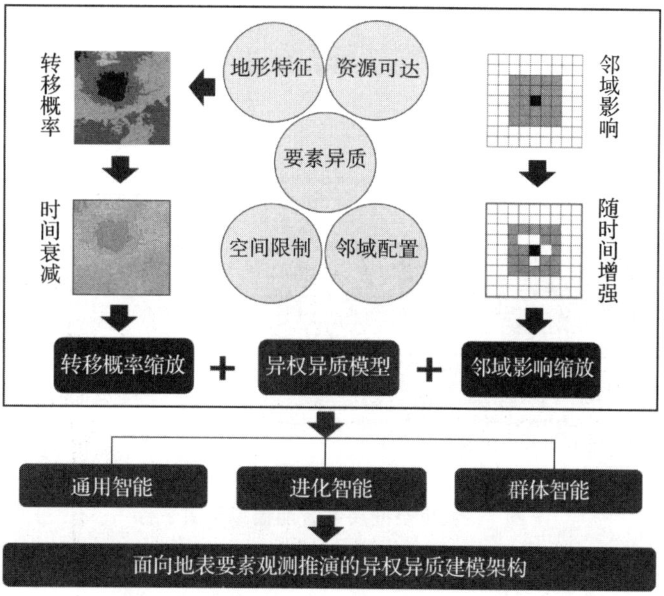


图 2　基于五类共性因素的地表关键要素异权异质建模架构

### 3. 顾及转移概率的智能推演技术

在地表要素时空演变模拟推演领域，将发生概率具体化为转移概率，以其为核心开展未来情景的推演，服务于城市发展管控与规划治理。转移概率是评估任意像元从前一时期到后一时期转移的可能性，且当要素类型多样时，各类型之间存在竞争性，因此需要确定一种竞争或者选择机制来比较各类型的转移概率，从而确定转移目标类型。然而，在实际需求中，仅采用转移概率难以体现政策和管控的复杂性。一般情况下，空间管控可分为三类：适建区(FAA)、限建区(PAA)和禁建区(SPA)。然而，现有模拟模型在进行近期和中远期情景模拟方面，由于未考虑空间管控的限制，模拟结果的实用价值受限。因此，在转移概率智能推演模型(TCAPH-Trans)中，顾及空间管控执行力度，所得情景可以支撑国土空间规划和城市规划治理决策。

为服务城市发展决策、国土空间规划、城市规划比选等重大需求，开展方案制定、反馈与评估，突破城市复杂空间要素情景推演平台关键技术，形成了城市空间演变推演系统、复杂土地利用变化推演建模系统两个城市空间要素智能模拟推演平台(图3)。上述两个平台能够满足多情景城市发展和国土空间的模拟推演需求，同时也适用于城市热岛、碳储量、生态安全等未来情景的推演分析，为城市发展和国土空间规划、管理和决策提供关键依据。

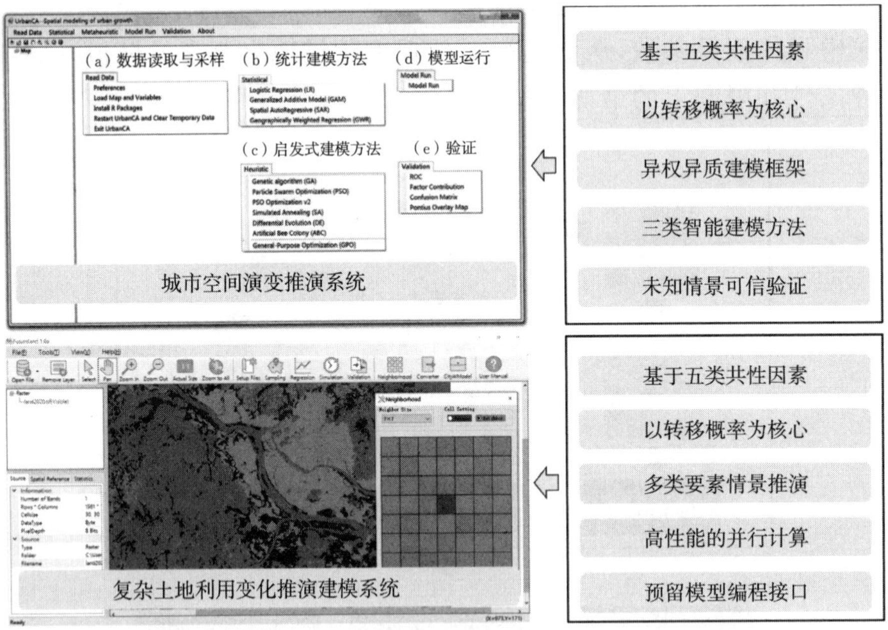


图3　城市空间要素智能模拟推演平台

### 4. 面向未来情景的推演结果评估

推演结果和未来情景可信度是应用的基础，目前存在的问题有：①同一个模型在不同的空间和时间上难以比较，即存在跨模型、跨区域和跨时间的精度比较难题；②未来情景未知，难以准确验证。

为了解决第一个问题，本研究团队提出了跨模型跨区域跨时间的模型可信度验证方法，其核心思想是将容易被 TCAPH 模型捕捉的区域进行排除，同时构建城市或非城市面积相同的等效区域来实现评估（Gao et al, 2023）。具体地，通过排除掉模拟前后像元状态保持不变、占比较大的非城市单元，保留了城市状态变化的最活跃部分，在很大程度上消除状态静止单元对模拟精度评估的影响[图 4(a)]，为模型优化和比选奠定基础。

为了解决第二个问题，本研究团队提出了利用五类因素来解释未来情景的间接评估方法，即提出了以驱动因素解释能力为基础的模型校准和验证新方法。当五类共性因素能够较好地解释模拟推演结果，则表明该结果是具有高可信度的；当五类共性因素对结果的解释力下降，则表明该模拟推演结果不再具有应用价值。具体地，采用广义可加模型构建目标要素与五类共性因素之间的关系，通过累计解释偏差（ADE）来解释，其中较高的 ADE 表示因素对推演结果的解释力较强，据此可以推断出未来情景的可信度和最合适的推演期限[图 4(b)]。

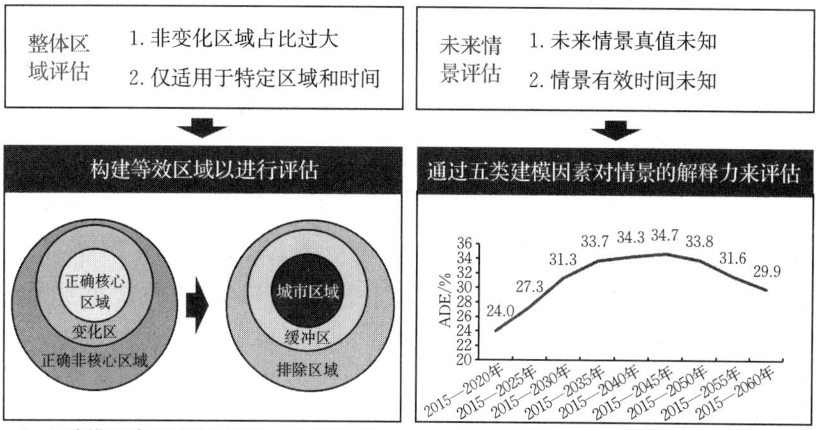


（a）跨模型跨区域跨时间的可信度验证　（b）未来情景推演预测的可信度评估

图 4　跨模型跨区域跨时间的未来情景可信度验证方法

## （二）典型应用 2：月表要素空间分析与探测选址

### 1. 月表关键要素遥感反演与分析

对于月球探测来讲，五类共性因素所包括的范围非常广，包括地形地貌、永久阴影区、各类科学目标、月表可巡视性、各类环境因素等，其中同济大学航天测绘遥感与深空探测研究团队在地形和光照方面，研制了高分辨率数据产品（Tong et al, 2023）。因此，此处介绍除地形和光照以外的需通过遥感探测的典型关键要素。

月壤厚度：针对表层月壤厚度不均对地质演化分析的影响，本研究团队提出基于双曲线-有限带宽波阻抗法的高精度月壤厚度估算方法，基于双曲线法估算出的离散点目标介电常数数据，协同有限带宽波阻抗法实现月壤层二维介电剖面反演和月壤层厚度高精度估算(Feng et al, 2023b)。

表层结构：月球表层结构是一个典型地质问题，是着陆选址考虑的重要因素。本研究团队提出结合次表层雷达回波信息与垂直矿物成分的高可信度地层划分方法，考虑着陆区周围撞击坑中心矿物成分及撞击坑直径，构建着陆区深度-矿物成分拟合曲线，结合次表层雷达回波特性实现地层高可信度划分。

太阳辐照：针对月球极地区域温度数据受地形影响较大的难题，本研究团队提出考虑地表起伏与地形遮挡的实时有效太阳辐照度模型，基于星历数据准确获取太阳直射点经纬度，结合高精度地形高度角模型开展极地区域长时序有效太阳辐照度分析，实现了目标区任意时间间隔有效太阳辐照度的获取(Chen et al,2024)。

表层温度：针对地形复杂高纬度地区物理温度模拟精度受到制约的问题，本研究团队提出全月亮温高精度制图方法 (Feng et al, 2023a)，以及顾及局部地形影响的多源数据物理温度模拟方法，基于高精度实时太阳辐照度、美国绕月卫星的 Diviner 辐射仪的红外数据，以及中国嫦娥二号(CE-2)微波辐射数据构建一维热力学模型，实现月球表层物理温度剖面的高精度分析。

水冰分布：面向月球南极水冰精准探测，本研究团队开展轨道器多源探测数据联合的浅层水冰反演研究，提出建立雷达极化散射特性、微小粗糙度、光照、温度等多指标特征体系(Feng et al,2024a)；针对多源数据因分辨率差异而造成的水冰点匹配性不高的问题，提出了建立基于容差模糊匹配的水冰结构验证方法。

**2. 顾及适宜概率的探测选址技术**

*1)着陆适宜概率模型*

月球南极是未来月球探测的重要目的地，评估潜在着陆点的科学价值与工程安全是保证任务成功的前提。月球着陆点选址指标体系一般包括科学价值与工程安全两类，涉及地形坡度、光照条件、通信条件、水冰含量、到永久阴影区距离等众多指标。未来月球探测的任务范围将不断拓展，涉及着陆探测、巡视探测、科研站建设、飞跃探测等高难度任务，因此对选址的要求提高到多目标的优化。当选址范围扩大到月球南极，人工选址方法将显著增加漏选风险，降低选址效率，增加重复性成本，因此有必要提出融合专家决策和人工智能的大范围选址分析技术(Feng et al, 2024b)。

基于五类共性因素的发生概率共性方法，本研究团队提出一种面向月球探测的着陆适宜概率模型，五类共性因素在该模型中具体化为地形因素、危险限制性因素、目标邻近性因素、巡视可达性因素和环境异质性因素。地形因素用于分析着陆区的着陆安全性；危险限制性因素用于附加空间约束，如避开永久阴影区等无光照区域；目标邻近性因素涵盖到科学目标（水冰资源、生命痕迹和地质等）的距离；巡视可达性因素涵盖到探测点的可达性，包括通信条件、时间代价指标和里程代价指标等；环境异质性因素涵盖月表环境的地质、物质、环境等的异质性。

综上，着陆适宜概率模型可衡量候选区的科研探测价值概率，而该模型的邻域缩放因子可量化着陆区周围的着陆安全性。此外，在模型中附加空间约束以限制着陆区的搜索范围，以防止着陆点落于危险的地区。针对传统选址模式需要人工设定阈值导致高价值着陆区遗漏的问题，该模型提出了划分着陆区优劣的总体阈值和个体阈值，并通过启发式学习方法自主解算，实现着陆点的工程安全与科学价值的综合表现最优化（Feng et al, 2024b）（图 5）。

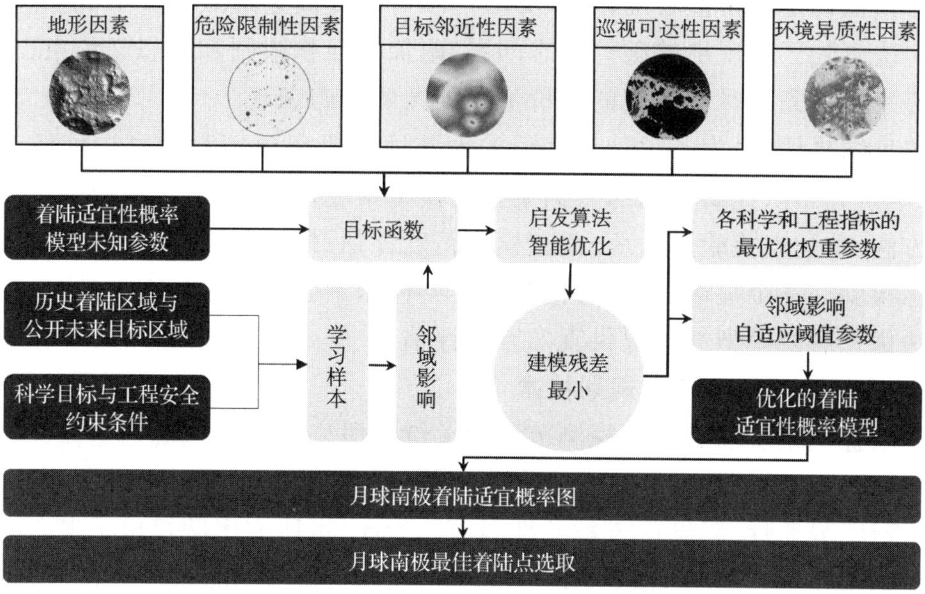


图 5　基于五类共性因素的月球着陆适宜概率选址模型

2）基于启发式智能的选址模型训练

在着陆适宜概率模型中，指标权重和缩放尺度因子为线性关系，而指标阈值和适宜概率阈值为非线性关系，考虑到模型参数种类多、数量多且关系复杂，本研究团队提出采用启发式方法在大量选址参数组合中选取最优的参数组合，获得反映专家决策经验的选址规则，从而实现了着陆点的适宜概率最大化。

选址样本数据：首先构建反映专家选址经验的样本数据集，其中具有高着陆探测价值的像元作为正样本，不可着陆的像元作为负样本。正样本像元所处区域为月球探测历史区域与未来探测目标区域。样本数据集被分为训练数据集和验证数据集。训练数据集中的正负样本像元用于训练反映最优选址规则的选址模型，以完善着陆适宜性模型参数。验证数据集的样本像元用于评估优化后着陆适宜性模型的准确度,即模型判断适合着陆的像元属于正样本的比例。

选址模型训练:本研究团队提出跨区域启发式协同选址方法,将选址过程从依赖专家经验转变为自动化智能识别,将模型选择的着陆区与专家决策的着陆区之间的差异定义为目标函数,采用启发式算法优化目标函数结果,得到反映专家决策经验的最优着陆适宜概率模型。以遗传算法为例,通过个体选择、基因交叉和基因变异,该算法可以利用训练数据集中的正负样本像元,挖掘最优选址参数,避免人为设置权重,体现了着陆适宜概率模型的核心优势。

3)附加空间约束的着陆区选择与评估

空间分析约束:使用启发式算法挖掘最佳选址模型参数后,反映专家选址经验的概率模型可以代替人工在更大范围评估像元级着陆区的适宜概率,并采用自适应阈值确定高价值着陆区,该方法可以有效提高选址效率并降低漏选风险。为了解决着陆区呈现出的破碎形态问题,附加了面积限制和形态学约束(偏心率和实心率),以完善月球南极的高价值着陆区的形态表现。

选址结果评估:为了评估训练后的着陆适宜概率模型与专家选址经验的一致性,本研究团队提出了训练数据集上的模型精度评估方法、选址模型可解释性分析方法、着陆点检验方法等,覆盖模型精度评估、模型可解释性分析、着陆点物理指标检验等三个关键环节,为检验五类共性因素分析方法的有效性,反映启发式方法优化后的模型性能提供真实客观评估。

**3. 选址点间巡视路径规划技术**

巡视探测是着陆后拓展探测范围的关键手段。巡视路径规划是保证巡视器行驶安全的首要前提,是用于分析路径安全的关键因素,同样涵盖了地形、可达性、邻近性、异质性、限制区五类共性因素。为此,本研究团队提出了考虑五类共性因素的巡视路径规划方法(图 6),拟解决的关键问题如下:①基于刚体车轮与月壤相互作用模型模拟巡视器行驶的能量耗费,提出综合能量耗费、光照输入和通信输入的综合性路径成本衡量方法,实现了月球南极潜在行驶路径综合安全的有效衡量;②结合地形、光照和通信条件分析航路点的可通过性,设计自适应阈值选取策略以构建可通过性地图,解决了人工设定阈值在不同场景中适用性降低的问题;③提出面向动态阴影躲避的局部路径优化方法,并完成了月面巡视过程动态模拟,以可视化评估巡视路线的安全性。

综合性行驶成本模型:月球巡视器需要持续获取太阳能,规避具有倾覆风险的危险区域,而这高度依赖路径规划算法找到最安全的行驶路径。考虑能量成本、阴影成本和通信成本,本研究团队提出综合性行驶成本模型,以行驶代价作为评估路径优先级的综合性指标,实现安全行驶路径的规划。

自适应可通过性分析:针对固定风险阈值忽略局部区域的地形与光照特征

的问题，本研究团队提出考虑局部风险特征的自适应可通过性分析方法，基于选址点和目标点的空间位置，自适应计算全部和局部风险阈值，在识别危险行驶区域的同时保证路径搜索的有效性。

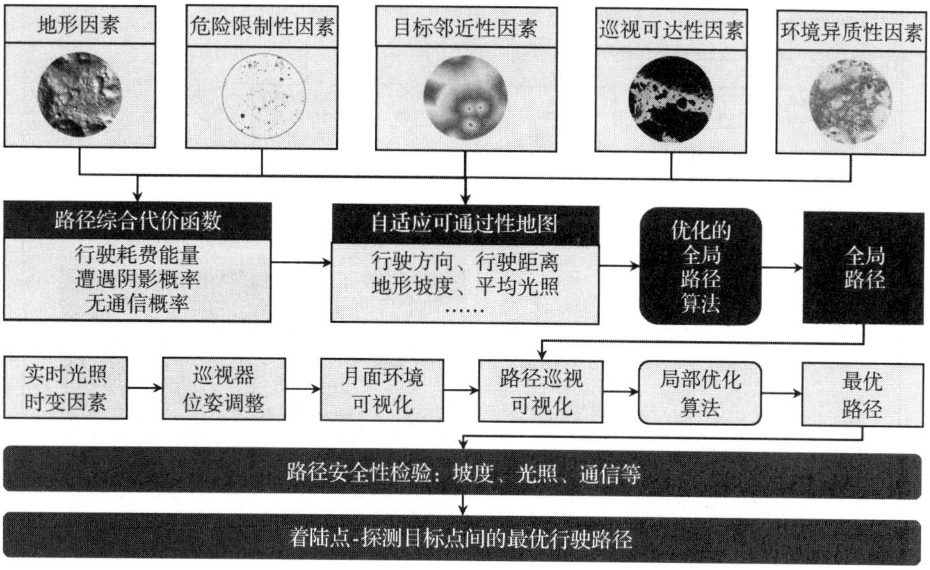


图 6　考虑五类共性因素的巡视路径规划方法

阴影躲避与行驶可视化：面对月球南极苛刻多变的光照条件，提出基于光照模拟的局部路径优化技术，实现阴影区域动态监测、规划与躲避；提出基于巡视过程第一人称可视化的路径安全性评估方法，为着陆点的安全性和前往水冰等高价值区域的路径可靠性提供可视化评估方案。

**4. 探测选址与路径规划系统**

基于上述关键技术研究，设计实现了涵盖着陆探测选址、巡视路径规划、巡视三维模拟等功能的软件（TCAPH-Suit），应用于月表可着陆区域的搜索选取和路径优化（图 7）。主要功能模块如下。

自动化选址模块：支持量化着陆区的安全性、科学价值等多种指标，并能够对指标进行标准化处理，基于叠置分析、遗传算法优化选址、滑动窗口自动化等方法搜索适宜着陆区，实现了模型精度评估、可解释性分析和着陆点安全性评估。

路径规划模块：基于自动化选址模块输出结果，实现选址点到水冰目标区域的路径规划。支持基于真实巡视器与月壤参数的能量耗费模拟，考虑地形安全与能量耗费，生成最优全局路径。

三维可视化模块：基于选址点到目标点的全局路径结果，实现第一人称巡视过程模拟，将沿线月表地形起伏和动态光照与阴影区域进行可视化。以沙克尔顿（Shackleton）连接脊区域为例，基于虚拟环境的第一人称可视化能表现撞击坑和山体的起伏变化，使用户直观感受到前进中的姿态调整，有利于对长距离巡视探测任务的安全性进行评估。

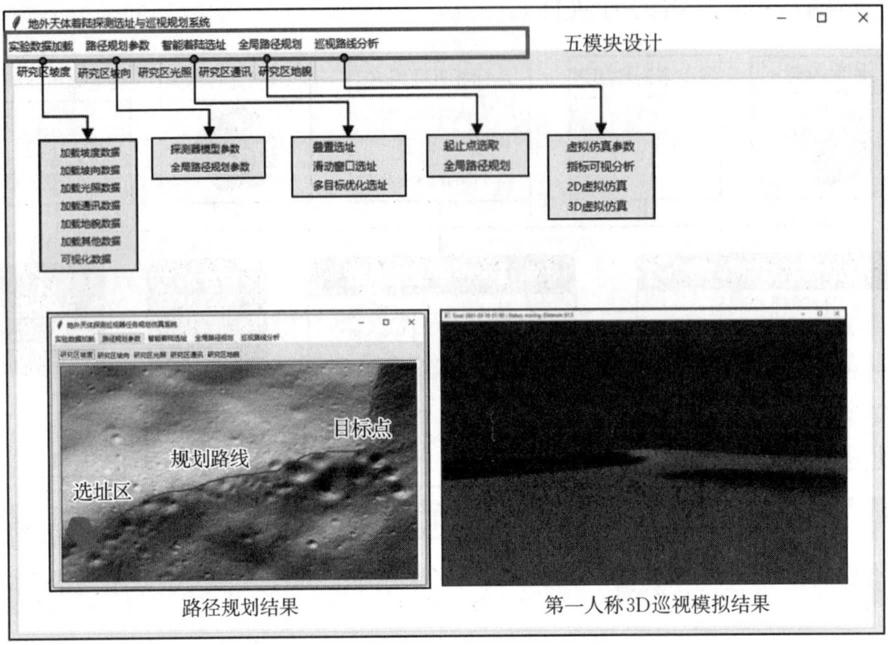


图 7　月球南极探测选址与路径规划软件

## 四、总结与展望

在人工智能驱动地理信息技术发展的新时代背景下，空间分析与动态建模涵盖地表要素观测推演和深空天体探测选址等应用领域。基于空间分析与动态建模思想，面向新场景、新需求、新挑战提出新方法，可以有效扩大地理信息技术的应用广度和深度，对解决国家关键领域的需求具有重要意义。本文提出的空间分析新方法用发生概率来捕捉和分析核心要素在变化、转移和交互过程中的时空规律和不确定性。通过集成人工智能技术来优化模型组合，深入解构空间要素间的内在联系，实现了推演因素的综合集成、模型的精细优化、应用场景的灵活适应。这些方法在城市发展空间推演和月球探测着陆选址等领域展现出较好的应用潜力。

下一步，以空间分析与动态建模为核心的测绘遥感地理信息处理技术，将紧密结合国家战略任务，进一步深化地表和月表关键要素的时空分析与推演过程，来增强该技术的覆盖广度和应用深度。同时，积极探索融合人工智能领域的最新模型，致力于在大范围、高精度、动态化的场景中，构建出更为先进的空间分析技术体系。

## 参考文献


陈军,刘万增,武昊,等,2021. 智能化测绘的基本问题与发展方向[J]. 测绘学报. 50(8):995-1005.

冯永玖,李鹏朔,童小华,等,2022. 城市典型要素遥感智能监测与模拟推演关键技术[J]. 测绘学报,51(4):577-586.

郭华东,2022. 地球大数据支撑可持续发展目标报告(中国篇)[M]. 北京:科学出版社.

童小华,刘世杰,谢欢,等,2022. 从地球测绘到地外天体测绘[J]. 测绘学报,51(4):488-500.

童旭东,2016. 中国高分辨率对地观测系统重大专项建设进展[J]. 遥感学报,20(5):775-780.

吴伟仁,刘继忠,唐玉华,等,2019. 中国探月工程[J]. 深空探测学报,6(5):405-416.

周成虎,孙九林,苏奋振,等,2020. 地理信息科学发展与技术应用[J]. 地理学报, 75(12): 2593-2609.

CHEN S R, FENG Y J, TONG X H, et al, 2024. Analysis of thermal and dielectric loss features of lunar regolith considering real-time effect solar irradiance[J]. Earth and Space Science, 11(7):e2024EA003736.

FENG Y J, 2017. Modeling dynamic urban land-use change with geographical cellular automata and generalized pattern search-optimized rules[J]. International Journal of Geographical Information Science, 31(6):1198-1219.

FENG Y J, CAO Y Z, TONG X H, et al, 2023a. High-accuracy lunar global brightness-temperature mapping using third-order Fourier fitting and co-Kriging interpolation[J]. Icarus, 403:115646.

FENG Y J, CHEN S R, TONG X H, et al, 2023b. Exploring the lunar regolith's thickness and dielectric properties using band-limited impedance at Chang'E-4 landing site[J]. Journal of Geophysical Research - Planets, 128(3): e2022JE007540.

FENG Y J, DONG Y Y, WANG R, et al, 2024a. SHARAD-based detection and estimation of water-ice content in Korolev crater at the north pole of Mars[J]. IEEE Journal of Selected Topics in Applied Earth Observations and Remote Sensing ,99:1-15.

FENG Y J, LI H P, TONG X H, et al, 2018. Projection of land surface temperature considering the effects of future land change in the Taihu Lake Basin of China[J]. Global and Planetary Change, 167:24-34.

FENG Y J, LI H T, TONG X H, et al, 2024b. Optimized landing site selection at the lunar south pole: a convolutional neural network approach[J]. IEEE Journal of Selected Topics in Applied Earth Observations and Remote Sensing, 17:10998-11015.

FENG Y J, TONG X H, 2020. A new cellular automata framework of urban growth modeling by incorporating statistical and heuristic methods [J]. International Journal of Geographical Information Science, 34(1):74-97.

GAO C, FENG Y J, XI M R, et al, 2023. An improved assessment method for urban growth simulations across models, regions, and time[J]. International Journal of Geographical Information Science, 37(11): 2345-2366.

TONG X H, HUANG Q, LIU S J, et al, 2023. A high-precision horizon-based illumination modeling method for the lunar surface using pyramidal LOLA data[J]. Icarus, 390:115302.

WANG C, JIA Y Z, XUE C B, et al, 2024. Scientific objectives and payload configuration of the Chang'E-7 mission[J]. National Science Review, 11(2): nwad329.

# 国际与区域篇

# 国际实景三维建设应用和实践

海克斯康集团 李洪全

## 一、引 言

实景三维建设是当前地理信息产业的热门领域。

实景三维(3D real scene)技术是通过现代测绘技术、遥感技术和计算机图形学等手段,对现实世界的地理特征进行精确测量和数字化建模,生成具有真实感和高精度的三维模型(王斌 等,2024)。这些模型覆盖了建筑物、道路、地形等静态要素,也可以模拟植被覆盖、水体流动等动态变化,为决策者提供全面的空间信息。

进入21世纪,随着激光雷达、摄影测量、无人机等技术的应用,实景三维模型的精度和真实感得到极大提升。这些进步推动了城市规划、建筑设计、环境保护等领域的发展,也为智慧城市、虚拟现实(VR)、增强现实(AR)、自动驾驶等新兴领域提供了支撑。

在国际上,实景三维技术受到各国政府高度重视。各国根据自身特点采取了区域或地方性的实景三维测绘举措(图1、图2、图3)。荷兰作为先驱,实施了多次全国性激光雷达覆盖,支持水资源管理和安全。德国政府在其数字化战略中提出智慧城市构想,资助数字孪生项目,推动实景三维技术在城市管理和规划中的应用。许多国家也开始规范实景三维数据的获取、使用和共享,保障个人隐私和国家安全,如波兰开发了针对国家特殊威胁的信息系统(ISOK)、美国实施了三维高程计划(3DEP),西班牙、丹麦、英国、斯洛文尼亚、捷克等国都提供了机载激光雷达(LiDAR)或其他实景三维数据供公众下载。

本文主要介绍了一些国家和组织的实景三维产业建设和应用发展概况,以及基于实景三维产品的应用实践及成效。希望本文能够为实景三维技术的进一步发展提供有益的参考和启示,共同谱写实景三维的新未来。

图 1　荷兰阿姆斯特丹城市实景三维模型

图 2　日本东京银座实景三维模型

图 3　意大利米兰实景三维模型

## 二、国际实景三维建设

实景三维建设和应用在国际上受到各国政府和专业机构的高度关注，其技术历程已长达近三十年。以下是一些国家和组织关于实景三维建设的具体项目以及实施方案和标准。

### (一)荷兰实景三维建设项目

#### 1. AHN 项目

AHN(荷兰现行高程模型)项目是荷兰政府主导的一个全国性地理信息项目。荷兰政府公共工程和水资源管理执行总局和26个地区水资源委员会负责荷兰的水资源管理，负责建造、管理和维护水道、堤坝、防洪设施和结构，以免遭水灾，确保适当排放多余的水，并为所有用户提供充足的优质饮用水。为了完成这些任务，他们需要详细的地形和堤防的高度信息。

在以往，堤防的几何数据主要是通过地面测量获得的。激光测高技术的发展，使利用激光测高技术获取堤坝的数字地形模型成为可能。该项目旨在通过激光雷达技术采集全国范围内的地面高程数据，以建立精确的数字地形模型。AHN项目于1997年启动，在2003年完成第一版模型，覆盖荷兰全国。2013年更新的AHN-2的规格包括了对地形的详细描述，以及对数据采集的严格要求，如在冬季进行数据采集，以避免植被影响测量结果和数据过滤、分类和插值处理等，来确保数据的准确性和可用性。

目前AHN项目已更新至第四版，数据和产品预计将在未来几年内继续支持荷兰的水利管理和堤坝维护工作。

#### 2. 荷兰 NSDI 项目

1)项目背景

荷兰三分之二的土地容易受到洪水的影响，因此为国家空间数据基础设施(NSDI)添加三维数据非常重要。自2014年起，荷兰土地注册处基于开放数据提供三维地图，作为公共和私营部门的基本文件。此外，荷兰是第一个将开放式地理空间信息联盟(OGC)城市地理标记语言(CityGML)作为国家标准的国家，这为从二维数据到三维数据的过渡提供了一个重要的平台。在Cyclomedia公司与海克斯康公司的合作下，荷兰第一个国家全境范围的三维模型——3DNL得以创建(图4)。

2)作业过程

为了在最好的状态下拍摄整个荷兰并制作最好的数据集，Cyclomedia公司采用了 HxGN Content Program 地理空间数据交付平台的 CityMapper-2 数据，每年 2 月至 10 月拍摄航空数据。公司使用 HxMap 软件处理后的航空影像和激光雷达数据，转换为网格模型并添加到 3DNL 中。公司在 HxDR 平台上托管数据并完全集成到 Street Smart 平台中。

HxDR 平台使全球用户能够解锁 3DNL 中的数据，并利用一系列功能探索和利用 3DNL。这些功能包括三维城市模型测量(距离、高度、体积)、资产管理、阳光和阴影分析以及建筑横截面分析。该平台也是供公众查看的可视化项目理想平台，并允许任何领域的专业人员进行虚拟操作。数据成果在云可视化和协作平台 HxDR 上为全球客户提供数据和应用服务。

图 4　荷兰国家全境范围三维模型——3DNL

3)项目总结

荷兰实景三维项目成功创建了一个国家级数字孪生模型，为各种应用提供了一个多用途的三维数据集。该项目通过集成先进的传感器技术和优秀的软件处理能力，展示了使用航摄大飞机大规模同时收集图像和点云的潜力，并为未来三维数据扩展到其他地理区域奠定了基础。这个项目使荷兰在地理信息领域取得了显著的进步，为政府和商业客户提供了宝贵的规划工具。

## (二)法国 LiDAR HD 项目

法国 LiDAR HD 项目由法国国家地理信息和森林研究所(IGN)主导，旨在通过高密度激光雷达扫描，到 2025 年实现法国全境的三维精细描述。该项目支持各种应用，包括城市规划、环境监测、基础设施管理和应急响应(图 5)。

### 1. 项目目标

到 2025 年，使用高密度 LiDAR 扫描覆盖法国所有地区。提供高精度的三维点云数据,分辨率达到10点每平方米或更高,支持城市规划、环境保护、森林管理、农业监测等多个领域的应用。

图5 LiDAR HD项目分类点云成果

**2. 技术实现**

使用先进的激光雷达设备进行全国范围的高精度扫描,并结合人工智能(AI)在点云数据分类中发挥关键作用,通过深度学习算法(如Myria3D)显著提升分类的准确性和效率。AI技术减少了人工检查的需求,提升了自动化程度。最终将LiDAR数据与其他地理数据源(如影像数据和地理信息系统数据)结合,提供综合性的三维模型。

**3. 主要应用领域**

城市规划:支持城市基础设施的设计和管理,提高规划的科学性和精确性。

环境监测:实时监测空气质量、水资源、森林覆盖等环境指标,辅助环境保护政策制定。

灾害应对:在自然灾害或紧急情况下,提供实时数据和模拟分析,支持应急响应和救援行动。

农业和林业:通过精确的地形和植被数据,优化农林业管理,提高生产效率和资源利用率。

法国LiDAR HD项目通过结合先进的LiDAR和AI技术,致力于实现全国范围内的高精度三维建模,为各行业提供宝贵的数据支持,推动智能城市和可持续发展的进程。

## (三)美国三维高程项目(3DEP)

美国三维高程项目(3DEP)是由美国地质调查局(USGS)主导、国家地理空间计划(NGP)协助管理的一个全国性地形数据采集计划。该项目旨在利用激光雷达(LiDAR)和其他遥感技术,对美国全境进行高分辨率的三维地形数据采集,为各种应用提供高精度的地形信息。3DEP 于 2012 年启动,当时的目标是到 2023 年底获取全面覆盖本土以及其他属地的 LiDAR 等数据,以支撑政府、非政府的规划和决策,该项目现在已成为美国国家地形数据的重要来源之一。

在 3DEP 启动之前,USGS 和其他联邦机构已经认识到对高精度、高分辨率地形和三维空间数据的需求,并投资了大量 LiDAR 数据采集项目。2011 年,USGS 联合其他机构委托 Dewberry 公司进行国家增强高程评估(NEEA),分析商业使用需求,估算成本和收益,并评估数据采集方案。基于 NEEA 的评估结果,2014 年 USGS 发出了 3DEP 倡议,旨在通过合作采集数据,提高效率和降低成本。3DEP 由 USGS 牵头,各州和地方机构以及非政府组织可以通过 USGS 每年发布的《广泛代理商公告》竞争申请联邦配套资金以进行数据采集,私营企业与政府签订合同,采集数据并提供技术解决方案。

截至 2023 年底,3DEP 已完成了大部分的地形数据采集工作,并且已经发布了大量的高质量地形数据,包括裸地高程模型和三维点云数据(图 6)。这些数据对于美国的各个行业和领域都具有重要意义,如城市规划、土地管理、资源开发、环境监测、灾害管理等。

图 6 纽约曼哈顿地区三维建筑单体模型

## (四)德国城市互联数字孪生(CUT)项目

德国城市互联数字孪生(CUT)项目由德国联邦政府于2021年启动,是规模更大的智慧城市试点项目的一部分。该项目由汉堡牵头,莱比锡和慕尼黑参与,为城市数据和数字孪生发展构建集中平台(图7、图8)。

数字孪生的概念已经存在于工业领域。城市互联数字孪生版本采用虚拟交互式三维城市模型和协作式城市数据平台的形式。该项目以汉堡、莱比锡和慕尼黑的综合基础设施和经验为基础,开发各自的城市数据平台和数字孪生系统,并将其作为核心技术要素,为城市地区和市政当局提供支持,利用数字化的潜力来实现城市可持续发展。

图7 德国汉堡城市三维模型成果

图8 德国慕尼黑实景三维模型

汉堡、莱比锡和慕尼黑三座先行城市从德国政府获得约3 200万欧元的资金。到2025年,汉堡、莱比锡和慕尼黑将分别投资1 000多万欧元打造自己的数字孪生城市，并从五大核心数据中汲取资源。

地理基础数据：城市数字孪生的基础，定义了空间参考，使得不同信息集之间能够建立持久的、跨学科的关系，从而创建一个明确无误的解释空间。

专业数据：特定应用的数据，包括建筑项目、环境保护和人口统计状况的信息。

分析模块：用于解释数据的分析工具。分析可以通过交互式、可视化的方式进行，或者在模拟中，它们的操作可以是完全自动化或部分自动化。

应用模块：城市数字孪生面向客户的界面。通过接口提供的数据以视觉形式呈现，适合人机交互。分析组件可以作为固定组件集成到应用中，或者作为单独的组件使用。

地理基础孪生模块：一个智能网络，结合了所有信息和数据分析方法，提供了一个全面和可靠的视角。

将现实世界平台或城市传感器收集的实时数据注入数字孪生，可以促进各种场景的全面可视化。其综合战略受到数字孪生应用获得成功的启发，在更强的可持续性、更高的效率和增强的安全性方面表现出了巨大的优势。

## （五）欧盟哥白尼计划

欧盟的哥白尼计划旨在利用卫星和地面观测系统收集全球各种类型的地球观测数据，以提供广泛的环境监测和地球观测服务。该计划由欧盟委员会（EC）管理，并与多个组织合作实施，包括欧洲航天局（ESA）、欧洲气象卫星开发组织（EUMETSAT）、欧洲中期天气预报中心（ECMWF）等，目标是实现全球、连续、自主、高质量、大范围的地球观测能力，提供准确、及时和易于获取的信息，以完善环境管理，了解和减轻气候变化的影响，并确保公民安全。哥白尼计划的前身是全球环境与安全监测计划（GMES），该计划于 1998 年提出，2012 年更名为哥白尼计划，是欧盟旨在推动欧洲卫星观测能力和地球观测技术的重要举措之一。

哥白尼计划是继伽利略计划之后又一个以著名科学家命名的重大科技发展计划，其核心是一系列的地球观测卫星，它们携带各种传感器，包括光学、雷达和红外线传感器等，用于不同类型的地球观测任务。这些卫星通过全球网络实时收集和传输数据，为全球用户提供开放、免费的地球观测数据和服务，被广泛应用于气候变化监测、自然资源管理、环境保护、灾害风险评估、城市规划、农业和渔业等领域。

## （六）澳大利亚实景三维白皮书

澳大利亚标准组织 2023 年 3 月发布的实景三维白皮书体现了数字孪生对于澳大利亚数字经济发展的重大意义，该白皮书提出了一系列建议，助力澳大利亚的数字孪生和实景三维技术在全球领域的领先地位。这些建议涵盖领导力和治理措施、关键市场推动因素以及激活机会的国家试点项目。包括以下几个方面。

领导力和治理措施:建议确定一个澳大利亚政府的数字孪生技术赞助人,建立治理机构和行业工作组,以及制定国家数字孪生技术战略。

标准:制定数字孪生技术标准路线图,包括当前和未来的标准,以实现国家数字孪生技术项目。

能力:通过学术界、政府和私营部门代表的合作,创建数字孪生技术技能和能力框架。

技术投资:澳大利亚政府致力于投资和推进关键技术的研究与开发,包括高级数据分析、人工智能、机器学习、先进通信技术等。作为代表,新南威尔士州空间数字孪生项目已全面启动空间基础设施的建设、共享、管理、决策应用等工作计划。

## (七)虚拟新加坡平台

虚拟新加坡平台是新加坡政府与私营部门合作开发的数字城市解决方案,旨在利用先进的技术和数据来建立一个完整的虚拟城市模型(图 9)。这个平台整合了大量的城市数据,包括地理信息、建筑物、交通流量、环境监测等多个方面的数据,通过智能化的算法和模拟技术,实现对城市运行状态的实时监测、分析和预测。这一项目于 2018 年面向政府、市民、企业和研究机构开放,广泛应用于城市环境模拟仿真、城市服务分析、城市规划与管理决策、科学研究等领域。

图 9 虚拟新加坡平台

以上这些项目和标准共同推动了实景三维技术的发展,为数字空间与现实空间的关联提供了统一的空间定位框架和分析基础,为数字政府和数字经济提供了重要的战略性数据资源和生产要素。

## 三、国际实景三维应用

实景三维技术，作为一种革命性的空间信息获取与表达手段，已经在全球范围内得到了广泛的应用和认可。它通过高精度的三维数据采集和处理技术，能够为城市规划、交通管理、环境保护、灾害监测和农业管理等多个关键领域提供强有力的支持和解决方案。

### （一）城市数字孪生

在城市规划领域，实景三维技术能够提供城市建筑、道路、绿地等空间信息的精确三维模型，帮助规划师进行更为直观和科学的城市规划设计。通过这些三维模型，规划师可以更好地理解城市的空间结构，预测规划方案的实施效果，从而作出更加合理的决策。

HxGN Content Program 平台为荷兰提供了高质量的三维地图和模型，可以用于环境模拟、能源需求估算、城市生命周期管理、城市设施管理、房地产评估、灾害管理、步行导航、机器人技术、城市数据挖掘和基于位置的营销等领域的复杂分析和显示任务（图 10）。Cyclomedia 公司将三维数据托管在基于云的存储、可视化和协作平台 HxDR 上，并完全集成在 Cyclomedia 公司的 Street Smart 平台中。Street Smart 平台提供阴影分析、建筑信息模型（BIM）构建、横截面测量等工具，支持 NDSI 项目涉众间的虚拟协作。该项目为城市创建详尽的数字孪生模型，这些模型包括了高精度的正射影像、倾斜影像、数字地形模型、激光雷达点云等，基于这些数据和平台，帮助城市规划者和决策者在孪生世界分析现实世界的情况，优化城市布局，提高城市的宜居性、可航性（适航性）和可持续性。

图 10　荷兰数字孪生模型

## (二)应急管理

为了提高人身及财产安全,沙特阿拉伯内政部于 2015 年开始在麦加省搭设统一安全运行中心(911),这也是沙特阿拉伯第一次搭设国内一个省范围的紧急呼叫及调度系统。为了这一项目的顺利实施,该部门需要一个架构灵活且安全可靠的事件管理系统,该系统需要得到安全机构及行业用户的广泛认可。

基于上述需求,沙特阿拉伯内政部最终决定搭设慧讯融指挥决策系统指挥调度模块,该模块最终于 2016 年夏天开始投入使用。该解决方案将麦加省 40 多个运营中心集中到一个统一安全运营中心(911),从而为全省提供全面、集中的一体化应急事件响应系统,重点保障了省内的麦加、吉达和塔伊夫等城市。

某些特殊事件及重大活动发生时,该解决方案能够帮助当地警察和市民大幅度提升他们的应急响应速度及态势感知能力。通过对其巡逻警察、交通和民防部门以及道路安全特种警力部队的统一呼叫管理,该系统在一些重大活动期间每天能够接通 4 万~6 万次。

沙特阿拉伯内政部对在麦加省实施的统一安全运行中心(911)感到非常满意,该项目的成功实施也为他们提供了一个想法,可以将类似的运营模式及运行方式扩展到其他省份。

## (三)公共安全

随着城市人口快速增长,公共安全事件和大型活动的发生和举办日益频繁,市民对应急安防服务的需求也呈现稳定的上升趋势。平安城市的构筑与社会稳定的实现离不开政府与应急安防部门之间的相互协作以及两者与城市居民之间的互联互通。

实景三维技术在国外公共安全行业的应用已经得到了广泛的接受和认可。它不仅提高了公共安全管理的效率和准确性,还为保障人民群众的生命财产安全提供了有力的技术支持。

基于获取的实景三维数据,德国耶拿市消防队完成了对地区责任划分运营管理的转变,实现了新一代的运营管理方式(图 11)。突发事件发生时,负责指挥室内工作的调度员将收到自动推送的消息,建议事发地附近最合适的响应单位,从而缩短响应时间,使消防队发挥最大效用。基于云端部署的解决方案可实现工作流程的自动化,减少空间数据集成工作带来的成本并提供自动化的质量监测。此外,耶拿市消防队将使用集成性工具来优化患者的运送流程,这意味着医院和私人医师可以直接发送患者运输的请求，并且实现提前规划、交互性协调沟通。

图 11　德国耶拿市消防队指挥控制中心

## （四）智慧电网

电力是国家基础设施的组成部分，智能的数字化管理方案已经被逐渐采用。比如现在可以采用机载激光雷达系统以高点密度、高飞行效率、高安全标准，采集电力线、电力塔等结构的三维点云，为输电网络提供精准的基础数据保障。地面激光扫描仪智能化、自动化获取精确的三维数据，后续通过后处理软件提取电力线等，助力电网规划、线路巡检、故障定位和资产管理等。

CESC 公司于 1899 年在印度加尔各答成立，主营发电和配电业务，成立至今已有一百多年的历史。目前该公司服务于 567 平方千米范围内超过 270 万家的当地用户，服务范围包括印度的加尔各答和豪拉两座城市。

为了满足人口快速增长和配电复杂网络设计的服务需求，CESC 公司决定搭设一套基于地图的解决方案，帮助其管理网络资产，以减少客户停机时间，精简业务流程，并促进未来的业务增长。

CESC 公司与海克斯康公司安全与基础设施部门保持了长期的战略合作伙伴关系，将其 FRAMME 系统升级成专为基础设施网络规划和管理而设计的地理信息系统整体解决方案（图 12）。凭借先进的海克斯康慧网捷资源管理系统，CESC 公司实现了更完善的网络制图和规划，增加了对外勤人员的实际援助服务。此外，通过海克斯康慧网捷资源管理系统强大的地理空间整合能力，CESC 公司现如今能够更好地应对恶劣天气给电力供应带来的不利影响，从而减少用户的复电等待时间。

图 12　印度加尔各答智慧电力实景三维数据

## (五)智慧交通

对于轻轨或者铁路道路等运营商而言,智能化数据信息的生成能力日趋重要。同时,企业内部以及与公众和政府机构间的信息共享也不容忽视。通过电子地图对轨道交通各项资产及运营网络之间的空间关系进行有效管理是确保完整、精准信息提供的重要步骤。

加拿大滑铁卢地区的运输和服务部门研发了道路维护管理系统。基于这个管理系统,员工可以实时在线访问,记录道路信息,然后系统交叉引用当前数据与历史条目给该部门任何时间点的某一条道路提供一个 360 度视角的报告。

CORYS 公司合作利用 HxGN Content Program 的高分辨率航空数据集,为加拿大全国的铁路网络构建了基于对象的超逼真三维计算机图像(CGI)模拟器。这些模拟器能够在各种计算机生成的条件下,如雨中、雪中和刺眼的阳光下,准确地再现铁路网络(图 13),为铁路运营商提供了司机预演和风险评估的工具。这些系统对于提高铁路运营的安全性、可靠性和能效至关重要。

图 13　加拿大滑铁卢地区铁路轨道模拟

## (六)城市植被及林业保护

城市植被及林业的状况关乎着生态环境与社会经济的协调发展,加强林业资源管理,对林业资源进行科学的开发与利用,有利于实现林业的可持续发展。

实景三维技术在林业领域的应用为森林资源的管理和保护提供了强有力的技术支持。该技术能够提供森林的三维视图,帮助进行精确的资源调查,监测病虫害,分析野生动物栖息地,优化森林结构,提高生态功能和经济效益。此外,它还有助于火灾预防、紧急扑救、生态旅游开发、林业教育、碳汇计算、保护区域划定以及政策制定。实景三维技术的应用提高了林业管理的效率和准确性,促进了森林生态系统的保护和林业的可持续发展。

意大利国家生物经济研究所研究人员利用地面激光扫描技术对地中海地区特有的森林结构进行扫描,获取森林中树木的空间分布、大小、形状等三维信息,进而对森林结构进行深入研究,最终完成地中海森林结构分析,这对于林业管理和生态研究具有重要应用价值(图 14)。

图 14　意大利巴勒莫的城市林木

## (七)文化遗产保护

实景三维技术为文化遗产保护提供了先进的数字化工具。通过高精度扫描,该技术能够创建文化遗产的详尽三维模型,便于存档、监测和教育普及。它使得对遗产现状的微小变化进行监测成为可能,有助于预防性保护和及时修复。此外,三维模型支持虚拟展示,让公众能够无接触体验文化遗产,同时促进了教育发展与旅游开发。在管理规划方面,实景三维技术提供了直观的决策支持,有助于制定科学的保护策略。它还便于国际共享与合作，增强了文化遗产保护的法律和政策制定的科学性。在灾害评估与应急响应中，利用该技术也能快速提供受损情况，指导灾后重建。随着技术的不断进步，实景三维技术在文化遗产保护中的应用将更加广泛和深入。

在“世界新七大奇迹”印度泰姬陵遭受地震后，美国圣母大学建筑学教授 Krupali Krusche 的团队决定通过数字化技术测量和记录泰姬陵数据，查看地震是否对泰姬陵造成伤害，并对泰姬陵进行数字化保护(图 15)。通过三维激光扫描仪获取精度高达 1 毫米的泰姬陵墓穴点云数据，以及用于分析结构稳定性状态的空间信息，然后运用后处理软件制作了泰姬陵三维可视化模型。通过对这些完整可靠数据和信息进行分析，该团队完成了泰姬陵状态分析和受损情况分析。

图 15　印度泰姬陵

## (八)应急救灾与灾害预防

实景三维技术通过精确的三维数据收集，辅助进行灾害风险评估，有效规划应急响应，并对灾情进行实时监测与分析。在灾害发生时，实景三维模型能够快速提供受影响区域的详细视图，帮助救援队伍优化救援路线，及时定位受害者，并合理分配资源。此外，该技术还能用于灾后重建规划，通过展示受灾对比，指导重建工作。它同样适用于公众教育、基础设施评估、资源管理、环境影响评估，以及政策与法规的制定。实景三维技术提高了灾害管理的效率，减少了灾害带来的损失，对于提升应急响应能力和保护人民生命财产安全具有重大意义。随着技术的持续进步，其在该领域的应用前景将更加广阔。

新西兰消防局搭建了一个用于全国警务和全国消防以及救援应急响应及管理的系统(图 16)。通过获取整个国家全面的地图数据，包括整个新西兰的地籍信息、具体街区的精确位置和航空影像,将这些地理空间数据集成到指挥调度模块中,然后通过该系统帮助消防局查看人员定位、确认和调度情况,快速反应并合理地分配关键资源,有效调配应急现场消防员,从而能够快速且果断地对灾害进行响应。新西兰消防局已着手实施一个为消防车新增功能的项目,以使消防人员能够更好地获取信息。自动查找和定位系统(ALPS)设备将使通信中心能够查看每一辆消防车的位置,该数据将被集成到现有的指挥调度系统中,使调度员能够将距离最近且最合适的车辆派往事发现场。

图 16 新西兰城市景观

## (九)智慧水务

气候变化、人口增长、水质安全与监管等问题是现今大多数水务服务公司面临的严峻挑战。盎格鲁水务公司作为英格兰地区最大的水务服务供应商,巧妙地运用了企业地理空间信息来应对上述不断变化的挑战。

盎格鲁水务公司选择携手海克斯康公司为其网络资产和地理空间数据搭设了单一的网络管理环境。在慧网捷资源管理系统和水资源管理系统的帮助下,盎格鲁水务公司拥有了世界先进的净水资源及废水资源基础设施管理系统,可创建出高度精准的资产分布网络模型,包括水管、下水道、储存水库、水泵、阀门和仪表等信息。

该管理系统可帮助盎格鲁水务公司进行管网规划和工程分析、工作单设计、地图资产管理和记录维护等工作。该系统提供统一的数据视图,并在所有接入点搭设有效的软件工具,使管理者或运营人员能够及时作出运营改进和客户服务的明智决策。

该管理系统为盎格鲁水务公司提供了一个专门的水资源管理解决方案，能够有效地管理和运营水利设施网络所需的全部功能(图 17)。该方案与德国 SAP 公司的 ERP 软件模块紧密集成，提高了核心信息技术(IT)流程和业务功能的集成与管理能力，包括工作与资产的管理，从而最大限度地提高了网络资产和地理空间数据的业务价值。

图 17　英格兰盎格鲁水务公司智慧资源管理应用

## (十)智慧园区

巴斯夫公司比利时安特卫普园区是世界上工厂面积最大的化学产品基地。于 2001 年开始使用基于实景三维数据的多维慧融平台管理园区内关键设施，实现海量数据可视化、重点区域管理、地下管网管理、实时传感器监控等，目前已有超过 1 500 名巴斯夫员工使用多维慧融平台开展日常工作(图 18)。

该园区不同的部门共享同一个平台，实现了利用一个平台拉通整个园区。灵活的业务需求响应和开放式的平台，可使用同样的数据针对不同场景为不同部门提供针对性的应用。监察部门、生产部门、消防部门、应急部门以及承包商，都在平台的管理下获益匪浅。同时，平台还凭借统一管理的优势，被比利时政府指定为政府提供报告的唯一工具。

该园区应用了数字孪生技术，统筹园区内生产、通勤、运输等各种车辆，保障园区人员生命财产安全和生产的正常运营，为园区交通的正常稳定运行保驾护航。通过二十多年的深耕，巴斯夫公司600公顷的园区面积全部被纳入智慧管理平台中，包括150千米的道路、580千米的地下管网、50余条生产线的日常生产、3 100多名员工和400多名承包商的日常工作，以及园区每年60亿欧元额度的日常经营。巴斯夫智慧园区的案例入选了中国产业信息网等联合发布的《2020—2026年中国化工园区市场深度调查及未来发展趋势报告》。

图18　比利时巴斯夫智慧园区应用

## 四、结束语

随着全球科技的飞速发展，实景三维技术已成为当今时代的重要创新之一。从国际实景三维建设的蓬勃发展到各行业广泛应用的不断拓展，我们见证了一个新时代的诞生，一个以高精度三维数据为核心、重塑世界、服务人类发展的崭新时代。

在国际实景三维建设的过程中，各个国家都展现出了雄心壮志和远见卓识。无论是先进的数据采集技术，还是精细的三维模型构建，抑或是大规模的数据处理与分析能力，都在不断推动着实景三维技术的向前发展。这些建设成果不仅彰显了科技的力量，更为全球各行业带来了前所未有的变革与机遇。

而实景三维技术在各行业的应用，更是让世界焕发出了新的活力。在城市规划领域，实景三维技术为城市的未来发展描绘出了更加精准、科学的蓝图；在交通管理领域，它助力打造更加高效、安全的交通体系；在环境保护领域，实景三维技术为环境监测与保护提供了全新的视角和手段；在灾害监测与应对领域，它使得我们能够更加迅速、准确地掌握灾情，为救援工作提供有力支持。还有在文化遗产保护、环境保护等更多行业的应用，再次验证了实景三维技术已经成为现代社会发展的重要推动力。

然而，实景三维技术的发展与应用绝非一蹴而就。在这个过程中，我们既看到了技术的巨大潜力，也面临着诸多挑战。数据的精度与实时性、模型的复杂度与真实性、信息的安全与隐私保护等问题都需要不断去探索与解决。但正是这些挑战，推动着实景三维技术不断向前发展，不断创新突破。

面对未来，我们对实景三维技术充满期待。随着大数据、云计算、人工智能等新技术的不断发展，实景三维技术将变得更加智能化和自动化。它将与更多的领域相结合，产生出更多的创新应用，为人类的可持续发展作出更大的贡献。随着技术的不断进步与应用领域的持续拓展，实景三维技术必将在全球范围内发挥更加重要的作用！

## 参考文献

王斌，王雷光，2024.三维实景建模警务指挥系统及其应用[J].中国人民警察大学学报，40(3)：85-91.

# 国外地理信息数据应用流通和安全治理研究

自然资源部测绘发展研究中心 薛 超 徐 坤

数字经济时代，数据已成为驱动全球经济发展和技术创新的基础性战略资源。伴随着信息技术、物联网、机器生成数据等方面的进步，全球数据量正在呈爆炸式增长。而由于数据的非排他性、可复制性和可操作性特点，数据原本所具有的价值和可操作性很容易被数据的海洋所淹没。面临现实世界和数字空间中的种种复杂问题，促进数据在安全前提下流通融合应用、提供有效解决方案已经成为全球大趋势。数据应用流通新业态、新模式也在不断涌现。本报告主要聚焦国外政府和企业在地理信息数据应用流通方面的政策体系、流通模式和平台建设情况，并对与地理信息数据流通相关联的地理信息数据安全管理政策主要导向进行简要描述。

一直以来，地理信息工作以数据获取、处理及应用为主要技术关注点，为经济建设、社会发展和生态保护提供了大量服务支撑。在数字时代，数据已经成为生产要素全面参与生产—流通—消费各环节，并在融入经济社会发展中发挥重要价值。全球范围内，关于地理信息数据价值和作用的认可程度在不断增加。目前来看，全球地理信息数据流通主要分为政府投资的公益性公共地理信息数据资源的“开放流通”和非政府投资的商业地理信息数据资源的“流通交易”两种主要模式。其中，公益性公共地理信息数据资源长期由政府通过财政投入支持，并由政府下属机构或第三方机构通过合同方式获取，这些数据在一定程度上反映了各国政府为开展数据空间基础设施或服务经济社会建设所进行的基本要素保障水平。各国为促进此部分数据开放流通、避免财政资金浪费作出了大量努力，并发布了如《电子信息自由法》《开放政府数据法案》等释放公共数据潜能。另外，市场主体逐渐取代政府部门已经成为地理信息数据生产、流通和交易的主体。在此背景下，以追求经济利益而开展的地理信息资源市场化资源配置方式已经成为数据时代地理信息生产服务的发展趋势。政府层面也面向地理信息数据采集、存储、管理、处理分析、流通等生命周期管理工作，对地理信息数据治理开展了地理信息数据标准化、数据融合管理、数据基础设施建设、数据交易基础制度构建、数据安全治理等几个维度的政府规制设计。近年来，为加速推动地理信息数据资源资产化、资本化，各国也构建了以地理信息数据供给端、市场化交易流通和应用端以及地理信息数据安全治理体系等为基本架构的地理信息数据要素保障业务体系。

# 一、国外地理信息数据流通应用政策制度

据麦肯锡测算,2025 年数据的自由流通对全球经济的贡献将有望突破 11 万亿美元。越来越多的国家认识到了公共数据的重大经济意义,促进数据开放共享也因而成为国际上的重要议题。目前,世界主要国家形成了多元的数据流通政策,在鼓励数据流通的同时对数据安全、个人隐私保护等进行了规范。美国通过一系列法律形成了“部门立法+行业自律”的政策机制。欧盟通过《通用数据保护条例》和《非个人数据在欧盟内自由流动框架条例》建立了个人数据和非个人数据的二元架构,积极探索公共数据开放模式。日本以尊重交易契约自由为原则,构建开放的数据流通制度。印度《2018 年个人数据保护法案》将数据视为“信托”问题。英国、美国、加拿大、欧盟等国家和地区为实现公共数据开放做了一系列准备工作,具体措施包括建立规范与标准、出台政策、建立政府数据开放平台等,致力于促进政府数据的开放、获取、共享和利用,极大地推动了数据的汇聚共享和政府透明度的提升,为社会创新注入新的活力源泉。

## (一)美国作为全球数据开放先行者,鼓励企业参与公共数据开放

美国 1966 年颁布的《信息自由法》中明确提出“以公开为原则、不公开为例外”,肯定公众向政府机关索取材料的权利。随后《电子信息自由法》《数据质量法》《开放政府数据法案》等里程碑文件的发布,对公共数据公开的范围、时限和质量等方面均进行了详细规定,逐步形成完备的信息立法体系。2009 年颁布的《开放政府数据法案》提出开放政府数据的三大原则,为“透明(transparency)”“参与(participation)”和“协同(collaboration)”,同时倡议在政府网站上发布更多数据库,从而使公众可更便利地获取更多政府信息。此后,颁布于 2013 年的《政府信息公开和机器可读行政命令》,确立了美国政府数据开放的基本框架。该命令提出,在保护个人隐私、确保国家安全不受侵害的前提下以多种方式公开共享数据,使得数据易于被获取、利用和开发,方便企业、研究人员等有志于开发数据服务与产品的主体使用。同年美国发布的《开放数据政策——管理信息作为一种资产》要求联邦机构将其信息资源公开、公众可访问、机器可读,且默认开放,除非有合法的隐私、保密或其他限制。而在近期,《联邦数据战略》提出要开发数据质量测量和报告指导,开发数据标准存储库。国家政策的不断出台推进数据开发程度不断加深。此外,美国各州也颁布相关数据开放政策,其中特拉华州、纽约州、宾夕法尼亚州、罗得岛州 4 个州的州长发布了开放数据行政命令,多

达16个州发布法律，明确要求行政部门开放数据。

美国开放政府数据平台建设由来已久，并不断推进数据更新与范围扩展。美国开放政府数据平台 Data. gov 于2009年成立，其提供的数据种类和数据类型现今还在不断增加，截至2024年平台免费开放30万余个数据集，覆盖医疗、能源、财政、教育、农业与气候在内的数十个广泛领域。此外，为方便公众对开放的数据进行开发，平台还提供方便第三方调用数据的应用程序接口（API），以及上百个方便使用数据的数据工具。平台中开放的数据并不是一成不变的，而是随着政务处理而不断丰富。因此，美国持续对开放的公共数据进行更新，平台统计显示，70%以上的数据集在一年内更新过，数据在时效性方面非常出众。不局限于持续扩大数据的规模，为提高数据可用性，美国还推出了与平台相配套的元数据标准，同时统一开放数据格式、规范开放平台目录清单和集合数据元数据等，有效建立起了数据间的互联互通。美国开放政府数据平台还配备了开放数据仪表盘，这是一套完整的数据开放评估系统，为不断深化开放数据提供可靠的评价方法。

美国政策与企业共同助力政企合作型的数据开放模式，形成三种主流合作方式。在政策方面，美国出台多项政策允许并鼓励企业复制、开发和出售政府开放数据，如《阳光下的政府法》和《开放政府指令》都有相关的条文规定。此外，在长期合作中，美国逐渐形成三种政企合作方式，包括政府主导型、企业主导型和政府主导市场化运作方式。政府主导型的政企合作主要通过开展开放数据应用竞赛项目实现。企业主导型的政企合作则是由企业向政府不同程度地开放其拥有的数据，辅助政府利用微观数据作出更合理的宏观决策。例如，美国环境系统研究所 Esri 与12个城市合作建立免费地图与应用，从而帮助政府为气候变化带来的影响提前做准备；Google Earth Engine 开放了40多年的卫星地图数据，并每日进行更新。政府主导市场化运作方式，则是指政府与数据开发企业等主体签订合作协议，通过授予特许经营权、制定激励政策等方式鼓励企业开放自身数据，从而形成政府与企业数据的双向开放，实现互利互惠、合作共赢。

## （二）英国积极适应开放新形势，构造贴合用户需求的开放模式

英国是公共数据开放的先行者，政策持续聚焦落地。英国政府对数据开放的部署早在2000年便已开始，由颁布《信息自由法》拉开帷幕，赋予公众获取公共机构信息的权利，开始为公共数据开放构建法律基础；随后推出的《自由保护法》丰富了该领域的基础法律，明确规定公共机构有必须公开特定信息的义务，同时肯定公民可访问公共信息，甚至有向公共部门索取的权利。2009年，英国

迎来公共数据开放共享快速发展的黄金时期,《迈向第一线:更聪明的政府》、"让公共数据公开"的倡导计划、《公共数据公开计划》接踵推出,大大完善了公共数据的规范,明确将开放数据与提高政府透明度提到国家首要战略的发展高度。2009 年英国还正式启动了数据开放平台的设计,探索公共数据开放可行范式。此后,英国持续关注公共数据开放,相关政策陆续落地。2010 年发布的《提高政府及其服务的透明和责任》标志着英国政府的数据开放工作正式启动。在接下来的几年间,英国内阁相继颁布《国家行动计划》《G8 开放数据宪章:英国行动计划》《开放数据白皮书:释放潜能》,提出将建设国家信息基础设施,在隐私权与数据开放之间寻求平衡,推进建立开放数据评价制度;同时明确提出数据治理的重中之重在于开放数据,并在法规尚不完善的情况下由政府进行先导探索,开放由财政支持的研究数据,从而实现公共数据价值的最大化。

英国作为开放政府伙伴关系的发起国,从 2011 年开始每 2～3 年便会发布一版国家行动计划,到 2022 年 8 月已发布了 5 次,并不断根据数据开放发展情况进行优化修改。在该计划中,政府向公众作出承诺,对未来时间段内要完成的目标,以及需要采取的行动进行规定,并在后续几年中逐步实现。每次国家行动计划中都会对政府数据开放进行部署,主要包含扩大开放范围、提升数据质量与制定标准等内容。其中,《开放政府伙伴关系英国国家行动计划 2011—2013》中提出要以优化资源管理和完善公共服务为支点开展政府数据开放服务;《英国开放政府国家行动计划 2016—2018》中提出要以内阁办公室领导各政府部门,各司其职、分工明确,帮助实施英国政府数据开放项目;《开放政府国家计划 2019—2021》中承诺增加政府的公共参与程度,并进一步提高公共数据质量,开放财政拨款、合同和自然资源等数据;《开放政府国家行动计划 2021—2023》中明确政府将开始与社会共同创造公共生活标准和信息获取制定标准。此外,除了国家行动计划等此类中央政府制定的战略规划,财政部、司法部和卫生部等部门和地方政府也持续制定并优化开放数据战略,不断适应新的开放形式,提供最适宜的开放方案。公共数据开放流通平台方面,自 2009 年提出建设开放平台开始,英国持续推动数据开放的范围扩展和质量提高。英国数据开放平台 Data.gov.uk 已开放 14 类数据集,覆盖商业与经济、犯罪与庭审、国防、教育、环境、政府、政府支出、健康、地图、社会、城镇、交通、数字服务表现和政府参考数据,跨越了国家宏观维度和民生服务。英国数据开放平台仍然在不断完善,在平台构建中,英国采取双轨式数据策略,将"自上而下"的政府主导和"自下而上"的公众参与结合起来。英国数据服务的数据管理和安全访问的水平在全球属于领先水平。

在地理信息数据开放流通方面,英国 2023 年发布《2030 年地理信息战略》,

强调了地理信息生态系统在经济社会中的赋能作用，对地理信息数据在地下基础设施建设、土地利用决策、交通运输等领域的融合应用作出了部署。

## （三）加拿大采取政府主导路径，积极推进数据开放平台建设

加拿大政府推行政策，建设开放平台，探索政府主导模式建设路径。在政府主导模式中，政府负责的主要工作包含建立和完善政策法规，发布开放动议与行动规划，建设并向社会提供数据开放平台，实现区域间协作和成立开放数据机构等。采用政府主导模式的典型国家是加拿大，从其政策举措中可以看出这种模式的建设方法。加拿大法律法规的建设从 2011 年发布《开放政府协议》开始，之后《加拿大开放政府行动计划》的推出标志着这种模式构建走入正轨。该计划的特色在于它并不是静止不变的，而是随着情况变化每两年进行一次修订和更新，逐渐形成多层次、多维度的管理架构。此外，加拿大建立了政府数据开放门户网站 Data. gov. ca，提供包括核心数据集和数据使用工具在内的多项服务。除了国家级平台，安大略、温哥华等各省市也都建立了开放平台，并与国家平台互联互通。

## （四）欧盟提出公共数据空间，形成以 Gaia-X 为中心的跨领域数据协作

欧盟持续聚焦公共数据开放共享，不断扩展公共数据开放范围。欧盟早在 2003 年颁布的《公共部门信息指令》中便规定，法律、交通、气象与金融等公共部门产生的数据可用于商业或非商业目的。2011 年 12 月欧盟委员会通过《公共数据数字公开化》决议，其中明确提出要设立统一的公共数据互联网对外服务门户网站，同时为提升数据可用性，强制所公开的数据必须是社会流行的格式和计算机可读的形式；此后，2019 年公布《开放数据指令》，进一步扩大开放公共信息共享的部门范围与数据范围，意在提升企业对公共部门信息的利用开发，从而推动技术与经济快速进步。而 2022 年 4 月颁布的《数据治理法》则对《开放数据指令》进行进一步补充，提出在健康、环境、能源和金融等战略领域建立欧洲公共数据空间，并对公共部门现有数据的再利用机制进行部署。《数据治理法》还引入三种数据共享方式：获取并再利用公共部门持有的数据，通过中介将数据在持有者和潜在使用者之间进行共享，以及基于数据利他主义向公共部门捐献数据。在政策持续出台的助力下，根据欧盟委员会数据，公共机构、企业和公民产生的数据量将在 2025 年增长至 2018 年的 5 倍，同时随着数据的价值被持续挖掘，预计到 2028 年，数据的经济价值将提高至 70 亿到 110 亿欧元。

欧盟提出建立欧洲公共数据空间，为各领域数据提供安全存储与便捷访问。

数据空间的提出起源于2020年2月颁布的《欧洲数据战略》，其最终目的在于创建一个向世界开放的、真正的单一数据空间，使存储在其中的数据有坚实的安全保障，并提供快捷方便的访问接口。为实现这一目标，欧盟委员会投资了战略经济和公共利益领域的欧洲公共数据空间。欧洲公共数据空间指的是以Gaia-X为中心的跨领域大规模数据空间，以及分别构筑涵盖产业、环保、交通、保健、金融、能源、农业、行政和技能九大领域的数据空间。其中，Gaia-X作为欧洲的跨领域、分布式开放数据平台，目的在于建立联合数据架构，将9个领域的产业数据连接起来，从而实现跨领域的数据协作。Gaia-X空间摒弃在中央数据存储中汇集的传统方法，采取各自使用入侵检测系统(IDS)连接器组件来连接数据供需两端，一旦供需匹配，参与者之间进行数据交换，而移动数据空间运营商并不参与其中，仅仅监控和记录元数据，以确保遵循条件的正确交换。目前Gaia-X已经在农业、能源、金融、地理信息、健康、工业、移动交通、公共部门数据、智慧城市、智能生活等领域进行了相应的数据基础设施建设。

在地理信息领域，欧盟于2007年通过了一项重要法规《INSPIRE指令》，旨在建立一个欧洲范围内的空间信息基础设施，以支持环境政策的制定和实施。《INSPIRE指令》要求成员国将其空间数据集和服务标准化，并在欧盟范围内进行互操作和共享。同时，欧盟的哥白尼计划(全球环境与安全监测计划)也通过其平台提供大量的遥感和地理空间数据，免费开放给公众和研究人员使用。哥白尼计划已经在土地、海洋、大气、气候变化、应急管理和安全六大领域提供了全球性和区域性动态监测服务。

## 二、地理信息数据开放流通的主要模式

2022年12月，中共中央、国务院发布的《关于构建数据基础制度更好发挥数据要素作用的意见》指出要“完善和规范数据流通规则，构建促进使用和流通、场内场外相结合的交易制度体系，规范引导场外交易，培育壮大场内交易”。2023年5月，自然资源部部长王广华在全国测绘地理信息工作会议上强调要“建立健全测绘地理信息公共数据有偿使用和收益分配机制，逐步完善地理信息数据市场关键环节的政策及标准”。世界范围内，地理信息数据流通交易正在如火如荼地进行，相关交易平台和交易体系也开始建设。在世界主要国家和跨国企业的地理信息数据流通交易模式方面，除依托于大数据交易平台进行的地理信息数据交易以外，还有政府数据平台、企业直接提供服务等多种方式供地理信息数据进行流通，具体如下。

### (一)政府主导的地理信息平台模式——以美国联邦政府和欧盟哥白尼计划为例

美国联邦政府主导建立了以免费形式向公众提供地理信息数据的平台,这也是各国政府地理信息数据面向社会流动的最主要方式。美国在其《地理信息数据法案》中以法条的形式确定了美国国家地理信息平台的权威性。美国联邦地理数据委员会(FGDC)作为政府部门间地理空间信息共享的协调机构,通过开发建设美国国家地理信息平台(GeoPlatform),向公众、政府机构以及合作伙伴提供共享、可信的地理信息数据、应用程序接口(API)和工具,以及共享托管基础设施三大类服务,既方便了用户对约 30 万项空间数据资产的快速访问,也方便了联邦机构以较低的成本对空间数据进行统一托管。多年以来,美国国家地理信息平台以政府信息开放为导向,为用户提供了精度等同或高于 1∶2.4 万比例尺的地图、卫星影像、数字栅格地图(DRG)、数字矢量地图(DLG)、数字地形模型(DTM)等数据。除美国外,日本国土地理院、加拿大地球科学局、澳大利亚地球科学局也分别建立了国家层面的地理信息公共服务平台,并免费提供了基础比例尺的地形图、航空影像、大地测量控制点等多种数据产品。我国的"天地图"地理信息公共服务平台的建设思路和数据流动模式也与上述国家基本一致。这些地理信息数据平台突出的是国家对于地理信息数据流通行为的引导,体现的多是"国家投资、公众受益"的理念,强调的是地理信息数据服务于经济社会发展的潜力与价值。对于定制化、精细化的数据需求,地理信息数据平台基本无法响应其要求。

欧盟委员会和欧洲航天局 2003 年正式启动了哥白尼计划,主要目标是通过对欧洲各国卫星数据和现场观测数据进行管理集成,实现全球环境与安全的实时动态监测,帮助欧洲制定环境法案并提升欧洲的可持续发展能力和国际竞争力。目前,哥白尼计划已经发射部署了多颗哨兵系列卫星,形成了利用光学卫星和合成孔径雷达等仪器动态监测海洋、植被、大气等要素的能力。除此之外,哥白尼计划还协调了成员国其他卫星、气象卫星和第三方运营的卫星为该计划提供数据服务。

哥白尼计划的数据和信息对所有用户免费开放,不设限制。这意味着任何人都可以访问、下载和使用这些数据,不需要支付费用或签署复杂的使用协议。同时,通过哥白尼开放访问中心(Copernicus Open Access Hub),用户可以访问卫星数据。该门户提供了多种搜索和下载工具,方便用户查找和获取所需数据。哥白尼数据和信息访问服务(DIAS)平台进一步简化了数据的访问和使用,提供云计算资源以处理和分析大规模数据集。哥白尼计划已经在大气、海洋、土地、气候变化、安全和应急管理六大领域提供了全球性和区域性动态监测公共数据服务内容，具体公共数据开放框架见表1。

**表1　哥白尼计划公共数据开放框架**

| 主题 | 数据内容 | 详细介绍 |
|---|---|---|
| 大气——哥白尼大气监测服务(CAMS) | (1)空气质量和大气成分；<br>(2)臭氧层和紫外线辐射；<br>(3)排放和表面通量；<br>(4)太阳辐射；<br>(5)气候强迫 | 通过监测和预测温室气体(二氧化碳和甲烷)、活性气体(一氧化碳和二氧化硫)、臭氧和气溶胶等成分，提供全球产品和欧洲地区大气动态监测服务。对于可再生能源、农业、健康领域发展具有重要意义 |
| 海洋——哥白尼海洋环境监测服务(CMEMS) | (1)海冰监测；<br>(2)海洋温度；<br>(3)海洋叶绿素和浮游生物；<br>(4)海浪高度 | 提供全球和区域范围的海洋物理、海冰、海洋生物化学动态监测服务，由欧盟资助并由商业公司实施。为海洋污染防治、海洋保护、海上安全、海洋资源可持续利用、气候监测提供了支撑 |
| 土地——哥白尼土地监测服务(CLMS) | 由欧洲环境署和欧盟委员会联合研究中心联合实施，多家公司和组织参与。提供土地覆盖变化、土地利用、植被状态、水循环、地表能量变化等信息，并提供了五大类公共服务。<br>(1)生物物理参数系统监测：提供每10天覆盖全球一次的中等空间分辨率地表地球物理产品，可用于监测植被、农作物、水循环等。<br>(2)土地覆盖和土地利用制图：提供全球范围、泛欧洲地区、城市区域不同尺度的土地覆盖分类，在欧洲地区还提供不透水性、森林、草地、木质特征等产品。土地覆盖产品主要包括：哥白尼全球陆地服务(提供全球植被、能量、水、冰冻圈4大主题20项动态监测产品)、2000—2018年欧洲国家土地覆盖及变化地图、欧洲各城市土地覆盖及变化地图等。<br>(3)专题热点地图。<br>(4)影像和地球参考数据：利用哨兵卫星影像提供欧洲范围内的超高分辨率镶嵌影像产品和地图参考产品。<br>(5)地表运动地图：欧洲地区山坡滑坡沉降、基础设施变形地图。<br>在城市空间规划、森林管理、农业粮食安全、自然保护恢复、农村发展、生态系统核算、气候变化方面起到了重要作用 | |
| 气候变化——哥白尼气候变化服务(C3S) | (1)《月度气候公报》和《欧洲气候状态报告》；<br>(2)《全球气候亮点报告》：全球温度和温室气体浓度信息等内容；<br>(3)气候数据集：存储欧洲地区历史气候数据和信息的数据仓库；<br>(4)气候网络平台及工具箱 | 由欧洲中期天气预报中心(ECMWF)实施，200多家公司和组织实际参与提供相关数据。目前正在利用人工智能模型提高天气预报的准确性。气候变化的动态监测在保险、农林业、减灾等领域得到了较好利用 |
| 安全——哥白尼安全应用服务(Security) | (1)边境监视；<br>(2)海上监视；<br>(3)欧盟安全行动；<br>(4)对地观测安全研发 | |

续表

| 主题 | 数据内容 | 详细介绍 |
| --- | --- | --- |
| 应急——哥白尼应急管理服务(Copernicus EMS) | (1)测绘服务——为民防部门和人道主义援助部门提供基于卫星影像的地图服务,包括快速测绘和风险恢复测绘制图等工作;<br>(2)预警服务——包括欧洲洪水预警系统、欧洲森林火灾信息系统、欧洲干旱观测系统 | 由欧盟委员会联合研究中心负责实施 |

## (二)应用程序接口或软件开发工具包模式——以谷歌公司为例

商业公司提供的基于应用程序接口(API)和软件开发工具包(SDK)向用户提供数据服务的模式也是地理信息数据流动的主要形式之一。商业公司出于盈利和保护数据产权的目的,采取了数据"可用不可见"的模式,在企业自有生态系统中打造了对外提供服务的接口,并普遍通过低价、个性化服务的方式吸引用户群体流量。以地理信息巨头谷歌公司为例,谷歌公司已经构建起包括影像数据获取、人工智能识别、地图 API 数据验证、众包数据上传更新、安卓用户位置信息后台收集等组成的完善的地理信息数据生态体系。谷歌地图的地图数据覆盖空间范围超过 200 个国家和地区,每日产生 2.5 亿条更新数据,全球活跃用户超 10 亿人。谷歌地图目前提供了地图、路线、地点、环境 4 大类 18 小类 API 产品,囊括了计算距离、地理编码、坐标地址转换、显示街景图像等功能。目前,谷歌已经通过初期免费、鼓励用户上传数据、购买或自采集数据的方式吸引了大量企业、用户使用其 API 服务,并通过提升服务价格、广告引流等方式实现了盈利。谷歌并未公布地图 API 的盈利情况。但根据报道,仅谷歌新推出的"光照 API"服务就可为谷歌创造 1 亿美元的年收入。2023 年 8 月,谷歌地图新推出了光照、花粉和空气质量的环境 API。谷歌的"光照 API"涵盖全球 40 多个国家,覆盖了全球超过 3.2 亿栋建筑物,用户能够基于谷歌服务开发各类应用。目前,美国各大房产平台准备利用谷歌的"光照 API"进行个性化的太阳能节能评估和房屋光照时间计算,为用户提供更加精准的购房建议。

应用程序接口式的地理信息数据服务调用模式对于数据需求方来说更加灵活、主动,也为需求方规避了许多数据不合规和数据质量低的问题。但是用户在选择服务的同时也默认了其数据选取的范围被商业公司严格限定,容易导致对某些商业公司服务依赖性大的问题。例如,越来越多地理信息服务关联产业高度依赖谷歌服务,这些企业对谷歌地理信息的发展战略极为敏感。2018 年谷歌全面调整地图接口服务模式和价格,将其地图接口服务费用价格提升了 14 倍,此后,很多国外中小企业成本支出急剧增加,公司盈利大幅受限。

## (三)市场化地理信息数据交易平台模式——以欧洲数据交易平台为例

除上述两种数据流通模式以外,近两年来,欧洲集中出现了一批商业公司,它们在欧盟的政策指导下建立了地理信息数据交易平台。这些平台的交易标的主要是欧盟对地观测卫星影像和部分地名地址、行政区划边界、路网、城市基础设施关注点(POI)等不涉及个人隐私的数据。目前已经建成的交易平台在建设思路、实际作用上也有一定差异。根据交易标的、主导部门不同,大致可分为以下三类。

### 1. 专注遥感影像交易平台的英国 Geocento 和德国 UP42 模式

近年来,英国商业公司 Geocento 在欧盟"对地观测服务于社会发展"(EO4SOciety)计划下建立了遥感影像的数据交易市场制度。根据介绍,Geocento 平台将目前"选择供应商—选择服务—等待可行性报告—提前付款"的传统遥感影像供给模式,改变为数据需求方"按需提供地球影像"的商业模式,将标准化的影像采集请求传递给影像供应商网络,并通过一种标准化的支付手段和定价标准完成交易撮合。第一个完成响应的影像供应商将在第一时间获得采购资金。该数据交易平台的目的是在供需双方之间形成一种动态关系,鼓励影像采集获取领域的良性竞争,并通过影像请求的标准化来推动供需双方的便利对接。目前,Geocento 遥感影像交易平台融合了超过 250 颗可用卫星(包括我国高景、吉林、北京等商业卫星)和机载航空影像数据资源,在金融保险、测绘、资源环境等领域提供了各类影像解决方案,公司宣称已经在 50 余个国家提供了服务。实际上,Geocento 公司自 2011 年成立以来,扮演更多的是遥感综合数据服务商角色。在数据交易流通的大趋势下,Geocento 公司才开始向"可信中介运营平台"的角色靠拢,为对地观测数据交易提供可信的、标准的数据交易环境。

与 Geocento 公司相似,德国 UP42 公司也建立了用户可信的对地观测数据交易平台。UP42 公司的目标是建立"地理空间数据和分析的一站式商店",它整合了来自美国、欧盟等政府卫星数据和空客、Bluesky 等公司的企业数据以及 Intermap、OneAtlas 的地理信息数据资源,并通过合理的数据分类,将数据分为处理数据、成品数据、数据档案、整合产品等类型,在交通、基础设施、海洋、房地产等领域提供了多种数据产品,并根据原始数据面积获取难易程度、算力消耗和处理费用给出了获得解决方案的标准化价格。

### 2. 政府支持、专业公司委托运营的法国太空数据市场模式

在法国经济复兴计划和法国国家空间研究中心的支持下,2021 年法国著名

的数据交换解决方案公司道威克斯(Dawex)联合空客、达索、泰雷兹阿莱尼亚等10家公司开发了法国太空数据市场。根据介绍,法国太空数据市场旨在建立一个值得信赖且安全的环境,促进和加速空间数据流通,建立数据合作伙伴关系,并培育丰富的数据社群。利用数据交易相关技术,使用户能够获取、分发、共享、交换数据,并通过数据货币化,创建新产品和服务,减轻监管和合同风险,提高团队的生产力和效率,并创造新的收入来源。Dawex公司为安全数据共享带来了合同、财务、技术和监管合规相关支持,为数据流通的可追溯性、灵活性和控制力提供了技术支撑。目前,法国太空数据市场已经汇集了法国和欧洲一流的技术、工业和创新领域的公司及用户,积极推进地理信息数据流通的新模式。法国太空数据市场是完全从零设计建立的地理信息数据交易市场,由具有一定经验的可信数据交易公司主导建设,各相关公司出资并加入。其建设思路和交易流程也和我国目前主流的大数据交易平台基本一致。据初步了解,日本数据交易所JDEX准备与法国太空数据市场开展市场整合,加速空间数据的交易进度。

**3. 政府项目资助、专注地理信息数据的希腊Topio平台交易模式**

Topio是一个由荷兰、希腊多方联盟联合在欧盟科研框架计划Horizon 2020项目资助下成立的地理信息数据交易平台(项目别名为OpertusMundi)。Topio的使命是建立一个地理信息数据的开源数据市场平台,促进地理信息数据资产的搜索、探索、发现和增强。平台开发了提取和可视化各种元数据的方法,给出了发现相关资产的方法和增强数据可视化的机制。根据介绍,Topio认为目前地理信息交易的相关环境相当分散,且缺乏互操作标准,目前的研究主要集中在数据定价政策和定价模型上,而在数据分析集成、元数据管理、数据集搜索推荐等领域仍然存在诸多实践挑战。目前流行的数据湖概念并不能完全满足数据交易的场景需求,需要一种机制帮助数据购买者快速、轻松发现数据集,并在购买前评估数据集的适用性。基于此,Topio重点从顶层设计了数据资产录入和搜索、数据资产发掘和增强、数据资产分析和使用等功能。Topio的主要出资方是欧盟,因此平台突出强调的是以跨境和包容的方式解决地理信息数据产品的异质性、差异性和碎片化问题,建立地理信息数据单一市场,解决元数据、数据、采集和发布工作流程、行业标准、访问权限的不同而导致的数据共享难问题。目前,平台仍处于试用阶段,平台线上服务功能仍然十分不稳定。据了解,该平台已经包含数百个开放或专有地理信息数据集,主要数据内容是希腊、荷兰的公共基础设施、关注点、水文等地理信息数据。

## 三、地理信息数据安全治理主要政策导向

由于地理信息数据兼具发展和安全的双重属性，世界主要国家均高度重视地理信息安全，纷纷通过政策法规、技术防控手段强化管理。从总体的安全治理政策导向上来看，主要国家均高度重视地理信息对于国家安全、国防军事的影响，并不存在哪个国家在地理信息领域门户洞开，将国之机要随意示人的场景。同时，主要国家均从国家安全、公共安全和个人隐私等方面出发，通过完善制度和政策，并不断通过各种监管手段、技术措施等强化地理信息安全管理。由于综合国力、国家安全战略、地缘政治、管理体制等方面的因素，主要国家地理信息安全管理理念及政策取向有较大差异：欧美发达国家在管理机构、市场准入、成果汇交等方面较为宽松，且呈现出内紧外松的特点；而日本、韩国、印度等国家管理模式与我国管理模式较为相近，在管理部门、市场准入、成果汇交等方面具有严格要求。此外，在限制外商投资和数据跨境流动方面，主要国家都采取了相似的地理信息安全管理手段。尤其是西方国家近年来在地理信息数据监管方面呈现不断趋紧的态势，在外商投资、数据跨境流动等领域对我国采取一系列歧视性限制措施。

以美国的地理信息安全管理为例，美国的军用和民用地理信息安全管理从法律法规、主责机构、管理逻辑上严格分开且形成了较为独立的生产流程。在管理分工方面，美国民用地理信息安全管理体系呈现出较为分散的政策导向，而美国军用地理信息都属于严格保密，甚至连保密标准和范围都无迹可寻。在主责机构方面，美国地质调查局（USGS）和美国国家地理空间情报局（NGA）等部门分别负责“民用”地理信息数据和“军用”地理空间情报的获取管理工作，且财政经费相互独立。在法律法规方面，美国《地理信息数据法案》明确指出国防部、能源部、NGA 中与国家安全相关的地理信息数据以及国家情报总局确定的空间情报数据不受该法律管辖。这意味着美国涉及国家安全的军用地理信息数据并不适用《地理信息数据法案》规定的数据基础设施建设、数据平台、数据协调机制等条款。不仅如此，军用地理信息机构的法定职责还明确指出了对国家安全的总体责任及具体工作。除《地理信息数据法案》外，《1947 国家安全法》《国家安全涉密信息》《受控非密信息》《信息自由法》《联邦信息安全管理法》都分别对地理信息公开、信息系统管理和共享使用等提出明确要求。在外商投资和跨境流动方面，美国在全球范围内的“长臂管辖”政策使得其政府将管辖权扩张至企业所在全球市场。美国商务部 2020 年更新《出口管制条例》并将用于“自动分析地理空间图像的软件”列入出口管制范围，北斗星通、长光卫星等我国多家地理信

息企业进入美国财政部实体制裁名单和美国国防部军工企业清单。

面对世界之变、时代之变，推动地理信息数据应用共享和确保地理信息安全治理的工作任重道远。一是要加快形成适应数据要素保障需求的地理信息管理政策体系，围绕地理信息公共数据开放运营和社会数据市场化配置需求，探索建立符合地理信息数据特征和数据资产化、资本化规律的基础制度。研究地理信息数据产权登记、公共数据授权运营等政策以及地理信息数据资产评估、质量评估、增值开发和产品定价规则，探索地理信息公共数据委托运营、企业数据市场化交易相关工作机制。二是要加快建立健全与之相匹配的地理信息数据安全制度，形成地理信息数据分类分级保护制度，制定测绘地理信息领域重要（核心）数据目录，强化落实测绘地理信息领域重要数据的本地存储、出境管制、安全审查、隐私保护等要求，完善数据安全风险评估、监测预警、信息共享、应急处置等工作机制，最大限度地释放地理信息数据的应用价值。

# 发展中的陕西省地理信息产业

陕西省地理信息产业协会

## 一、引　言

地理信息数据在推动高质量发展中起着基础性和先导性作用，为构建数字中国、数字经济、数字政府、数字社会提供了统一的时空数据基础支撑。借助“数实融合”的战略机遇，地理信息产业正不断催生出全新的服务模式和产业业态，成为数字经济中最耀眼的核心产业之一。

“十四五”是陕西扎实推进高质量发展、奋力谱写新时代追赶超越新篇章的关键时期，也是深入贯彻落实习近平新时代中国特色社会主义思想，认真落实习近平总书记来陕考察重要讲话精神，统筹推进“五位一体”总体布局，协调推进“四个全面”战略布局，贯通落实“五项要求”“五个扎实”，开启全面建设社会主义现代化新征程的关键时期，更是新时代测绘地理信息全面融入自然资源管理大格局的重要时期。

2023 年，是全面贯彻党的二十大精神的开局之年，也是陕西发展进程中具有里程碑意义的一年。2023 年，陕西省地理信息产业规模持续扩大，产业结构不断优化，产业基础日益坚实，创新成果不断涌现，创新投入稳步增长，展现出了良好的发展态势。

## 二、陕西省地理信息产业发展现状

陕西省地理信息产业已经构建了相对完备的产业体系，涵盖了从数据采集到处理，再到应用服务的全过程，打造出了地理信息数据加工“陕军品牌”和测绘地理信息产业发展“西安高地”，不仅提升了陕西省地理信息产业的整体竞争力，也为智慧城市建设和数字经济发展提供了重要支撑。

### (一)产业规模持续壮大

2023 年，陕西省地理信息产业在企业数量和生产总值上均有所增长，产业队伍更加壮大。根据《2023 年陕西省测绘统计年报》数据统计，截至 2023 年底，陕西省测绘资质单位数量达到614家，2023年完成测绘生产总值52.8亿元，从业人员2万余人（仅为纳入统计的陕西省测绘资质单位数据）。

（1）总体情况。陕西省测绘资质单位数量以每年20%左右的速度持续快速增长（图1）。

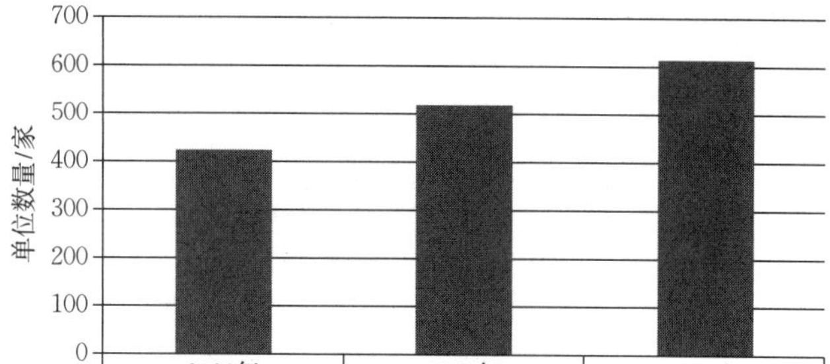


| | 2021年 | 2022年 | 2023年 |
|---|---|---|---|
| 单位数量/家 | 424 | 519 | 614 |

图1 2021—2023年陕西省测绘资质单位数量

（2）资质单位中民营企业逐渐成为主力军。2023年，陕西省测绘资质单位中事业单位有45家，国有企业有111家，民营企业有458家（图2）。民营企业数量占测绘资质单位总数的74.59%，所占比例稳步上升。

（3）资质单位数量增长较快。2023年，陕西省测绘资质单位中甲级测绘资质单位有82家，占测绘资质单位总数的13.36%；乙级测绘资质单位有532家，占测绘资质单位总数的86.64%（图3）。2021—2023年，甲级测绘资质单位数量平均增长率高于5%，2022年增长最快，达到了44.44%；乙级测绘资质单位数量增长率比较稳定，为20%左右。

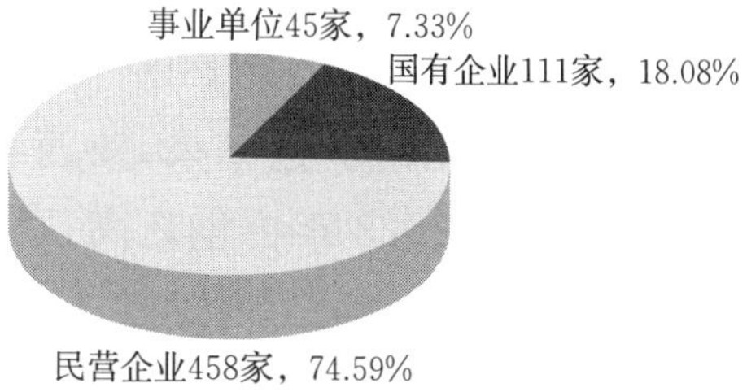


图2 2023年陕西省测绘资质单位性质情况

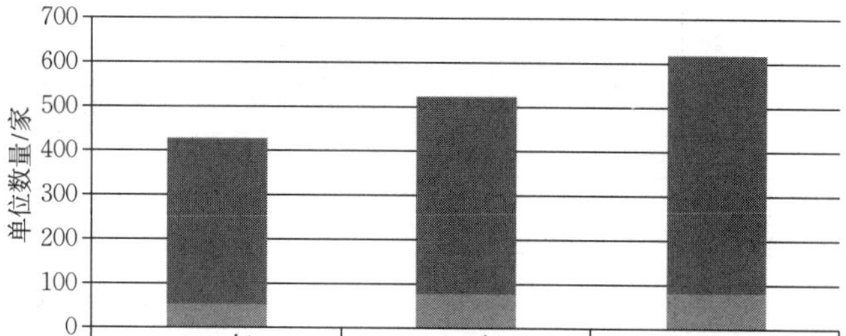


| | 2021年 | 2022年 | 2023年 |
|---|---|---|---|
| ■甲级数量/家 | 54 | 78 | 82 |
| 甲级占比/% | 12.74 | 15.03 | 13.36 |
| 甲级增长率/% | 6.45 | 44.44 | 5.13 |
| ■乙级数量/家 | 370 | 441 | 532 |
| 乙级占比/% | 87.26 | 84.97 | 86.64 |
| 乙级增长率/% | 44.53 | 19.19 | 20.63 |

图3 2021—2023年陕西省测绘资质单位等级构成情况

(4)资质单位地域分布不均衡。2023 年,陕西省测绘资质单位数量按地域分布情况分别为:西安 285 家、铜川 9 家、宝鸡 22 家、咸阳 39 家、渭南 32 家、延安 61 家、汉中 18 家、榆林 95 家、安康 25 家、商洛 20 家、杨凌(示范区)8 家(图 4)。46.42%的测绘资质单位集中分布在西安,其次是榆林、延安、咸阳。数据显示,测绘资质单位数量的分布与地区生产总值和区域面积具有明显的相关性。

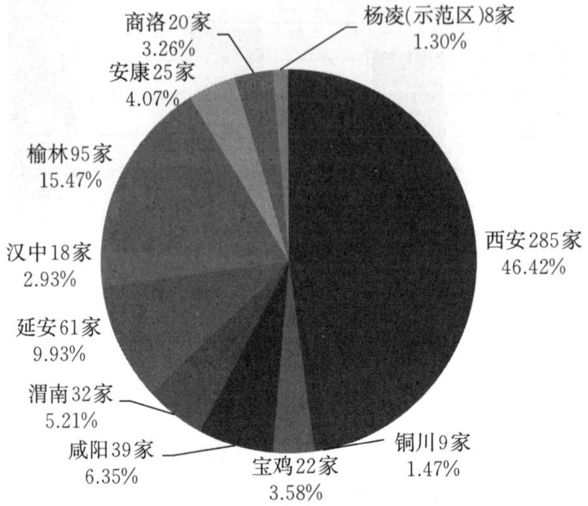


图 4 2023 年陕西省测绘资质单位按地域分布数量与占比情况

(5)总收入情况。近年来,陕西省测绘资质单位总收入稳步增长,增速保持在 3.5%以上。2023 年再创新高,总收入达到 52.8 亿元,增速为 4.35%(图 5)。

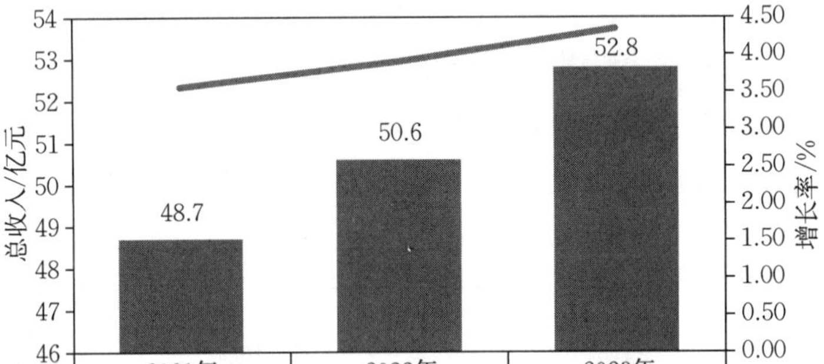


| | 2021年 | 2022年 | 2023年 |
|---|---|---|---|
| 总收入/亿元 | 48.7 | 50.6 | 52.8 |
| 增长率/% | 3.56 | 3.90 | 4.35 |

图 5 2021—2023 年陕西省测绘资质单位总收入情况

(6)人员结构情况。2021—2023 年,陕西省测绘专业的人员数量及职称分布基本保持稳定,结构呈“金字塔”状,即相关技术人员和其他人员最多,其次是初级职称人员,再次是中级职称人员,最后是高级职称人员(图 6)。这种结构表明,在测绘专业领域内,相关技术人员和初级职称技术人员是行业的主力军,占绝大多数,是行业主要的技术执行者,他们的数量优势意味着行业有着坚实的人才基础和广泛的技能基础。中级和高级职称技术人员占行业总体人员的三分之一，他们通常具备更丰富的经验、更高的技术水平和更强的决策能力，是行业创新和发展的重要推动力。

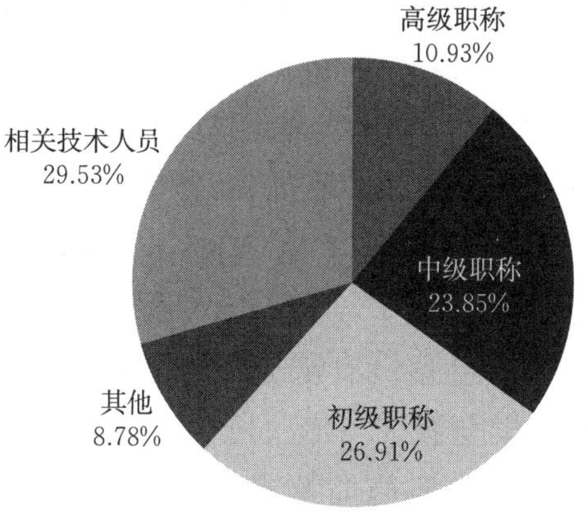


图 6 2023 年陕西省测绘资质单位从业人员职称分布情况

总体来看，相关技术人员和初级职称技术人员是主力军，中高级职称技术人员是行业发展的技术指导和方向引领者，确保了行业的稳健发展。陕西省地理信息人才职称结构比较合理，既有充足的基础技术人员来执行日常工作，也有足够的中高级职称技术人员来解决复杂工程技术问题和引领行业创新发展。

## （二）市场活力不断增强

陕西省是全国重要的测绘地理信息科研、生产基地，汇聚了众多实力较强的测绘地理信息队伍。近年来，卫星遥感、北斗应用等市场快速发展，不断催生新模式、新业态，全省测绘地理信息产业发展势头迅猛，产业规模不断壮大。近年来，其产业规模和结构均得到了不断的优化和升级，呈现出显著增长态势。从产业规模角度看，陕西省地理信息产业的总产值和增加值均保持了较高的增长速度，这一趋势主要归因于技术的持续进步和应用领域的不断扩展。这种强劲的增长势头预示着陕西省地理信息产业在未来仍有巨大的发展空间和潜力。

2022 年陕西省 4 家公司入围“2022 地理信息产业百强企业”，6 家公司入围“2022 地理信息产业最具活力中小企业”；2023 年陕西省 2 家公司入围“2023 地理信息产业百强企业”，6 家公司入围“2023 地理信息产业最具活力中小企业”，1 家公司入围“2023 地理信息产业最具成长性企业”。30 余家百强企业在陕西省设立分公司，陕西天润科技股份有限公司正式登陆北交所，数据信息技术服务成为陕西省新的经济增长点，为陕西省地理信息产业快速发展注入了更大活力和更强动力。

## (三)创新能力持续提升

高质量发展势必要将创新摆在核心地位,持续强化理念创新、技术创新、业态创新、管理创新,推进地理信息与高新技术的跨界融合,才能牢牢掌握竞争和发展的主动权。陕西省科学技术厅公布的 2022 年陕西省瞪羚企业名单中,14 家地理信息单位获瞪羚企业认定,8 家地理信息单位入选潜在瞪羚企业名单;2023 年陕西省瞪羚企业名单中,5 家地理信息单位获瞪羚企业认定,1 家地理信息单位入选潜在瞪羚企业名单。2022 年 11 月 30 日,中国地理信息产业协会七届四次常务理事会审议通过首批 13 家单位入选地理信息产业产学研融合创新基地名单。依托西安大地测绘股份有限公司,长安大学地质工程与测绘学院、西安电子科技大学计算机科学与技术学院、机械工业勘察设计研究院有限公司参与共建的地质灾害与工程安全智能监测产学研融合创新基地获批,其将在地理信息科技创新与应用推广中发挥引领作用。

创新是推动经济社会发展的关键动力,而知识产权的增长则是创新活动成果的体现。近年来,陕西省测绘资质单位知识产权数量年增长率均在 20%以上(图 7),这一显著的增长趋势直接反映了这些单位创新能力的显著提升。地理信息领域内的创新活动日益频繁,意味着具有更多的创新机会和更大的创新潜力,从而推动整个行业和领域的技术进步和产业升级。

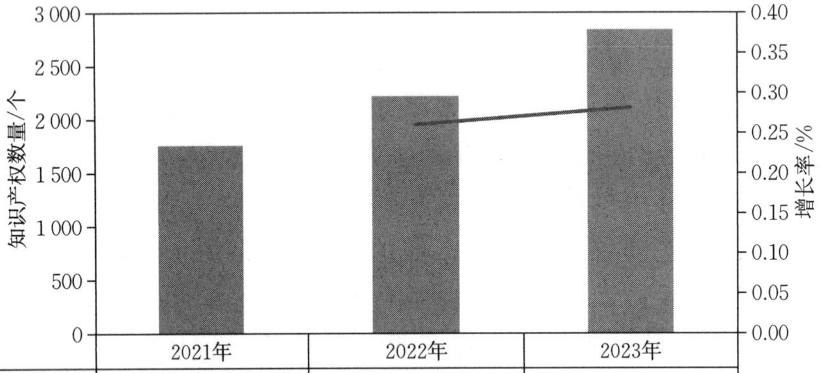


| | 2021年 | 2022年 | 2023年 |
|---|---|---|---|
| 知识产权数量/个 | 1 760 | 2 218 | 2 842 |
| 增长率/% | — | 26.02 | 28.13 |

图 7 2021—2023 年陕西省测绘资质单位知识产权情况

## (四)护航机制逐步完善

当前,新一轮科技革命和产业革命深入发展,挑战与机遇交织,变局与新局并存。如何在变局中开新局,在危机中育新机,助推地理信息产业做大做强,陕西测绘地理信息局在政策制定、技术引领、公共服务、行业监管等方面综合施策。

一是在保证地理信息安全的前提下放宽市场准入，破除隐性壁垒，通过“双随机、一公开”市场监管、“放管服”改革和信用体系建设，严厉打击无资质测绘、非法转包、恶意竞争等违法违规行为，加快构建多元化、多层次的产业管理体系，持续改善营商环境，维护公平、公正、开放的测绘地理信息市场发展秩序。二是加强谋划，以“新基建”理念打造新一代地理空间信息基础设施，探索建立可持续运维机制，搭建以地理空间大数据中心为核心，地理信息公共服务平台、北斗导航位置服务平台、遥感监测平台、应急保障服务平台为内容的“一中心、四平台”对外服务体系，推动各类测绘数据、基础设施成为全省共享的开放资源。三是丰富地理信息数据供给。推进新型基础测绘体系、实景三维中国、智慧城市时空大数据平台建设，更好地助力现代物流、共享经济、智慧出行等新业态。

## 三、陕西省地理信息产业发展的机遇与挑战

### (一)产业发展面临的机遇

#### 1. 政策扶持力度加大

在国家政策的大力扶持和市场需求的持续增长双重因素驱动下，陕西省地理信息产业迎来了历史性的发展机遇。近年来，国家层面对地理信息产业的扶持力度逐步增强，一系列针对性政策的出台，不仅为产业的健康发展提供了坚实的政策保障，也进一步明确了地理信息产业的战略地位和发展方向。作为中国向西开放的前沿，陕西省积极响应国家政策导向，结合地方实际，制定了一系列具有地方特色的政策，为地理信息产业的快速发展注入了强大动力。

2014 年 1 月 22 日，国务院办公厅印发了《关于促进地理信息产业发展的意见》，明确将地理信息产业列入国家战略性新兴产业计划，并提出了促进地理信息产业发展的方向和措施。2014 年 5 月 18 日，陕西省人民政府办公厅印发《关于促进地理信息产业发展的意见》，提出扶持若干家实力雄厚、竞争力强的地理信息龙头企业，培育一批体制机制灵活、创新能力较强、运营模式先进的地理信息增值开发中小型企业，建成一个特色鲜明、辐射带动和聚集作用强的国家级地理信息产业园，形成地理信息数据获取、处理、应用、服务和软件开发，人才培训等完整的产业链，使陕西省的地理信息产业生产及服务能力持续增强。《中华人民共和国国民经济和社会发展第十四个五年规划和 2035 年远景目标纲要》提出深化北斗系统推广应用，推动北斗产业高质量发展。《陕西省国民经济和社会发展第十四个五年规划和二〇三五年远景目标纲要》中明确提出加强第五代移动通信技术(5G)、物联网、人工智能、工业互联网、北斗卫星导航系统等新型基础

设施建设。依托中国科学院西安光学精密机械研究所、中国航天科技集团公司五院、中国电子科技集团公司第二十研究所、陕西省测绘地理信息局等单位，发展北斗终端、核心芯片研发制造、测控运营、通信应用、位置服务等产业，积极构建泛在、融合、智能的北斗卫星应用服务体系。

陕西省的经济社会发展目标向测绘地理信息应用提出了众多需求，需要地理信息技术的有力支撑。落实国家“一带一路”倡议，推动陕西省丝绸之路经济带新起点建设，打造西部科学发展新引擎、内陆改革开放新高地，同样也离不开地理信息基础资源和地理信息技术的支持。2024 年，陕西省测绘地理信息局和陕西省自然资源厅联合印发《加快测绘地理信息事业转型升级更好支撑高质量发展实施意见》，明确了新时代新征程陕西省测绘地理信息事业转型升级的指导思想、基本原则、主要目标和重点任务，进一步推动测绘地理信息工作深度支撑服务生态文明建设、自然资源管理和经济社会发展。

这些政策的实施，不仅优化了地理信息产业的发展环境，还促进了产业链上下游企业的深度协同与融合，激发了地理信息产业的创新活力，推动了企业技术水平和服务质量的不断提升。另外，政策的引导也促进了产业链上下游企业的合作与交流，实现了资源共享和优势互补，为整个产业的健康发展奠定了坚实基础。

### 2. 区位优势明显

陕西省地理信息产业发展具有显著的区域优势，这些优势为其快速发展提供了有力支撑。

陕西省位于中国西北地区，地处古丝绸之路起点，是中国西部地区重要的交通枢纽和连接中亚、西亚的战略节点，在“一带一路”建设、中国西部大开发、亚欧陆海贸易中具有重要地位。这一优势使得陕西省能够直接融入国家区域发展和对外开放的新格局，进一步扩大开放、深化协作、优化资源配置。陕西省拥有丰富的自然资源和历史文化资源，这些资源为地理信息产业的发展提供了丰富的数据源和应用场景。陕西省在能源化工、装备制造、航空航天等领域拥有雄厚的产业基础，这些优势产业与地理信息产业的融合发展，为陕西省地理信息产业发展提供了强大的动力和支持。

陕西省地理信息产业拥有一支专业技术人才队伍，包括专业人才和从事地理信息数据采集、处理、开发和应用的专业技术人员。陕西省拥有丰富的科教资源，作为我国高等院校众多的省份之一，省内开设地理信息相关专业的高校众多，如陕西师范大学、西北大学、西北农林科技大学、长安大学以及西安科技大学等二十余所高校都开设了相关专业，为陕西省地理信息产业的发展提供了丰富的人才储备和科技创新支持。

作为中国西部重要省份的陕西省，其区位优势以及丰富的自然资源和得天独厚的人文环境，为陕西省地理信息产业的持续发展和壮大提供了有力保障。随着国家“一带一路”倡议深入推进，陕西省作为实施“一带一路”倡议的重要节点，依托地理信息技术优势，必然会为地理信息产业开辟出潜力巨大的国内、国际新市场。

### 3. 技术融合加速

随着科学技术的不断创新和需求方向的不断演变，测绘地理信息技术与其他技术之间呈现出加速融合集成的趋势。“北斗＋”、实景三维、时空大数据平台、智能网联汽车、智慧/数字(孪生)城市等新的产品服务和应用形态出现。而随着国家数字经济发展战略的实施与深化，地理信息数据生产服务的资质要求和门槛进一步降低，测绘地理信息发展的重点逐渐从数据获取、处理、分发向数据分析和集成应用转移。出于产品服务的融合集成需要，地理信息在供给端和需求端之间点对点的生产组织模式正在发生转变，地理信息在各类数据间的作用更加凸显，而以测绘地理信息技术为基础支撑的系统、平台也将进一步承担和拓展信息载体的作用。

### 4. 市场需求旺盛

随着数字经济的蓬勃发展，地理信息产业正面临着前所未有的市场需求增长。智慧城市构建、城市规划管理、环境监测等多个关键领域，对地理信息数据的需求持续旺盛，不仅直接推动了地理信息产业的迅猛发展，更为陕西省地理信息产业的发展提供了无限的市场潜力和发展机遇。5G、物联网等前沿技术的广泛应用，为地理信息产业进一步打开了市场大门。这些新技术不仅为产业注入了新的活力，开辟了更多应用领域和服务模式，同时对技术创新和服务质量提出了更高的要求。

特别是在数字经济和“新基建”的大力推进下，人工智能、大数据等尖端技术在测绘地理信息领域得到广泛应用。这不仅推动了测绘地理信息产业朝着数据获取智能化、服务平台化、应用个性化的方向快速发展，更为陕西省地理信息产业带来了广阔的发展前景，也为中小企业提供了更多的市场机会。

## (二)产业发展面临的挑战

### 1. 整体竞争力较弱

陕西省测绘资质单位主要集中在西安市。企事业单位体量较大，占总量的1/4，大多以承担国家、省级项目为主；民营企业多数为小微型企业，占总量的3/4，在竞争力方面表现较弱，多数企业局限于本地市场，缺乏“走出去”的动力和能力。大量民营企业业务主要集中在传统的数据获取环节，对数据的深度加工和应用相对较少，导致业务层次较低，在重大测绘项目中难以与省外企业竞争。此外，大部分企业过度依赖国家项目和政府投资项目，抗风险能力较弱，部分企业在经济压力下甚至出现经营困难。

在陕西省地理信息产业中，规模大、业务全面、技术先进、竞争力强的领军企业缺乏，导致本地企业在参与外部竞争时难以占据优势，高端市场往往被外地企业所占据。长期缺乏具有竞争力的企业，使得大量企业只能依赖低端市场，出现了过度或非法竞争的现象。同时，高端市场缺乏本地企业的参与，形成了市场空白，为外地掌握高新技术的企业提供了可乘之机。值得肯定的是，已有部分企业开始拓展新型测绘地理信息业务，并开始与高校及科研院所等开展合作研究，进行了有益尝试。但整体上仍缺乏具有核心价值和国内影响力的地理信息企业。

**2. 管理水平有待提高**

在全球化和市场竞争愈发激烈的今天，企业管理水平的优劣直接关系到企业的竞争力和未来的成长潜力。遗憾的是，当前众多企业在管理上仍显得力不从心，跟不上市场发展的快速步伐，这无疑为企业的发展设下了重重障碍。陕西省的地理信息企业负责人多数具备技术或市场背景，而在管理领域的知识储备相对不足，这导致他们往往更多地扮演着技术专家或核心业务人员的角色，而非真正的企业管理者，从而影响了整个行业的企业管理水平。

目前，许多企业仍处于人治或半法治状态，存在制度不健全、决策效率低下、流程烦琐复杂、执行力不足、创新意识薄弱、人力资源管理不当、信息化程度低、风险管理不到位等诸多问题。这些问题迫切需要企业进行系统性的改进和提升。因此，为了增强企业的竞争力和拓展发展前景，企业必须不遗余力地提升管理水平。只有这样，企业才能在激烈的市场竞争中站稳脚跟，实现持续稳健的发展。

**3. 资金短缺问题依然存在**

地理信息企业作为市场经济的核心力量，其稳健运营和持续发展依赖于稳定的现金流和健康的财务状况。然而，资金短缺的问题一直困扰着这些企业，特别是在研发创新、设备升级以及市场拓展等关键环节。由于地理信息企业普遍规模偏小，市场分散，核心竞争力相对较弱，资金压力成为制约其发展的主要瓶颈。

近年来，受宏观经济环境及政策调整等多重因素影响，账款拖欠问题愈发严重，给企业的健康发展蒙上了一层阴影。为应对这一问题，中央和地方政府已出台多项法规和政策，旨在推动拖欠账款的清理工作。然而，由于政策执行力度不一，落地效果参差不齐，账款拖欠问题仍未得到根本解决。此外，在陕西省地理信息企业中，由于多数企业规模较小，自有资金有限，经营风险较高，很难获得银行贷款等传统融资方式的青睐，加之这些企业往往缺乏足够的不动产作为信贷抵押，也难以找到有实力的企业作为担保人，融资难度进一步加大。但值得欣慰的是，近年来已有部分企业通过商业银行贷款和上市融资等方式成功获得了资金支持，这为整个行业解决融资难题提供了有益的借鉴和示范。

**4. 行业监管与自律仍需加强**

地理信息产业由于其特殊性，所生产、使用的数据多涉及国家核心机密，一旦发生数据泄密事件，可能对国家安全构成严重威胁。当前，陕西省地理信息产业的基础地理数据生产、基础地理信息系统建设等业务已经纳入测绘主管部门的严密监管范围，但近年来，因受宏观经济形势的影响，企业同质化严重、核心竞争力不足，部分企业在面临生存压力时，不惜采取非法手段开展业务，不仅扰乱了市场秩序，更对整个行业的健康发展构成了严重威胁。虽然行业监管力度越来越大，但挂靠资质、非法测绘、恶性竞争、保密措施不严以及产品质量不达标等现象依然存在，严重影响了行业的稳定与可持续发展。

另外，行业的发展既需要政府的有力监管，也离不开行业的自我管理。尽管陕西省地理信息产业协会在2017年10月发布了行业自律公约，为行业的健康发展提供了指导，但市场行为中不平等竞争现象依然存在，个别单位在竞争中不是以质量和信誉取胜，而是依赖于各种“关系”来承揽业务。这也是近年来行业部分企业经营短期化、产品质量下滑的重要原因之一。

因此，需要进一步强化政府监管力度和行业自律，提升行业自我管理能力，推动陕西省地理信息产业健康稳定发展。

## 四、陕西省地理信息产业发展建议

地理信息产业是技术创新和技术密集型产业，技术含量高，产业链条长，涉及领域多。推进陕西省地理信息产业发展是一个系统工程，应该针对陕西省地理信息产业发展现状和面临的形势，政府主导，企业参与，采取一系列对策来促进地理信息产业发展，抓住地理信息产业大发展的有利时机，开创新局面，推动地理信息产业跨越式发展。

### （一）政府引导，做好省级顶层设计

**1. 加大政策扶持力度，确保产业稳健发展**

鉴于地理信息产业涉及的地理信息资源关乎国家安全，政府在此领域的作用显得尤为关键。因此，必须强化政府的规划引导和政策扶持，以确保地理信息产业的稳健发展。首先，要组织并协调各方力量，深入研究并制定地理信息产业

的标准、规范、政策和法规。通过加强宏观协调与管理,为产业发展提供坚实的制度保障。其次,根据陕西省的产业发展政策,编制全省地理信息产业发展规划,明确产业发展的方向和空间布局,为地理信息企业提供清晰的发展蓝图,助力企业更好地把握市场机遇。根据规划制订年度工作计划,发布产业发展指南,为全省地理信息产业提供明确指导。期望这一系列举措能够引导全省地理信息产业沿着健康、有序的道路发展,为陕西省乃至全国的经济发展贡献力量。

**2. 成立产业研究机构,推动产业繁荣**

建议由陕西省测绘地理信息局牵头组建由省内外行业技术专家、经济专家、企业家、投资者、产业组织者等组成地理信息产业专家咨询委员会,专注于研究地理信息产业发展中的关键性问题,为产业发展规划布局提供专业的咨询服务。同时,依托陕西省测绘地理信息学会和陕西省地理信息产业协会,开展涵盖基础技术、管理策略、政策导向以及应用实践等方面的深入研究,并对外提供全面的咨询服务;积极鼓励和支持地理信息企业向规模化、品牌化方向发展,旨在培育一批拥有自主知识产权、知名品牌和强大竞争力的地理信息企业,从而推动全省地理信息产业的整体繁荣。

**3. 加强行业监管,优化市场环境**

针对当前行业中出现的非法测绘、恶意竞争等问题加强监管。要完善监管机制,明确各部门的职责和协作方式,形成合力,确保监管到位。首先,对于非法测绘行为,应依法予以严厉打击,对违法行为及时予以制止和处理,并追究相关责任人的法律责任。要加强对测绘单位的动态监管,确保从业单位须具备从事地理信息产业的资格和能力。其次,要推进有序竞争的地理信息产业市场的形成。建立健全市场竞争机制,打破行业壁垒和地域限制,为公平竞争提供制度保障。同时,发挥陕西省地理信息产业协会连接政府与企业的桥梁作用,引导行业企业严格遵守国家法律、法规,推行诚信经营机制,引导行业自律,以增强企业的诚信意识,减少市场恶性竞争,促进行业可持续发展。此外,加强地理信息产业的统计、分析和监测工作。通过建立完善的市场信息收集和发布制度,及时掌握市场动态和趋势,为政府决策和企业经营提供有力支持。同时,要加强对市场信息的分析和研究,发现市场中的问题和隐患,为监管和预警提供科学依据。

通过行业主管部门、产业协会和行业单位的共同努力,推动行业健康稳定发展,提升行业的整体形象和竞争力。

**4. 推动产业集聚,打造创新高地**

创新发展思维,全面构建产业链条,形成涵盖数据获取、处理、应用、服务等的完整产业链,建立以政府、企事业单位投入等多元化投资的地理信息产业创新基地,形成具有产业特色的高新技术企业集群。加强地理信息产业发展前景的宣传，通过产业集聚规模效应扩大知名度，吸引资金投入，吸引地理信息企业入驻。培育地理信息产业孵化器，扶持和培养一批具有发展潜力的中小型地理信息企业。支持产业创新基地内有条件的企业在资本市场融资，并对符合条件的地理信息企业提供贷款贴息等优惠政策。围绕产业创新基地的建设，建立和完善信息、技术、人才、交易、创业孵化、融资等服务平台，配合商业经纪、人才培训、风险投资、代理服务、知识产权评价等各类中介服务机构，搭建地理信息产业推广与交流平台，逐步形成市场化运作的产业服务体系，为地理信息产业的长远发展提供坚实的支撑。

#### 5. 整合资源，培育行业领军企业

整合全省范围内具有优势的测绘地理信息资质单位资源，集中力量培育2～3家具备核心技术能力，且在行业内具备强大引领作用的本土地理信息龙头骨干企业。鼓励地理信息企业积极引入高新技术，扩大生产规模，进一步扩展业务范围，并深入更广阔的市场区域和服务领域。这一战略举措，不仅有助于提升企业的综合竞争力，还将推动全省地理信息企业积极“走出去”，走上规模化、科技化的发展道路。期望能够打造出在陕西省内外具有显著影响力和品牌效应的地理信息企业，进一步提升陕西省地理信息产业的行业地位和影响力。

### (二)政策扶持，加大财政金融支持力度

#### 1. 构建全面扶持的政策体系

资金是产业发展的前提，建议设立地方地理信息产业创新发展专项资金，主要用于资助地理信息产业重点企业发展、创新能力提升、创新项目孵化、应用示范带动等方面事项。研究制定并不断完善税收优惠、投融资支持、中小企业扶持、创业鼓励、出口支持等各项扶持政策，形成全面系统的产业政策体系。在重大项目立项时给予一定的政策倾斜，对各领域成绩突出的地理信息企事业单位进行奖励，对地理信息人才创业进行适当的资助。在政府采购中优先采购自主知识产权软件和设备，保证本土地理信息企业公平竞争的权利，并可考虑给予适当的权利倾斜。常态化地关心、关注拖欠地理信息企业账款问题，推动政策的改进和落实。

#### 2. 支持企事业单位申报科技专项

政策方面，优先支持地理信息产业相关企事业单位申报国家科技支撑项目、重大成果转化专项、专项发展基金、中小企业技术创新基金等国家科技专项；通过国家和陕西省有关科技计划和资金对地理信息产业的引导性投入，鼓励地理信息企事业单位开展前沿关键技术创新和产品研发，强化核心技术的自主创新，增强市场竞争力。扩展产业在规划、水利、交通等领域的应用范围，拓展产业在

物流、电子商务、物联网等新兴行业的应用领域。推动地理信息领域的科技创新纳入科技创新体系,引导地理信息企事业单位不断创新产品形式和服务方式。鼓励企事业单位与高校及科研院所合作,共同开展关键技术攻关和成果的产业化。鼓励企事业单位参与实施国家计划,共建技术研发基地。加快科技创新成果孵化、转化和产业化,提升地理信息产业的核心竞争力。

#### 3. 拓宽融资渠道

建立地理信息产业中小微企业信用担保体系,加快引进、重点培育地理信息产业风险投资机构,鼓励金融机构拓宽地理信息技术创新的间接融资渠道,探索试点为企业活动提供股权和债权相结合的融资服务方式,如地理信息产业知识产权质押担保等方式,支持地理信息企业发展。同时,鼓励社会资本投资地理信息产业。支持地理信息企业开展外包服务,对地理信息企业拓展海外市场和外包服务给予出口退税、协助宣传等政策支持。

### (三)企业转型升级,推动产业发展

#### 1. 企业推动管理转型

在新时期的市场环境下,企业面临着前所未有的挑战和机遇。地理信息企业必须从传统的粗放型管理向精细化管理转变,加快管理转型是新时期市场环境下的必然选择。通过精细化管理,提升自身的管理水平和竞争力,实现可持续发展,更好地适应市场发展需求。首先,企业需要制定清晰、具体的战略规划,明确自己的市场定位和发展方向。其次,企业需要优化内部流程,提高运营效率,找到适合自身发展的精细化管理路径,包括简化流程、减少不必要的环节、提高员工的工作效率等。通过精细化管理,企业可以更加有效地利用资源,降低成本,提高产品质量和服务水平。此外,企业还需要加强对风险的控制和管理。在新时期的市场环境下,企业面临着各种不确定性和风险,如市场风险、技术风险、质量风险、安全风险、竞争风险等。通过精细化管理,企业可以及时发现和应对这些风险,保障企业的稳健发展。最后,企业需要注重人才培养和团队建设。精细化管理需要有一支高素质、专业化的团队来执行。因此,企业需要加大对人才的培养和引进力度,建立激励机制,激发员工的积极性和创造力。

#### 2. 企业加强对外交流合作

面对广阔的市场机遇和竞争挑战,陕西省的地理信息企业应秉持开放、合作、创新的态度,积极学习借鉴先进经验和技术,加强与国内外的合作与交流,推动产业的快速发展和升级。

北上广地区在地理信息产业发展上具有领先优势,陕西省的地理信息企业应积极寻求与这些地区的合作,吸取其先进经验和技术,进而推动自身的发展。

为了更有效地学习和借鉴，陕西省的地理信息企业应当深入了解北上广地区的产业发展模式、技术创新成就和管理经验，并结合本省及企业的实际情况，探索出适合自己的发展路径，包括但不限于技术研发、市场拓展、人才培养等方面，达成友好的合作关系。这样不仅有助于技术的引进和共享，还可以促进人才的流动和经验交流，从而推动整个产业的协同发展。

在“一带一路”倡议的推动下，陕西省的地理信息企业更应积极“走出去”，参与国际竞争与合作。通过与国际先进企业的交流，不仅可以引进更多的先进技术和管理经验，还可以为企业的发展注入新的活力。同时，也能为陕西省地理信息产业提供更广阔的发展空间。

**3. 企业向规模化、专业化发展**

面对陕西省地理信息企业存在的规模较小、同质化严重、专业化程度较低、产品单一等问题，企业确实需要寻求规模化和专业化的发展路径。规模化可以通过企业间的合并、重组实现，专业化则需要企业引进现代化的管理制度，调整经营理念，强化市场意识和质量意识，提高产品和服务的专业性。一是政府和市场应共同发挥作用，推动有条件的企业进行合并、兼并或重组，形成规模更大、实力更强的地理信息企业集团。通过规模化发展，企业可以整合资源，优化产业结构，降低成本，提高市场竞争力。二是引进现代化企业管理制度，形成科学、高效的生产经营决策结构。通过制度建设，规范企业内部管理，明确职责和权力，提高工作效率。三是转变经营理念，强化市场意识、质量意识等。企业应转变传统的经营理念，从以生产为中心转变为以市场为中心，从以数量扩张为主转变为以提高质量和效益为主；通过强化市场意识、质量意识，逐步将现代化的企业管理理念和方法融入日常生产经营中，形成以现代化企业管理为主导的经营管理模式。

**4. 企业积极承接科研项目，提高产业发展水平**

在地理信息产业的发展过程中，科研项目的承接和参与对于提高企业的技术水平和产业的整体发展至关重要。针对陕西省地理信息企业目前科研性项目较少、产业发展水平相对较低的情况，企业应当积极行动，主动寻求和承接科研项目，以促进产业的创新和发展。企业通过加大在科研方面的投入，积极与高校及科研机构等建立合作关系，共同开展科研项目，重视科研人才的培养和引进，建立完善的人才激励机制，为参与国家和地方科研计划创造有利条件。通过参与科研计划，企业可以获得更多的资源和政策支持，提升自身的科研能力和水平。此外，企业应积极将科研成果转化为实际产品或服务，推动科技成果的商业化应用。通过市场调研和需求分析，将科研成果与市场需求相结合，开发出具有竞争力的新产品或技术服务。

**5. 推动跨界融合发展,拉长产业链**

推动跨界融合发展是拉长地理信息产业链、提高产业综合竞争力的重要途径。通过跨界融合,地理信息产业可以将自身的技术优势与其他产业相结合,开发出更多具有创新性和市场竞争力的新产品和技术服务。一是拓展应用领域。地理信息产业应积极寻找新的应用领域,如智慧城市、智能交通、环境保护等,将地理信息技术与这些领域的需求相结合,提供定制化的解决方案。通过拓展应用领域,地理信息产业可以拓宽自身的业务范围,实现产业链的延伸。二是加强与其他产业的合作。地理信息产业应主动与其他产业进行合作,如与电力、水利、环保等领域的企业建立合作关系。通过合作,可以共同开发新产品、新技术和新服务,实现资源共享和优势互补。这种合作模式有助于促进不同产业之间的深度融合,推动产业链的完善和升级。三是加强跨学科、跨领域人才培养和引进。跨界融合发展需要具备跨学科、跨领域的人才支持,地理信息产业应重视人才培养和引进工作,建立完善的人才培养和激励机制。通过培养一批既懂地理信息技术又了解其他产业需求的复合型人才,为跨界融合发展提供人才保障。四是优化政策环境。政府相关单位应制定和完善支持地理信息产业跨界融合发展的政策体系,包括财政扶持、税收优惠、项目支持等方面。通过优化政策环境,降低企业跨界融合的成本和风险,激发企业跨界融合发展的积极性。

通过以上措施的实施,促进陕西省地理信息产业的跨界融合发展,拉长产业链,提高产业综合竞争力。这不仅有助于地理信息产业自身的发展壮大,还能推动相关产业的转型升级和整个区域经济的持续发展。

## 五、陕西省地理信息产业发展展望

地理信息产业面临历史性的发展机遇,随着技术的持续进步和创新,产业正在向更高层次、更智能化的方向发展。展望未来,陕西省地理信息产业将呈现出持续稳健的发展势头。

### (一)技术创新引领发展

陕西省地理信息产业的蓬勃发展,深受技术创新的滋养。技术创新犹如催化剂,将持续为地理信息数据的获取、处理和应用注入新活力,推动其能力跃上新台阶。随着新技术的接踵而至和应用范围的广泛拓展,地理信息的精度、实时性以及处理效率将获得显著跃升,为众多领域带来更为精准、高效的服务。

在技术创新的引领下,陕西省地理信息企业会继续锐意进取,加大研发投入,通过自主创新与技术引进并举的战略引导,不断推出独具匠心、具备核心竞争力的产品和服务。与此同时，产学研一体化发展在陕西省地理信息产业中蔚然成风。地理信息企业将通过与高校、科研机构紧密携手，共同挖掘科研资源的深厚底蕴，加速技术成果从实验室到市场的转化和应用。这种合作模式不仅能大幅提升企业的技术创新能力，更为产业的可持续发展提供坚实的人才保障。

在政府的鼎力支持下，陕西省地理信息产业发展将迎来崭新的春天。政府通过精心制定并实施一系列政策措施，有效激发企业创新投入的热情，大力支持产学研合作项目，为产业发展营造充满活力的创新生态。在这一背景下，陕西省地理信息产业未来可期，将为经济社会的繁荣发展贡献更多智慧和力量。

### （二）产业融合助推发展

陕西省地理信息产业呈现明显的产业融合协同发展趋势。技术创新融合、应用领域拓展、产业链上下游企业合作、人才培养与交流、跨界融合与合作等共同推动了陕西省地理信息产业融合协同发展，为行业内外融合协同提供了有益的参考和示范。

地理信息产业不再局限于传统的数据采集、加工、空间分析等领域，而是与其他产业深度融合，形成新的产业生态和商业模式。这种融合不仅能提升地理信息产业的综合竞争力，推动地理信息产业的转型升级和高质量发展，也为整个社会带来更多的创新和发展机遇。

地理信息的应用领域将进一步拓展。随着智慧城市、智能交通、环境保护等领域的不断发展，地理信息将在更多领域得到应用。这些领域的应用将推动地理信息产业的快速发展，并为整个社会的可持续发展提供有力支撑。

地理信息产业链涉及众多环节，包括数据采集、处理、分析、应用等。通过加强产业链上下游企业的协同合作，可以实现资源共享、优势互补，提高整个产业链的效率和竞争力，更能推动产业链向高端化发展，提升地理信息产业的附加值。

人才是地理信息产业发展的核心资源。通过加强人才培养与交流，可以提高产业人才的专业素质和创新能力，为产业发展提供有力支撑。一方面，应加强高校和企业的合作，共同培养具备多学科背景和实践经验的复合型人才；另一方面，应积极组织行业交流和研讨活动，促进产业人才之间的交流和合作。

地理信息产业与其他产业的跨界合作可以带来新的发展机遇和空间。通过加强与其他产业的合作，可以推动地理信息产业的技术创新、市场拓展和产业升级。同时，应积极探索新的合作模式和机制，实现互利共赢。

## 六、结　语

“陕西在推进中国式现代化建设中要有勇立潮头、争当时代弄潮儿的志向和气魄,奋力追赶、敢于超越,在西部地区发挥示范作用。”习近平总书记的殷殷嘱托鼓舞着陕西广大干部群众把创新作为引领发展的第一动力,稳步推进高质量发展。展望未来,陕西省地理信息产业将继续保持快速发展的势头。技术的不断进步和产业融合逐步加深,不仅有助于提升地理信息产业的竞争力,还将给地理信息产业带来更多的发展机遇。同时,地理信息技术的发展也将为国民经济的可持续发展提供更多的创新和发展机会,推动陕西省地理信息产业的持续创新与发展,为区域经济增长和社会发展作出更大贡献。

可以预见,未来陕西省地理信息产业将全面贯彻新发展理念,主动融入和服务新发展格局,扎实推动高质量发展,在各类新兴技术的融合赋能下,不断向“新”而行,提“质”转型,以勇立潮头、争当时代弄潮儿的志向和气魄奋力谱写中国式现代化建设的地理信息产业发展新篇章!

# [技术与应用篇]

# 地理信息技术在智慧文旅的应用与展望

中国地理信息产业协会旅游地理信息工作委员会
陈品祥[1] 王英杰[2] 赵耀龙[3] 宁永强[4] 黎景良[5]

## 一、概 述

随着社会经济的快速发展,人民的生活水平不断提高,旅游日益成为人们最主要的休闲娱乐选择。我国已成为全球最大的国内旅游市场和第一出境旅游购买力国。2021 年,《中华人民共和国国民经济和社会发展第十四个五年规划和 2035 年远景目标纲要》中明确提及"智慧旅游""文化和旅游融合发展",推动了文旅融合的智慧化发展。智慧文旅是基于新一代信息技术应用,以提供高质量的旅游文化资源和服务为目标,对旅游资源进行集约化管理、对游客提供定制化服务、对旅游产业进行智慧化改革的现代化工程。智慧文旅将旅游与文化相结合,依托第五代移动通信技术(5G)、大数据、空间地理信息、人工智能等智慧技术,在进行旅游服务的同时,注重公共文化服务的提供。

传统旅游网站通常只向游客提供景点的图片和文字介绍,缺少相关的空间位置信息以及周边配套设施信息,导致游客体验感较差。由于旅游资源在空间和时间维度上存在一定尺度嵌套、属性多元等特性,地理信息系统理论与技术可以在空间认知、分类体系设计、数据库标准化建设、空间分析与评价、智慧化管理、可视化展示等方面提供相关支持,进而被大量应用到旅游资源普查、评价、开发、管理的全流程之中,对旅游资源开发利用起到了关键支撑作用。地理信息技术依托数据采集、存储处理、智能分析等功能,可以为文化旅游行业发挥信息管理、个性化定制、开发决策参谋等作用。利用地理信息技术的空间表达、定位和查询统计能力,物联网技术的动态感知和监测、实时更新能力,以及移动互联灵活便捷等技术优势,以电子地图为依托,集景点、酒店、购物以及餐饮等旅游地理

1 北京市测绘设计研究院
2 中国科学院地理科学与资源研究所
3 华南师范大学
4 微景天下(北京)科技有限公司
5 中煤数字科技(广州)有限公司

信息于一体，为公众提供科学化、信息化和智能化旅游服务是智慧文旅发展的必由之路。地理信息技术推进测绘实景三维、数字孪生技术、大数据、虚拟现实的生动表达，通过元宇宙加文旅给游客带来全新的元宇宙沉浸式文旅体验。依托地理信息技术打造元宇宙地理信息底座，以全新的呈现方式赋能文旅新模式，突破传统旅游“时”与“空”等局限，使用户获得更有沉浸感、科技感、补偿感的体验。地理信息技术以其强大的数据管理与分析功能，为旅游信息化、智慧化发展提供了决策依据。总的看来，目前地理信息技术在智慧文旅的应用可以分为以下几个方面。

## (一)旅游信息管理

充分利用地理信息技术的分析、处理、操作功能，为旅游评价、预测、规划、决策支持提供依据。传统方式下的旅游规划决策速度慢、效果差，难以适应当今旅游业发展的需要。地理信息技术不仅以其快速高效收集、存储、整理、输出、查询检索旅游信息等功能来提高旅游规划和决策的效率，更以其优越的空间分析功能使旅游规划更科学、更精确(陈铁军，2019)(和娴 等，2024)。

## (二)网络旅游地理信息系统

网络极大地拓宽了地理信息系统的应用功能，从互联网任意一个节点均可浏览网络地理信息站点上的地理信息，并进行空间检索和分析(陈海波 等，2018)。网络可以用于发布旅游地理信息，使游客能够通过网络浏览器访问地理信息数据，实现地理数据和属性的查询、统计、编辑和专题图制作等功能。基于网络的旅游地理信息系统能够提供旅游信息查询、旅游景点推荐、旅游路线规划和旅游导航等相关服务，帮助游客规划出最佳旅游路线，是未来城市旅游业发展的必然趋势，也是未来智慧旅游的一个重要组成部分(马亮，2014)。

## (三)移动旅游信息服务

随着移动互联的快速发展，传统电脑端的旅游信息服务系统已无法满足人们出行的需要，在移动旅游服务发展现状的基础上，利用地理信息系统、移动互联、基于位置的信息服务以及二维码等先进技术，发展线上线下一体化的移动旅游服务新模式，构建智慧旅游大数据库，搭建移动旅游信息服务系统，为游客提供实时地图定位、路线导航、景区导游导览以及“吃、住、行、游、购、娱”六要素信息服务。基于移动端的旅游信息服务系统的开发和应用是近几年智慧旅游信息化发展的重要方向之一(刘树林，2023)。

### (四)智慧旅游综合服务

旅游景区如何为游客提供合适、匹配的服务，这就需要对游客信息进行深入分析。基于大数据、物联网、云计算等技术，通过移动终端设备、高精度定位终端设备，结合地理信息技术开发的旅游景区游客信息系统能够识别游客分布、类型、行为、消费、画像、来源等信息，可为旅游景区合理调配人力物力资源、提供个性化服务、调整二次消费产品等提供科学参考，助力旅游业高质量发展(吴侃侃等，2018)。

### (五)生态旅游

地理信息系统为生态旅游景区旅游资源调查提供了很多方便，与传统的调查方式相比，其主要优势体现在：调查准确、快速、全面、经济；定位准确，且能进行三维仿真和重建；便于野外调查的现场数字化；便于资源属性调查和多源异构信息的集成(姚瑶 等，2020)。

### (六)虚拟旅游

随着地理信息技术、三维可视化、虚拟现实、三维互联网等技术的不断发展和深入，国家、行业相关的建设标准陆续出台，将三维实体、三维环境等与旅游系统结合，产生交互式的三维动画、动态仿真的虚拟旅游电子平台，虚拟旅游进入了全新阶段。近年来虽然各地陆续推出了实景虚拟漫游的服务，但目前这些服务仍旧存在不足之处。由于互联网已经成为人们必不可少的工具，凭借地理信息技术支撑的虚拟旅游行业将得到更快更好的发展(蒋依依 等，2024)。

综上所述，地理信息技术依托数据采集、存储处理、智能分析等功能，可以在文化旅游行业发挥信息管理、个性化定制、开发决策参谋等作用，形成线上线下融合互动、立体覆盖的服务供给体系。因此，利用地理信息系统、物联网以及移动互联等先进技术，以电子地图为依托，集景点、酒店、购物以及餐饮等旅游地理信息于一体，为公众提供科学化、信息化和智能化旅游服务是智慧文旅发展的必由之路。

## 二、旅游资源智慧管理的需求

### (一)旅游资源认知和分类

旅游资源智慧管理中运用了大量地理信息系统空间分析理论技术，特别是空间认知方法和地学图谱空间思维理论应用于旅游资源认知、分类管理中。依照空间特性将旅游资源划分为实体类和非实体类，建立了基于空间和非空间的旅游资源语义关系结构。在时空框架下，构建了基于地理语义的旅游资源事件模型，用于历史和文化旅游资源的提取和空间范围获取。在空间尺度分类上，构建了旅游资源单体、集合体、聚集区、组合区等概念，面向规划管理与开发，从不同尺度对资源的空间布局和赋存关系进行了界定，有效支撑了资源—产品转换与开发设计。相关理论与成果已应用到宁夏、海南、四川，以及西藏山南、河北秦皇岛、黑龙江哈尔滨、安徽祁门、山东蓬莱、浙江江山、广东南澳等多个省、市、县三级旅游资源普查与分析评价工作中。

### （二）旅游资源普查和建库

传统旅游资源普查以“轻室内＋重野外”模式为主，一般需要组成多个调查小组进行实地踏勘，周期较长且费时费力。大数据时代，建立基于地理信息系统、遥感、知识图谱、知识挖掘等技术方法的旅游资源预名录整编与获取模式，通过室内提取分析，实地普查前可获取和挖掘大量区域核心旅游资源信息，野外只需针对性地进行核查、补录。基于此，各地旅游资源普查充分地运用地理信息系统数据编码、建库、空间分析和数字化管理等技术方法，利用地理信息系统强大的空间数据分析平台，结合遥感影像、数字高程模型、电子地图等各类数据认知与挖掘旅游资源，基于位置服务（LBS）、浏览器-服务器（B/S）网络架构等技术采集旅游资源。与传统旅游资源普查模式相比，基于地理信息系统等技术的资源普查流程更加便捷、精确与高效，大大提高了普查的效率与精度。相关技术和模式已应用到全国多个省、市、县三级旅游资源普查工作中，包括海南省旅游资源普查与规划信息库建设（2018 年）、四川省旅游资源普查地方标准与技术规程制定（2019 年）、宁夏回族自治区文化和旅游资源普查（2022 年）、西藏山南市旅游资源普查（2024 年）等。

### （三）旅游资源开发价值评价

传统旅游资源评价主要依靠不同领域专家打分评价，具有一定的片面性。依托地理信息系统相关技术方法开展的旅游资源空间上的聚合、结构、格局和分布规律评价工作，包括一定空间范围（集合区、聚集区和组合区）旅游资源数量、密度、类型数量、质量结构、组合、空间关联等模型构建。大量的地理信息系统方法如缓冲分析、邻近分析、网络分析以及叠加分析等被应用于旅游资源的区域评价中，包括面向集合区、聚集区和组合区的旅游资源评价模型，对资源的空间分布格局、资源的空间分布规律进行深入分析。例如，在山东省青岛市旅游资源普查和烟台市蓬莱区旅游资源普查中，通过地理信息系统平台构建了旅游资源开发潜力改进模型，分别对山东省青岛市、烟台市蓬莱区旅游资源进行了区域评价，对区域旅游资源开发格局和时序进行了评价；在重庆铜梁区旅游规划成果中，利用地理信息系统多尺度网格建模技术，提取了铜梁区旅游资源的空间图谱与重要的点、线、面优质旅游资源区，为科学规划提供了支撑。

在评价尺度上，区域旅游资源评价多以行政单元和旅游区尺度为主，都是单纯地以统计性指标为主进行空间建模，对区域旅游资源进行分析，但旅游资源在区域间的空间关系，组合、耦合、聚合效应，区域内旅游资源的数量、质量和类型数量，空间关联对区域旅游资源品质的贡献机理和评价模型，提取旅游资源的空间图谱，以及面向旅游产品设计旅游资源潜在开发利用价值知识图谱，等等，都是目前缺乏的。如何依托自然地理空间单元(如流域、海岸带、地貌区等)和非行政管理区的人文空间单元(如经济开发区、高新技术区、风景名胜区等)所形成的地理区域，开展旅游资源评价并服务于区域旅游决策，是客观需要，也克服了过去单一面向行政区的资源普查与评价的缺点，形成面向多元空间单元的地理信息普查建模分析方法。在实践中开展了基于流域、地貌单元或海岸带以及经济开发区等空间单元的旅游资源评价研究，更好地揭示了区域旅游资源的分布特征、格局，以及服务于不同的开发利用与保护需求。在分析方法上，在传统基于矢量地理信息分析的基础上，加强了基于格网的旅游资源评价方法。如在海南省旅游资源普查与规划信息库建设项目中，通过一定范围的格网分析，对海南岛主要旅游资源集合区进行了提取、建库，并对海岸沿线的资源进行了格网评价，划分了旅游资源开发的核心区与等级；在宁夏回族自治区文化和旅游资源普查中，基于不同尺度格网对区域旅游资源开发价值进行了评价。

### (四)旅游资源开发适宜性评价

层次分析法、可达性分析法是常用的旅游资源开发适宜性评价方法。层次分析法是一种多层次权重分析决策方法，通过建立判断矩阵，计算权重，修正判断矩阵，通过一次性检验得到正确的权重。可达性是体现交通网络中各个节点之间的相互作用。旅游资源是旅游活动开展的基础区域，应用地理信息系统分析工具，综合考虑交通、海拔、坡度等因素的可达性分析法是测算区域内交通可达能力、评估区域旅游开发潜力的重要技术方法。在《宁夏回族自治区文化和旅游资源开发利用与保护指南》中，通过交通可达性分析实现了区域文旅资源开发的优先序判定，以及确定了未来区域交通如何规划设计来支撑旅游开发。在《山南市旅游资源开发利用与保护指南》中，通过地理信息系统空间分析，对西藏自治区山南市雅鲁藏布江河谷地带的重点资源交通通达性进行了分析，对区域旅游开发时序进行了计划与安排。

### （五）区域旅游发展格局识别与判断

空间核密度分析法是旅游资源空间格局与区域差异研究较常用的研究方法。它是一种从数据本身角度研究其分布特征的方法，在地理学中被广泛应用，在旅游资源领域常用来描述旅游景区、旅游资源单体等区域差异及格局优化。例如，在《海南省旅游资源评价报告》中，利用核密度法和地理信息系统空间分析，提取了基于优质单体的旅游资源集合区和聚集区，并提取了海南岛旅游资源4个圈层结构和对称结构的旅游资源格局图谱；在《宁夏回族自治区文化和旅游资源普查报告》中，基于空间分析识别出高等级旅游资源分布格局图谱，通过轴带圈层串联形成“三区六带多中心”的区域旅游资源总体分布格局。

### （六）区域旅游组合开发与规划

旅游资源空间组合分析是将区域内旅游资源集聚而形成的旅游资源圈层和资源带，采用地理信息系统缓冲区分析方法和一定的模型集成方法来识别和提取其空间范围，并对范围内旅游资源开展评价分析，是旅游资源空间格局提取、开发重点研判、开发规划制定及辐射区域研究中的重要技术与方法。近些年来，基于地理信息系统技术和地学知识图谱的图形化集成方法对挖掘旅游资源内在的关联规则、组合模式、分布规律、空间格局，完成从识别、评价格局到机理的分析过程，提供了科学的研究范式，为旅游资源开发、选址与空间规划提供科学支撑。如在安徽黄山祁门县旅游资源普查与全域旅游规划成果中，利用核密度法和空间分析，识别和提取了若干高品质旅游资源聚集区域，通过轴—带关系、点—面组合串联起来，构建了祁门县“一轴、两带、三核、五组团、十节点”的旅游开发总体格局。

## 三、地理信息应用于智慧文旅的典型案例

### （一）文化遗产保护与传承

#### 1. 历史事件地图制作

2021年北京市测绘设计研究院利用文本空间化、三维可视化等技术，在充分参考历史地图的前提下，结合网络地图的路网进行路线信息挖掘及路线制作，并利用三维地形图、影像等数据，对路线进行修改和佐证，进一步细化了六世班禅朝觐与灵柩西归的路线，最终制作了坐标精确、具有古今地名对照的六世班禅

朝觐与灵柩西归路线电子地图,该成果在故宫展出(陈品祥 等,2021)。

红色旅游地图是一种以红色旅游资源为主题,通过地图形式展示中国共产党革命历史、革命精神和革命遗迹的旅游指南产品。在我国,红色旅游地图涵盖了众多著名的革命圣地、纪念地和遗址,如《长征国家文化公园(湖南段)自驾游地图》《陕西省红色文化地图》《武汉红色旅游手绘地图》等。在北京,由北京市委宣传部、北京市委党史研究室、北京市文化和旅游局、北京市测绘设计研究院联合出品的《北京红色旅游地图》梳理出了北京 268 个红色文旅目的地,按照不同主题、地理空间分布、历史事件等进行组合,设计了 9 条红色旅游精品线路,包括大热的"觉醒年代"主题线路。通过这张北京红色旅游地图,人们既可以准确查找红色资源点位,又可参考主题游览线路开展党建团建,开展党史学习教育,让学习北京红色文化和历史、弘扬红色精神有了一份实用指南。

2. **长城数字云平台**

长城数字云平台是针对长城资源数字化、管理信息化等新场景需求,将地理信息技术与数字建模、智能导览、慢直播系统等多种高新技术相融合,实现长城海量数字内容的汇集,将文物、文化、旅游、科技、教育等行业数据融合应用,解决长城数字资源分散、数字化成果转化形式单一等问题,以推动长城国家文化公园数字化体系为目标,利用在线三维重建、多源数据融合、5G/XR(第五代通信技术+多种虚拟技术)等多种创新技术建设的长城文化资源数字化服务平台,构建开放互联的数字化管理体系,支撑长城国家公园保护与文化传播创新示范,强化"长城国家文化公园"知识产权,助推长城国家文化公园数字再现工程建设。平台在全国首创首发"微信小程序+公众号+视频号"的管理运行模式,构建可观看、可阅读、可体验、可感悟、可游购的公共文化线上空间,实现"一部手机游阅长城"。平台由河北省文化和旅游厅在全国率先创新推出,微景天下提供技术支持,被文化和旅游部列为长城国家文化公园数字再现工程标志性项目,同时获评 2023 首届数字赋能中华文化国际传播创新应用案例最佳元宇宙应用场景奖。

## (二)智慧景区服务管理运营

2022 年 9 月,文化和旅游部资源开发司、国家发展和改革委员会社会发展司发布《智慧旅游场景应用指南(试行)》,其旨在发挥旅游业丰富应用场景优势,通过拓展场景应用加快推进智慧旅游发展。《智慧旅游场景应用指南(试行)》指出十大智慧旅游典型场景,其中结合测绘地理信息技术应用的五大场景如下:①运用物联网、5G、大数据、云计算、地理信息系统(GIS)、卫星定位等技术,实现旅游交通的智慧调度;②运用图像识别、卫星定位、地理信息系统(GIS)、红外热成像、传感等技术,实现智慧旅游停车;③运用 5G、大数据、物联网、地理信息系统(GIS)、生物识别等技术,通过视频监控、传感设备等获取特定区域即时人流密度和流向流速等数据,依托游客流量大数据平台,自动比对区域游客最大承载量,动态预测拥堵区域和时段,实时发布游客流量预警信息,及时告知游客调整游览线路,实现智慧游客分流;④运用5G、大数据、人工智能、虚拟现实、蓝牙、基于位置服务(LBS)等技术,为游客提供基于位置的个性化路线推荐、导览和讲解等服务,实现智慧导览讲解;⑤运用5G、大数据、云计算、物联网、人工智能、图像识别、地理信息系统(GIS)、智能视频监控等技术,及时发现和有效处置各类安全隐患,保障游客人身安全和旅游环境安全,实现智慧安全监管。上述指南为旅游景区基础设施建设和运营管理服务提供了有效指引。

**1. “云上都江堰、数字青城山”智慧景区管理服务体系**

依托“云上都江堰、数字青城山”智慧景区管理服务体系的打造,青城山-都江堰景区能够为游客提供游前、游中、游后的全程个性化服务。游客在游客中心的人像采集终端处购买门票在线支付成功后,不需要身份证或者纸质门票,即可在人像识别通道采用刷脸方式直接进入景区。除此之外,“一号通、一码行、一网探”各种智慧化服务直接刷新提升游客体验。以元宇宙“虚实共生”为目标,通过三维数字引擎及云端渲染技术,深度融合青城山-都江堰景区的高精模型,着力刻画“青城天下幽,古堰天府源”的优美景色。同时高度融合景区现有视频监控、客流管控、指挥调度、交通管控、智慧厕所等业务系统和数据,将虚拟的数字孪生景区场景与实际的数字景区业务进行虚实融合,提升景区“管理一体化、聚合可视化”水平,确保“看得见、联得上、呼得应、调得动”,管理“所见即所得”。一旦游客在景区发生财物遗失等意外情况,通过虚实数据的结合,利用北斗定位、视频监控、无线对讲等平台就近指挥调度一线人员进行处置并全程追踪,可迅速处理完毕。

**2. 黄山景区“5G+智慧旅游”试点**

以黄山风景区丰富的文化、自然旅游资源为依托,在已有的信息化、智慧化建设基础上,利用云计算、大数据、物联网、移动互联网等多种先进技术,全面整合黄山风景区旅游资源,通过“一网、一库、一中心、三大应用主题”的建设,探索建立“5G+北斗”时空搜救、“5G+移动执法”等智慧管理体系,“5G+线上直播”“5G+导游导览”“5G+智能服务机器人”等智慧体验体系,“5G+人工智能(AI)游记助手”“5G+增强现实(AR)游戏”等智慧新业态,“5G+供水生态系统”“5G+古树保护”等智慧保护体系,深入推进科技赋能景区智慧管理、智慧服务、智慧营销,构建数字黄山景区雏形,大力提升旅游景区管理运营能力,有效整合景区人员、车辆、设备及各类景区资源,全面监测景区综合运行态势,实现景区社会效益、经济效益与环境效益的和谐统一发展。该项目以“服务游客”为核心理念,提升游客在景区内的游玩体验。通过对旅游要素进行实时监测合理调配保障资源、对游客各类信息进行分析与挖掘,以及对接各类热线及网络平台分析发现旅游薄弱环节等措施,为游客提供完善的行前、行中、行后服务,积极发展景区电子商务,整合黄山风景区商业资源,开拓在线旅游、移动旅游市场,加强景区旅游公共服务综合能力,提高游客在黄山风景区的游玩感知参与度。

## (三)公共服务平台建设

### 1. 郑州文旅云平台

郑州市文化广电和旅游局依托郑州文旅云平台,作为公众服务的统一出口,全面整合汇聚郑州辖区的公共文化和旅游服务资源,实现文旅信息共享、活动预约、场馆预订、数据管理、旅游电子年卡、旅游智能行程规划、特色文旅产品消费等功能,为广大市民提供一站式数字文旅公共服务。郑州文旅云平台还实现了与省级公共文化服务平台、"郑好办"政务平台等的数据互联互通,为群众提供一站式公共文化和旅游服务。"码上游郑州"智慧旅游服务系统为来郑游客提供吃、住、行、游、娱、购等一站式服务。该系统可覆盖郑州 71 家景区,实现语音导航景区 53 个,支持 22 家景区全景虚拟展示,提供实景导航地图,游客进入该系统,系统即可根据位置推荐景区、景点,使游客畅游郑州。以"数"赋能,让城市更聪明,让市民更舒心。在新技术不断迭代的今天,智慧文旅搭乘智能手机快车,用科技打造数字文化和旅游新产品、新业态、新场景。

### 2. 禾力数字乡村平台

在乡村振兴战略的推动下,地理信息技术凭借其在空间数据获取、处理和分析方面的独特优势,被广泛应用于乡村规划设计、农业生产发展等多个领域,成为实现乡村振兴的重要技术支撑。禾力数字乡村平台利用地理信息技术、遥感数据、空间定位技术等技术手段,挖掘乡村旅游资源,规划乡村旅游线路,提升游客的旅游体验,为乡村产业发展、农文旅融合等方面提供有力支持。禾力数字乡村平台以贵州省为实践点,在构建乡村文旅基础数据库方面,通过采集村落地理位置,深入乡村采编村落信息,打造"黔村百科"云名片,为乡村旅游产业化发展奠定扎实基础。在乡村农文旅融合发展方面,通过空间分析、数据挖掘等技术,为每个村定制精品徒步路线,集乡村自然风景、生态农业、文化景观等为一体,设置路牌网红打卡点,充分展示乡村文旅特色和产业资源,为乡村旅游产品的设计和推广提供依据。此外,在其他新兴技术的加持下,采集、汇编、储存贵州乡村风光风貌,将其完整、全面地数字化保存,构建"贵州传统村落数字博物馆",通过手机、电脑、电视、虚拟现实(VR)等多终端,全平台、全景式无缝流畅展示贵州乡村原生态的景象。

### (四)沉浸式体验空间开发

#### 1. 陕西物质文化遗产二维分类与虚拟现实沉浸式体验平台

“陕西物质文化遗产二维分类与虚拟现实沉浸式体验平台研究及应用示范”创新成果充分发挥中煤航地理信息技术优势，以陕西古建筑为研究对象，通过研究陕西物质文化遗产的数字化分类编码方法，建立陕西省古建筑文物分类体系；通过“无人机＋实时动态(RTK)测量”完成单体文化遗址点云数据和地理信息系统数据的无缝拼合，总结物质文化遗产的“地理信息系统＋三维可视化”建模方法，形成不同类型文物空间和纹理数据采集流程和作业规范。基于以上模型数据及分类体系研究基础，开发了一套基于虚拟引擎(UE4)的数字文化遗产快速建模平台，对陕西省内部分典型古建筑完成沉浸式体验开发，用户可根据用户界面引导或蓝图搭建完成数字文化资产的设计。该平台集成了地理信息、虚拟现实、裸眼三维、实景三维等技术，从时间、空间、文旅资源类型三个维度打造了逼真的三维立体集锦空间，以沉浸式的呈现方式展现了陕西省古建筑等文化旅游资源，打破了传统旅游线下游览的局限，用户以第一人称视角完成创建及体验，极大地提升了交互性及趣味性，创新了陕西省文化旅游宣传展示方式，形成了可推广、可复制、具有地理信息特色的智慧文旅推广模式，也为文旅资源的保护和永续利用方式探索了一条新的路径。

#### 2. “数字一大”元宇宙

“数字一大”建设“5G＋智慧旅游”试点项目通过“5G＋元宇宙”赋能，突破线下时空限制，开创沉浸式党建新模式，实现红色党建教育方式的创新与红色文化传播手段的升级。该项目借助5G专网、边缘计算和云渲染等技术，为用户提供了稳定而细腻的沉浸式体验，同时基于数字孪生、数字原生等技术，通过对现实世界的精准建模以及对线上空间的创新设计，实现了虚拟与现实的融合，将红色遗迹与文物真实地呈现在用户面前。“数字一大”元宇宙利用先进技术手段突破传统限制，构建了广泛、高效的党建服务渠道，为建党故事的传播、红色文化的传承发展贡献了力量。

## 四、发展展望

地理信息技术在旅游资源研究与开发中的实践应用成果不断增多，研究领域不断外延，涉及旅游资源空间认知与标准化、旅游资源分析与评价、旅游空间布局与旅游规划、旅游资源信息图谱、旅游资源可视化分析等方面的内容。由旅游专家主导应用到许多地理信息系统专家进入旅游领域，不仅提高了量化分析水平,也带来了一些新的空间思维模式和方法,例如将地理格网化理论应用到旅游资源评价中,地理信息系统空间方法体系特别是定量分析和基于知识的空间语义规则的模型构建,将会较大地提高旅游研究的智能化应用水平和效益,地理信息系统具备快速的处理数据能力和科学的逻辑分析能力,可对旅游资源进行科学的评价、开发利用及规划,为区域旅游经济发展提供科学支撑。未来地理信息系统与旅游资源研究的融合发展将带来以下几个新趋势:一是具有地理信息系统专业和知识背景的旅游资源研究者会日益增多,行业与公众参与度会不断上升;二是地理信息系统与旅游知识模型的结合,可助力旅游研究方法体系的提升和创新,在传统旅游学定性评价基础上做到定量化评估,更准确地反映和刻画资源开发价值;三是地理信息系统新技术、新功能将被更多引入旅游资源管理,目前地理信息系统三维建模技术、倾斜摄影测量技术、虚拟现实技术、无人机技术等将会大量用于旅游资源单体和集合体的真实三维建模,用于更加直观的、高精度的旅游资源及其空间认知、关联、特征提取和分析,在此基础上,构建智能化的动态三维可视化系统,增加旅游研究者和游客的沉浸感、体验度以及空间决策的智能性、科学性。

随着科技的迅速发展,智慧文旅行业正迎来前所未有的机遇和挑战。未来该领域可能的发展方向有三个。第一,生成式人工智能技术的应用。游客可以使用智能语音助手与目的地人工智能软件交互,和“数字人”对话,获取个性化的旅游建议和体验,如定制的旅游线路、美食推荐和景点解说等服务。第二,历史资源和文化遗产的数字化保护与传播。通过科学规划和合理开发,实现文化遗产保护与旅游业发展的良性循环,为文化遗产的传承和旅游业的繁荣注入新活力。一方面,新技术的应用为文化遗产提供了更加全面、高效的监测手段;另一方面,游客可以通过虚拟增强现实设备在虚拟环境中体验历史事件,走进宫殿和遗址,与过去互动,深度了解历史文化遗产的价值和意义。第三,设备小型化与普及化。随着虚拟增强现实技术的发展,虚拟增强现实设备的体积和重量将不断减小,成本也会降低,使其更加普及。游客可以佩戴轻便的虚拟增强现实眼镜或使用智能手机上的虚拟增强现实应用,实现“一机通”,随时随地与周围的环境互动,探索文化景点的奥秘。

## 参考文献

陈海波,王海起,2018. 基于天地图 API 的旅游地理信息系统应用[J]. 地理空间信息,16(9):65-68.

陈品祥,张红,马磊,等,2021. 历史事件路线的空间复原及可视化:以六世班禅朝觐与灵柩西归为例[J]. 测绘科学技术学报,38(4):416-421.

陈铁军,2019.地理信息系统在旅游管理中的应用[J].电子技术与软件工程(21):74-75.
和娴,杜臣昌,郑英,等,2024.旅游景区游客信息系统设计与实现[J].绿色科技,26(2):244-248.
蒋依依,高洁,郭佳明,等,2024.地理大数据在旅游领域的创新应用及学科影响和研究展望[J].地球信息科学学报,26(2):242-258.
刘树林,2023.基于线上线下一体化的移动旅游信息服务研究[J].测绘与空间地理信息,46(5):108-110.
马亮,2014.基于web技术的武汉市旅游地理信息系统的构建与应用[D].武汉:华中师范大学.
吴侃侃,金豪,2018.全域旅游背景下浙江旅游度假区高质量发展的思考[J].浙江社会科学(8):147-150.
姚瑶,郭医博,2020.地理信息系统(GIS)在旅游方面的应用[J].电子测试(15):66-68.

# 地理信息技术推动自然资源管理数智化转型

中国地理信息产业协会自然资源信息工作委员会
贾文珏[1] 谭永杰[2] 汪秀莲[3] 刘聚海[1] 杨如军[4] 朱 剑[5]
屈晓波[6] 杨雅玲[7] 蔡晓兵[8] 黄胜辉[7]

## 一、自然资源管理数智化转型总体发展情况

2023 年,自然资源管理数智化转型不断提速,围绕自然资源"两统一"核心职责履行,基础设施和网络数据安全保障能力不断提升,国土空间信息平台不断夯实,自然资源管理和国土空间治理信息化水平和效能大幅提升。

(1)自然资源信息化统筹能力不断增强。围绕核心职责履行,突出数字化的支点、赋能和引领作用,以信息系统整合提升为机遇,强化基础设施和网络数据安全保障能力,丰富自然资源数据体系,夯实国土空间基础信息平台数据治理、智能计算、场景构建、协同共享能力,以自然资源智慧化场景驱动治理模式变革、方式重塑、能力提升为目标,大幅提高自然资源管理和国土空间治理信息化水平和效能,并融入数字中国建设,全面助力美丽中国数字化治理体系建设。自然资源部组织印发《2023 年自然资源部信息化工作要点》,明确 2023 年信息化工作的总体思路、主要任务,确保各相关规划以及中央网信办、自然资源部确定的信息化年度重点工作落实。有关单位形成自然资源部信息系统整合提升方案,依托国土空间基础信息平台,将系统分阶段融入四大主题应用场景,以系统数量大幅减少、利用效率明显提升、综合效益显著提高为目标,稳妥有序推进系统整合提升工作。全面完成信息化建设领域专项整治。《自然资源部关于进一步规范信息化建设领域有关工作的指导意见》成为信息化建设领域的重要指导文件。

---

1 自然资源部信息中心
2 中国地质科学院地质力学研究所
3 中国国土勘测规划院
4 广西壮族自治区自然资源调查监测院
5 广西壮族自治区自然资源信息中心
6 北京超图软件股份有限公司
7 武汉中地数码科技有限公司
8 易智瑞信息技术有限公司

(2)基本建成统领自然资源信息化建设的“一张图”和国土空间基础信息平台。以数字高程模型(DEM)等实景三维测绘成果为基底,以高分辨率遥感影像为背景,融合自然地理格局、自然条件、自然资源调查监测成果、国土空间规划、自然资源管理等 246 类相关数据,建立了三维立体“一张图”基本框架。全国“三区三线”划定成果已纳入“一张图”。完善国土空间基础信息平台分布式技术架构,初步形成“1+6”运行体系,实现对“一张图”的统一管理、调度与服务,形成以统一底图、统一底线服务为主的主题数据服务 1 176 项、专题应用服务 196 项、数据产品 181 项。目前,已将平台接入国办电子政务办试用,并积极推进面向政府各部门的在线共享服务。全国各地也都基本建成“一张图”和国土空间基础信息平台,并成为支撑本地自然资源管理和国土空间治理的核心应用。

(3)政务服务与监管决策能力进一步增强。建成自然资源部一体化在线政务服务平台,部本级 90%以上事项实现“最多跑一次”。用地用矿用海审批等主要政务服务事项实现外网一网申报、内网协同审批,16 项高频政务服务事项实现“跨省通办”,矿业权实现 4 个试点省共用“一张图”的审批,并将持续扩大覆盖范围,不动产登记实现“带押过户”“交房即交证”“交地即交证”改革创新,编制印发不动产权证书电子证照等 5 项标准,相关电子证照已实现初步推广应用,政务服务标准化、规范化、便利化水平明显提升。同时,正全面推进全国不动产统一登记平台建设,四级联动的全国用途管制系统已实现全面对接。建成国土空间规划“一张图”实施监督信息系统,正在建设山水林田湖草沙一体化修复系统、自然资源资产管理系统。启动国土空间规划实施监测网络(CSPON)建设。建成全国国土用途管制监管系统,联通全国 31 个省(自治区、直辖市)和新疆生产建设兵团,实时汇聚全国各级审批许可、建设项目用地预审和规划一书三证数据,实现部省市县四级协同联动、事前事中事后监管。

(4)自然资源调查监测评价的数智化水平不断提高。国土调查及年度变更调查的遥感数据应用和解译能力进一步提升,陆地卫星骨干网建设初见成效,以自然资源部为业主或牵头主用户的陆地卫星已达 13 颗。此外,接收高分五号 B(高五业务星)、高分五号 01A(高五接替星)、高分六号、中巴资源 04A 等多颗卫星数据,为自然资源调查监测、评价、监管、执法等提供卫星遥感数据超 1.5 PB(1 500 万亿字节)。实景三维中国建设取得新进展,DEM 分辨率提升至 10 米,数字正射影像(DOM)分辨率提升至 2 米且一年 4 版时序化更新,积极推进城市 5~10 厘米高分辨率三维影像建设。“天地图”应用日益广泛,累计注册用户达到 79.5 万个,地图服务调用量日均超过 8 亿次。地质调查进入智能化阶段,手持端、桌面端和网页(Web)端协同应用的地质调查智能化、在线化系统,在区域地质调查、矿产地质调查、水文地质调查、地质灾害调查等业务领域得到广泛应用,“地质云”累计注册用户达到 9.7 万人。海洋调查进入空、天、地、网立体观测阶段。

(5)信息化基础保障水平明显提升。实现自然资源部涉密内网与国家电子政务内网全面贯通,自然资源“一张网”建设取得明显进展。自然资源部涉密内网全面覆盖国家林业和草原局、中国地质调查局及 62 家部直属单位和派出机构。自然资源业务网全面覆盖部省市县四级自然资源主管部门,部分省(区、市)进一步延伸到乡镇,并实现与最高人民法院、中共中央纪律检查委员会、公安部等 9 家党政机关的“总对总”专线连接。视频会议保障能力显著增强,实现对自然资源部直属单位及派出机构和省市县三级自然资源部门全覆盖。建成“自然资源云”技术体系,满足了机构改革和业务融合后国家级数据中心的集中部署需求。

近年来,自然资源数智化转型发展取得显著成效,数字化思维、数字化认知不断提升,基础设施不断完善,数据资源共享和开发利用取得积极进展,各级各类业务系统建设和应用成效显著,一体化政务服务和监管效能稳步提高,便民利民水平大幅提升,“智慧选址”“智能审批”“土地超市”“一码管地”等创新实践不断涌现,地理信息技术支撑自然资源场景应用和跨界融合应用取得了创新突破,自然资源数智化转型也为地理信息产业带来新的机遇。

## 二、自然资源管理数智化转型应用场景提升

自然资源数智化转型紧紧围绕自然资源部“两统一”职责履行,聚焦“严守资源安全底线、优化国土空间格局、促进绿色低碳发展、维护资源资产权益”的工作定位,利用大数据、云计算、人工智能、物联网等先进信息技术,通过场景牵引推动数智化改革,面向自然资源管理、监管和服务的多维数字化场景应用能力快速提升。

(1)持续推进国土调查应用与数据产品加工技术创新服务。推进“国土调查云”分中心建设,重庆、海南等 25 个省(区、市)和 1 个地级市(宁波)已加入“国土调查云”共建联盟,为自然资源统一调查监测体系构建奠定了基础。推进“国土调查云”的迭代升级和深入应用,日均受理服务请求超过千万次。在工程实施中深入应用、迭代升级“国土调查云”,开展“国土调查云”调查监测感知网络建设,积极探索铁塔视频摄像头、机场无人机等感知手段在调查监测工作中的协同化应用,不断提升“空天地网”实时动态感知调查监测能力,逐步形成以“国土调查云”为载体的监测工作格局,构建监测统筹、开放共享的工程技术体系。全面支撑服务耕地保护、规划实施监测、督察执法和用途管制等监管工作。大力推进国

土调查数据产品加工技术创新及应用服务。创新研发国土调查格网产品，延伸国土调查数据成果应用领域。构建相应技术标准规范、软件支撑体系及模型算法体系。

(2)深化耕地保护和自主监督监管。面向耕地保护，实现耕地和永久基本农田精准落图、分类管控和数字化"一本账"。推进耕地和永久基本农田变化智能识别，实现基于 DEM 数据开展坡耕地、永久基本农田"上山下河"问题识别。持续改进和完善耕地占补平衡动态监管，实现与"国土调查云"的对接，完成耕地占补平衡动态监管系统与日常变更衔接。开展耕地立体选址辅助"进出平衡"方案编制。完善全国永久基本农田监测监管，改进重大项目建设占用类、全域土地综合整治类占用补划永久基本农田的监管。开展永久基本农田划定成果的核实处置。利用智能工具，分析研判耕地和永久基本农田变化，分析适宜性和潜力，开展雨洪淹没模拟分析，推进耕地资源合理利用与布局优化。

(3)强化国土空间规划实施监督和用途管制监管。建立"可感知、能学习、善治理、自适应"的国土空间规划实施监督体系，形成统一国土空间规划底图，完善国土空间规划"一张图"实施监督信息系统，提升空间安全、空间格局、空间效率和空间品质。建立"国家—省—市"规划传导规则，同时将城市总体规划(总规)与控制性详细规划(控规)各层级的规划成果有机融合，实现跨体系、多层级的规划穿透查询，快速掌握同一空间位置下各类规划的上下级关系及指标的逐级分解。实现数据远程提交、在线质检、比对分析、在线审查和入库应用，改变规划类数据线下提交、手工质检审查的工作模式，实现规划数据动态更新、成果同步应用。按照规划批后实施管理要求，提供规划条件出具，支撑城镇开发边界内的国土空间用途管制、建设项目规划许可工作。根据建设项目的选址条件，梳理项目选址影响因子，建立项目选址模型，提供面向建设项目的多方案合理性的分析和评估，辅助选址。构建分尺度、分区域、分主题的监测目标及评估预警指标体系，提升对规划实施情况、空间品质突出问题的监测评估预警能力。

(4)推进自然资源确权和不动产登记数据治理和共享应用。研制不动产登记领导驾驶舱，形成房地产交易、不动产抵押、土地供应与登记、监管预警、农村不动产等专题驾驶舱板块，加强不动产指标分析和挖掘展示能力。持续开展不动产登记数据完善和数据治理，建立数据一致性比对和实时动态监管机制，完成全国 2 891 个县(市、区)城镇不动产存量数据汇交、质检、入库和增存融合，推进农村地区不动产登记整合汇交，建立完善自然资源产权底板。推进农村地区不动产登记数据整合完善，开展全国集体土地所有权、宅基地房登记数据更新应用。深化不动产登记数据分析挖掘，建立分析指标和分析模型，形成月度、季度不动产交易、抵押分析报告。持续推进不动产登记共享应用，为公安、民政、司法、法院提供实时共享服务,探索开展不动产登记网上司法查控。

(5)地质调查信息化推进地质信息化服务上新台阶。地质调查是自然资源调查监测的重要组成部分,地质数据是国家大数据的重要组成部分。2023年,按照地质信息化建设“113331”总体框架,中国地质调查局编制了地质数据管理办法,构建了全局数据管理总体框架,梳理形成了首批12个国家级地质数据库,完成了30余个国家地质数据库的更新维护,集成并发布了“空-天-地”地球物理数据处理系列软件产品,地质调查局地球科学数据中心(一个中心)建设取得实质性进展。发布新版地质云手机应用程序(App),持续优化地质云系统功能,实现信息产品引用标识自动分发功能,地质云平台(一个平台)实用化、适用化进一步增强。调查、管理、服务等地质信息化(三大应用)领域牵引动力强劲。调查信息化,立足数字化、智能化发展,升级了地质调查智能空间平台和终端软件,上线了“地调在线”系统(2023版),地质数据采集、处理与应用全面推开,调查效率和质量不断提升;管理信息化,建设力度得到空前加强,地质调查调度指挥信息系统全面推开,新一轮找矿突破调度指挥信息系统(2023版)上线试运行,有力支撑了地质调查治理体系和治理能力建设;服务信息化,聚焦找矿突破等重要工作,初步完成“地质百度”1.0研发,研发上线支撑找矿突破行动地质信息产品服务专题,丰富服务找矿突破行动文献情报和地质资料的整合供给,集成开发实物岩心等找矿服务数据包,资料服务系统2.0上线发布,地质资料信息服务的数据源规模和服务便捷性大幅提升,规模不断扩大,服务效果显著。全面推进基于云计算、大数据、人工智能的探测、监测、观测数据汇聚体系(三测体系)建设,地质调查的预测、预报、预警能力得到提升。持续完善新型数字基础设施、网络安全、制度标准等(三大保障)体系建设,以信息化建设支撑地质调查和服务能力及水平的提升,实现地质调查工作总目标的实现。

## 三、自然资源管理数智化应用实践案例

### (一)自然资源三维“一张图”赋能多个行业应用

自然资源三维“一张图”全面赋能自然资源、智慧城市、气象防灾减灾、水利等多个行业全空间三维应用。形成全空间三维技术三维应用解决方案,支持各行业倾斜摄影、建筑信息模型(BIM)、激光点云等多源异构数据的接入与融合,利用分布式技术实现对大规模三维数据全流程管理。山东省国土测绘院构建了“1234567”新型基础测绘体系,探索省市县协同、多业务协同,实现全域全空间数据的一体化融合;贵阳市自然资源和规划局打造“实景三维贵阳贵安”平台,实现

了从“抽象”到“真实”，从“平面”到“立体”，从“静态”到“时序”的地上下、室内外的全空间实景三维数据管理和应用，为城市规划、交通管理、环境保护等提供重要支持。

## （二）地下空间透明化技术赋能地下空间开发利用

通过高效高精度三维地质建模技术、地下构筑物缓存生成技术、全空间数据多维动态可视技术、地下空间高效可视化技术，打造统一的地下城市数字底座，实现“看得见的地下空间、守得住的城市安全”，以及城市地下空间透明化表达和三维计算分析，在深圳市智慧城市和数字政府建设、上海市“地下空间资源”信息化建设、成都市复杂地质条件下特大城市地质调查技术体系构建中应用效果显著。

## （三）数字孪生平台赋能高效科学的自然灾害防治

通过数字孪生平台实时接收气象、水利等部门的预警信息，构建多跨协同、高效共治的业务机制，向基层平台、风险区群众推送预警信息，同时共享给应急、交通等部门，以便组织避灾撤离、指挥安全出行等，打通基层防灾“最后一公里”。在浙江（地质灾害“整体智治”三年行动）、江西和广东多地进行实践应用，开发基于三维地质模型的地质灾害信息系统，建立了“风险识别、动态监测、研判决策、预报预警、应急处置、复盘评估”的地质灾害防治新模式，实现了从聚焦地质灾害调查与成果管理到地质安全风险管理的成功转型。

## （四）“绿矿智用”助力矿山数字化转型

浙江省实践了“绿矿智用”新模式，实现矿山生产违法违规、生态环境不达标等相关问题的可视化分析研判和自动化分级预警，构建“全天候、全覆盖、全流程”的矿山智慧监管新体系。广东、云南、浙江等多个省份，在矿山三维地质模型的基础上融入时间维度，串联矿业权设置、出让、登记、开采、闭坑、修复和监督等全生命周期数据，形成“矿产资源四维可视化”的创新管理理念。

## （五）透明地质保障系统赋能智能矿山建设

透明地质保障系统在系统勘探、梳理分析矿山地质特征的基础上，建立地质数据中心，构建矿山地质和矿体的三维空间模型和属性模型，并进行动态更新，实现矿山地质条件的透明化表达，分析研判掘进和开采前方的地质条件变化，为矿山生产计划编制和智能化生产提供地质要素的保障。2023 年透明地质保障系统得到了快速发展，确定的 71 处国家首批智能化示范建设煤矿建成通过验收。2023 年 4—5 月，国家能源局、国家矿山安全监察局相继在陕西黄陵煤矿一井召开智能煤矿建设现场会进行总结推广，全国各矿业大省(区、市)都召开了智能矿山建设推进会进行部署、推广和推进，智能矿山建设从煤炭行业推广到非煤矿业。矿山智能化不仅得到政府的高度重视，也得到了矿山开发业主的积极响应，对于提高矿山开发效率、降低安全风险有重要的保障作用，一场轰轰烈烈的矿山智能化建设在全国全面展开。透明地质保障系统是智能矿山综合信息系统的重要组成部分和基础支撑，随着众多智能矿山建设项目的实施，三维地质建模的精度、效率得到了快速提高，三维地质模型的动态更新技术得到了发展，三维地质建模与三维地质信息系统技术日趋成熟，三维地质与矿体建模与数据分析处理系统找到了广阔的应用场景和市场空间。

### (六)推进自然资源公共数据授权运行，拓展自然资源数据共享应用

广西推进首席数据官制度试点工作，印发《广西壮族自治区自然资源数据统筹管理办法(试行)》，编制广西自然资源数据目录(2023)，启动数据分类分级编目编码等基础工作。广西积极推进公共数据授权运营机制建设，印发公共数据授权运营试点工作实施方案、公共数据授权运营试点运营方入围及选定方案，拟定 3 类共 8 个企业不动产登记数据产品，上线全区首个自然资源类公共数据授权运营试点数据产品——“企业不动产信用查询”，并在“智桂通”手机应用程序中正式对外提供服务。

## 四、自然资源数智化转型的机遇与挑战

### (一)存在不足

自然资源数字化治理面临新要求、新需求、新机遇。美丽中国建设对自然资源数字化治理提出了新要求。2023 年 7 月召开的全国生态环境保护大会上提出，深化人工智能等数字技术应用，构建美丽中国数字化治理体系，建设绿色智慧的数字生态文明。自然资源行业高质量发展对数字化治理提出新需求。自然资源行业管理信息化发展存在算力分散、服务能力不足、数据汇聚治理融合不够、开放共享不足、平台智能化水平不高、系统效率效益未充分发挥等突出问题，迫切需要提档升级。

### (二)需求与挑战

进入新时代新征程，自然资源部被赋予了“两统一”职责这一全新内涵。需

要利用信息技术手段，摸清各类“自然资源-资产-资本”家底，高效精准掌握其动态变化，深化对自然资源开发利用与保护等规律的认识，科学编制国土空间规划，实施全域全要素全周期用途管制和山水林田湖草沙一体化保护修复。针对当前存在的不足，自然资源数字化治理能力提升面临以下技术需求与挑战。

**1. 自然资源和国土空间物联感知能力**

构建智慧高效的国土空间数智化治理体系，需要汇聚融合对地观测、地面视频监控、互联网泛在地理信息等数据，构建多模态遥感大模型，形成全域、全要素、全周期、连续动态、智能感知和溯源能力，实现对自然资源要素和国土空间的智能识别与变化自动监测能力。

当前，时空信息感知尚不具备国土空间治理所需的全类型、全范围、高精度、连续性等支撑能力，“空天地海网”感知监测手段仅在局部地区试点，迫切需提升自然资源和国土空间物联感知能力，实现自然要素、人造要素、人类生活要素等全要素连续感知、动态跟踪、自动监控、智能连接，推进三维感知向四维感知提升。

**2. 自然资源和国土空间认知能力**

建设绿色智慧的数字生态文明，需要构建自然资源时空对象语义、关系、知识、认知的形式化表达模型，全面系统地评估土地、矿产、森林、草原、水、湿地、海域海岛等自然资源要素的数量、质量、空间格局、经济与生态价值等，提升多维多尺度自然资源大数据一体化集成认知能力，深刻把握山水林田湖草沙生命共同体的底层逻辑及时空演替规律。

当前自然资源各类数据汇聚治理融合不足，自然资源时空信息与外部数据、社会经济数据关联融合不够，数据挖掘和价值发现能力不足，亟须提升自然资源和国土空间认知能力。

**3. 自然资源和国土空间预测、预警能力**

基于对自然资源和国土空间现状及变化的感知，以及对内在规律与底层逻辑的认知，综合经济社会发展等外部诸多变量，通过模型推演预测自然资源要素保障强度和国土空间演进方向，科学管控预期，准确、及时识别长期的潜在风险，对突发性资源和生态安全进行短期预警。

当前，自然资源管理面临智慧预测、预警能力难以满足自然资源和国土空间智慧治理的应用需求的困境。需要充分利用大算力、大数据、大模型技术优势，融合多模态海量自然资源数据和相关领域数据，建立时空语义智能体，挖掘数据背后的潜在规律和知识，提升自然资源要素演变推演预测并作出科学决策的能力，更好地辅助国土空间规划、用途管制、地质灾害预警和生态修复等主责主业。

4. 自然资源和国土空间价值创造能力

自然资源是国民经济和社会发展的生产要素、物质基础，国土空间是由自然地理环境和人类社会活动两个子系统相互作用构成的人地耦合系统。自然资源和国土空间的价值体现在：自然资源要素配置公平合理，以自然资源要素供给保障安全底线为前提条件的经济社会高质量发展，国土空间格局与经济社会发展相协调，生态产品价值得以实现，资源资产权益得到维护。

目前的空间规划、用途管制、开发利用、生态修复等尚不能满足优化和智能化要求，需要研究构建高性能的自然资源多要素空间信息库、规则库、模型库和领域大模型，形成智慧化的选址、规划、模拟推演和研判的能力，在制度设计、生活-生产-生态分区、政务服务供给方面创造出更优方案，实现自然资源和国土空间价值输出的最大化。

## (三)下一步展望

2024 年 2 月 5 日，自然资源部印发《自然资源数字化治理能力提升总体方案》，作为指导今后一个时期(2024—2030 年)全国自然资源行业数字化发展的纲领性文件，《自然资源数字化治理能力提升总体方案》为自然资源行业信息化工作指明了方向。下一步，在《自然资源数字化治理能力提升总体方案》指引下，各单位将制订行动计划，重点推动平台智能化提升、场景构建和工具研究以及信息系统整合提升，探索推动自然资源领域大模型构建、智慧场景敏捷构建技术体系，加强国土信息安全防护。

1. 探索构建自然资源领域大模型

借鉴通用语言大模型的理论与方法，针对自然资源在时空数据、处理模式和服务能力方面的需求特征，在多层次就绪处理、自然资源向量表征与时空任务智能服务等关键问题方面开展研究，构建自然资源领域大模型。需要研究时空对齐、多源融合的一体化自然资源信息表达框架，构建涵盖数据、分析和决策的多层次就绪处理技术体系；需要研究大规模自然资源样本库构建方法，研究顾及自然资源时空特征的鲁棒向量表征学习技术，提出面向大规模自然资源向量表达的自然资源知识推理方法；需要研究异构时空算子的分类体系及表达规范，构建大规模分析任务理解的时空知识图谱；需要研究可解释、高可信的时空分析任务智能服务方法，创新全数字空间中耕地保护、空间规划、用途管制、不动产登记、生态修复各类行业知识模型和模型关联；需要研制面向“算法行政”的自然资源辅助决策算法，形成国土空间基础管理平台的智慧操作系统和智能底座。

2. 建立智慧场景敏捷构建技术体系

《自然资源数字化治理能力提升总体方案》建立了“234”总体架构，明确提出以自然资源“一张网”、自然资源“一张图”和国土空间基础信息平台“三个一”为基础支撑，构建底线守护、格局优化、绿色低碳、权益维护四大主题应用场景，全面支撑美丽中国数字化国土空间治理体系构建。自然资源管理数智化转型亟须突破一种智慧场景敏捷构建技术，提供一种可组装式的业务能力，以适应自然资源业务更快速的变化以及个性化的用户体验。一是需要研究快速实现跨应用数据融合、开放应用程序接口（API）集成和业务能力的封装管理技术，通过“零代码”提供的可视化组装和灵活编排以实现智慧场景应用搭建；二是研究以公共组件为基础的智慧场景敏捷构建，实现用户可以按需组合多个组件加上项目化需求构建业务应用。

### 3. 强化国土空间信息安全防护

按照信创工作要求，2027 年，需要全部实现国产化适配改造。针对国土空间数据获取、管理、应用、服务等要求，需要构建完全自主可控的基础环境，推进地理信息软件技术架构升级，突破国产软硬件适配衔接障碍、功能短板和性能瓶颈，形成支撑满足大规模、复杂逻辑下海量时空数据高频应用的全国产化技术体系。在时空数据安全防护方面，存在在线实时时空信息脱敏脱密、国密算法数据加密、时空隐私计算等繁忙需求。在网络安全方面，需要加强态势感知和主动安全防御功能。

下一步，将以全面提升自然资源数字化治理能力为导向，充分应用云计算、大数据、人工智能、物联网、视联网等新一代信息技术，建成自然资源“一张网”、自然资源“一张图”、国土空间基础信息平台，以及底线守护、格局优化、绿色低碳、权益维护等四大应用场景，实现算力资源高效利用、数据资源共融共享、平台应用智能开放、场景服务敏捷协同、线上线下安全可靠，形成“一网联通系统内外协同互动大生态，一图透览陆海上下山水林田湖草沙，一窗智绘美丽中国人与自然和谐共生现代化”的智慧国土，全面支撑自然资源全业务数智化转型，构建美丽中国数字化国土空间治理体系，建设绿色智慧的数字生态文明。

# 地理信息技术在数字孪生水利建设中的应用

中国地理信息产业协会数字孪生水利工作委员会
蔡 阳[1] 付 静[1] 曾 焱[1] 陈德清[1] 崔 倩[1] 李 晶[1] 周逸琛[1] 丁昱凯[1]

水利部将推进智慧水利建设作为推动新阶段水利高质量发展的六条实施路径之一。建设数字孪生水利是推进智慧水利建设的实施措施,以此实现水利业务与现代信息技术融合发展,为水利决策管理提供前瞻性、科学性、精准性、安全性支持。近年来,数字孪生水利建设加快推进,顶层设计业已完成,技术框架体系基本形成。启动实施了数字孪生流域(含数字孪生水利工程)94 项先行先试任务。全国数字孪生平台一级数据底板建设完成,水利智能业务应用体系初步构建。北斗、遥感等地理信息技术在水利业务领域的应用不断深化。

通过现场座谈、线上会议、问卷调研等多种方式,对负责数字孪生水利建设的牵头单位水利部信息中心、数字孪生流域(含数字孪生水利工程)先行先试单位水利部七大流域管理机构、部分省级水行政主管部门,以及参与数字孪生水利建设的相关企业等开展深入调研,结合资料文献,开展了地理信息技术在数字孪生水利建设中应用的分析研究,主要包括数字孪生水利概述、地理信息技术在数字孪生水利的应用情况、应用成效、不足与差距,以及建议与展望等。

## 一、引　言

### (一)数字孪生水利建设背景

智慧水利是新阶段水利高质量发展的显著标志。推进智慧水利建设是水利部贯彻落实习近平总书记关于网络强国的重要思想、"节水优先、空间均衡、系统治理、两手发力"的治水思路和关于治水重要讲话指示批示精神,针对水利业务工作特点,综合分析水的自然属性和管理特点,以及现代信息技术发展趋势而提出的。当前阶段推进智慧水利建设主要是通过建设数字孪生水利来实现。

数字孪生水利充分运用物联网、云计算、大数据、人工智能、虚拟现实等新一代信息技术,建设数字孪生流域、数字孪生水网、数字孪生水利工程等新型基础

---

1 水利部信息中心

设施，实现流域防洪、水资源管理与调配等“2＋N”业务应用“四预”（预报、预警、预演、预案），提升水利治理管理数字化、网络化、智能化水平，为新阶段水利高质量发展提供有力支撑和强力驱动。两年来，水利部印发了智慧水利建设、数字孪生水利建设的系列文件，明确了推进数字孪生水利建设的时间表、路线图、任务书、责任单。数字孪生水利建设顶层设计业已完成。

数字孪生水利涉及多学科交叉、新技术融合，有诸多重点和难点，需要进行技术攻关和先行先试。水利部利用重点研发计划、重大技术研究等开展技术攻关，部署开展56家单位94项数字孪生流域（含数字孪生水利工程）的先行先试任务，目的是通过技术攻关解决技术难题，并在先行先试中实践，探索一批可复制和可推广的典型模式、技术路径和应用案例，积累数字孪生水利建设经验，以便全面推进。

### （二）数字孪生水利建设推进情况

2022年2月，水利部印发《水利部关于开展数字孪生流域建设先行先试工作的通知》，启动数字孪生流域建设（含数字孪生水利工程）先行先试工作（以下简称先行先试工作），明确56家单位共94项先行先试任务，确定业务指导、技术指导和责任专家共138人的三类指导人，全程跟踪指导任务实施。2022年5月，水利部组织完成94项任务的先行先试实施方案审核工作并印发了审核意见，标志着数字孪生流域建设先行先试工作全面进入实施阶段。2022年10月，印发《水利部办公厅关于开展数字孪生流域建设先行先试中期评估工作的通知》，并完成中期评估工作。2023年11月，印发《水利部办公厅关于开展数字孪生流域建设先行先试验收总结工作的通知》，启动验收总结工作。经研究部署、审核把关，2023年11月下旬至2024年1月中旬，水利部通过任务验收与典型案例初评、典型案例终评与候选样板选取、候选样板现场复核与十大样板评选三个阶段完成对56家单位94项先行先试任务的验收总结工作。

## 二、地理信息技术应用

### （一）数字孪生水利监测感知网建设应用

在构建数字孪生水利监测感知网过程中，各先行先试工作单位充分运用卫星遥感、无人机、无人船等新型监测手段，结合地面监测站网，构建起天空地一体化监测体系。在海河“23·7”流域性特大洪水中，利用卫星遥感逐日监测河道水体动态、蓄滞洪区洪水演进、堤防等水利工程险情，在获取现场初步情况后，及时调用无人机、视频监测点和地面监测站采集现场信息开展融合分析，开展天空地一体化综合监测，进一步细化水情、工情、险情监测分析。

## (二)数字化场景、数据底板建设应用

在数字孪生水利 L1 至 L3 三级数据底板建设中应用了卫星和无人机遥感、激光雷达、多波束声呐等地理信息技术。其中，通过 L1 级数据底板进行数字孪生流域大尺度建模，包括全国范围的中低精度的数字正射影像图(DOM)和数字高程模型(DEM)、数字表面模型(DSM)等数据。通过 L2 级数据底板进行数字孪生流域重点区域精细建模，包括重点区域的中高精度的 DOM、DEM、DSM、倾斜摄影模型、激光点云模型、水下地形等数据。通过 L3 级数据底板进行数字孪生流域重要实体场景建模，包括重要水利工程相关范围的高分辨率 DOM、高精度 DEM、倾斜摄影模型、激光点云模型、水下地形、建筑信息模型(BIM)等数据。在开展先行先试工作的 56 家单位中，大约 20 家单位采用激光雷达技术用于 L2、L3 级数据底板建设，采集约 6 100 平方千米高精度地形数据，比例尺为 1∶500～1∶5 000，应用于数字化场景建设、水力学演进模型和业务应用；其他单位通过收集已有地形数据、三维倾斜摄影等方式，并通过叠加 0.2～2 米分辨率遥感影像数据，开展数字化场景建设。在数字化场景建设中，还普遍使用了境界、水系、交通、居民地、地名注记等地理信息数据，其中部分平台通过调用全国水利一张图、“天地图”等公共地图服务中的地理信息图层服务实现对基础地理空间要素的调用，通过坐标点、线和面及对象属性表的方式，以地理空间信息表达监测站网、水利工程和管理对象等水利对象要素，并按照二维三维图式表达方式参与到数字化场景建设中。

## (三)智慧化模拟和模型平台建设应用

在数字孪生水利建设中，一是在智慧化模拟和模型平台研发中，将地理信息技术应用于业务模型建设，水文模型和水力学模型将流域下垫面地形及衍生参数、地表覆盖分类、河道糙率等地理空间图层作为构建和运行模型的重要输入数据。二是通过获取卫星影像和无人机及地面视频、图片，应用人工智能(AI)识别技术，自动识别水体、房屋、桥梁、码头、船只、水尺等涉水对象，获得较好的应用效果。三是在可视化模型中，基于三维地理信息系统技术实现数字化场景无缝切换与精细化场景建设。在对水利部本级、流域管理机构、省级水行政主管部门先行先试单位开展的可视化引擎建设专题调研中，约三分之二的应用单位使用了三维地理信息系统可视化技术(MAPGL)，约三分之一的应用单位使用了虚幻引擎(UE)三维可视化技术，三维地理信息系统是主要的数字孪生水利的可

视化工具。

## (四)水利业务应用

在数字孪生水利支撑业务应用方面,各地在先行先试工作中,普遍使用了地理信息技术,主要体现在数据空间化管理、参数输入和成果表达,深化应用还处于技术攻关和应用探索阶段。

应用于洪水灾害防御。一是洪水监测,利用卫星遥感、无人机获取洪水演进过程、水体淹没范围、受灾范围及下垫面自然情况和经济社会活动,获取决口、漫坝、崩岸、决堤等险情信息。二是预报预警,利用数字高程模型进行数字流域划分,在分布式水文模型中使用土地覆盖、土壤等空间数据作为模型输入参数,同时应用地形高程数据模拟洪水影响空间范围支撑精准预警。三是预演预案,在水力学模型中,普遍使用地理空间数据作为模型参数和输出成果。

应用于干旱监测评估。一是利用地面雨量站、水文站、墒情站开展点位尺度监测,另外利用热红外、微波等遥感技术开展区域面上大范围旱情监测,实现流域及区域土壤缺墒旱情评估。二是利用农作物种植结构、面积和农作物物候识别,获取农业干旱缺水空间分布信息,支持基于时空数据的水源调度与抗旱应用。三是抗旱水源空间信息的动态获取及应用。

应用于水资源管理与调配。一是基于流域水系分区和行政区域分区对水资源分区空间单元进行管理,依托高分专项水利应用等科研项目,开展河流、湖泊、水库的地表水体面积水量等水资源要素监测;开展全国 14 个粮食主产区的农业灌溉等用水对象监测,试点开展了违规取用水的遥感识别。二是在水生态应用方面,近几年对京杭大运河、永定河、西辽河、华北地下水超采区等区域的 40 余个河湖的有水河长和水面面积进行监测分析,评估生态调水效果。利用卫星遥感技术手段监测太湖、巢湖等大型湖泊的叶绿素、悬浮物、浊度等水色参数,实现对湖泊水环境情况的空间化宏观监测,有效弥补了地面站点数量不足、空间代表性不够的问题。

应用于河湖管理。一是在第一次全国水利普查所获取的河湖空间和基础属性数据的基础上,结合河湖长制管理体系的建立,建设形成了包括河流、河段、湖泊、湖片、水库、水库片、河湖长、行政区划等河湖管理基础空间数据,并与各省(区、市)河湖长管理系统实现互联互通,基本形成及时联动更新的河湖管理基础空间数据库。二是运用地理信息技术全面支撑了管理范围线划定、岸线功能区规划、采砂规划、涉河建设等业务数据的入库上图,构建了河湖空间管控业务数据库。三是利用卫星遥感、无人机技术支撑河湖"清四乱"(乱占、乱采、乱堆、乱建)规范化常态化,识别河湖疑似"四乱"及妨碍河道行洪等突出问题。2018 年以来累计识别85万余条问题线索。

应用于水土保持监测。一是在全国水土流失监测中，使用以地理空间数据表达的土地利用、坡度坡长等地形因子、植被覆盖度、水土保持措施等数据，利用空间叠置、空间运算、空间统计的地理信息技术进行水土流失模数、强度分级等分析计算，实现每年一次全国陆域范围满覆盖监测。二是在水土保持监管中，利用优于2米分辨率的卫星遥感影像识别地表扰动图斑，结合项目水土保持措施所产生的数据，开展生产建设项目水土保持遥感监测监管，目前部省两级一年开展2～4次监测。

应用于水利工程管理。一是采用地理信息技术实现了水利工程上图，使用全国水利一张图对水库、水闸、堤防、泵站、灌区、农村供水工程、机井、取水口等共计40余类1 000万个以上水利工程对象进行统一管理。二是利用卫星遥感、无人机获取工程险情、堰塞湖险情、滑坡、地震等灾情发生后的相关水利工程受损情况。三是在先行先试工作中利用全球导航卫星系统(GNSS)技术对水利工程进行形变、位移监测，开展基于位置的工程巡检巡测管理等应用。

## (五)跨界融合应用情况

地理信息技术与数字孪生水利跨界融合应用主要体现在以下五个方面。一是高精度地形数据与数字孪生水利业务应用的融合，各先行先试单位均在设计方案、项目实施中应用高精度地形数据，比例从1∶500至1∶10 000不等，采用地形数据的精度考虑业务应用需求，并平衡采集数据成本，兼顾算力、算法影响。二是全覆盖高精度地表覆盖数据与流域水文模型、水力学模型的融合，随着高分辨率遥感数据采集能力的提升，通过自动分类结合人工交互的方式，动态获取流域下垫面地表覆盖信息和河道内地表、地物类型，有效提升了水文学、水力学模型的参数空间化和现势性水平。三是通导遥一体化技术与数字孪生水利的应用融合，在数字孪生水利设计与建设中，通过天空降雨、流域地表、河道内外地物对象的遥感信息采集映射，工程对象、部件、部位的卫星定位监测，以及监测信息的通信信息传输相结合，充分利用地理空间信息技术赋能数字孪生水利建设与应用。四是建筑信息模型、虚拟现实(VR)等技术与数字孪生水利的应用融合，高保真映射和可视化显示为数字孪生水利平台支撑水利“四预”应用提供基础保障，关键融合点在于地理背景、水利要素、水流流场的融合空间数据表达，基于三维场景的可视化标准，虚拟显示引擎的优选以及与国产化环境的匹配等。五是实景三维中国成果与水利领域应用场景的融合，在数字孪生水利先行先试工作中，水利部门与自然资源部门密切合作，特别在省级试点建设中，部分省份充分应用自然资源部门的基础地理信息、实景三维中国的阶段成果。

## 三、应用成效

通过两年的工作，实现了数字孪生技术在水利领域从概念引入顶层设计、从谋篇布局到实践应用、从积极探索先行先试到全面常态化推进，达到了预期目标，“四预”应用成效显现。地理信息技术的应用对数字孪生水利建设起到了重要的支撑作用。

### （一）业务应用成效

一是数字孪生水利体系初步构建。协同推进数字孪生流域、数字孪生水网、数字孪生水利工程，初步构建起具有“四预”功能的数字孪生水利体系。在先行先试工作56家单位的44处防洪区域、46个水利工程数字孪生建设初见成效，完成全国一级数据底板建设。数字孪生国家骨干水网建设框架方案编制完成，数字孪生南水北调中线一期建成，10个省级水网先导区数字孪生水网建设启动，市级和县级数字孪生水网建设积极推进。涵盖6个领域51项标准的数字孪生水利标准体系基本形成。行业网络安全联防联控成效显著，确保先行先试任务数据未被窃取、相关核心网络未被突破。

二是业务应用赋能成效显著。先行先试建设成果在水旱灾害防御、长江流域联合调度、黄河调水调沙、太浦河多目标统筹调度，以及有关水利工程安全运行、水质监测等业务实战中发挥了显著实效。流域防洪“四预”应用取得突破，在防御海河“23・7”流域性特大洪水中，实现落地雨到空中雨预报的转变。黄河水利委员会依托智能感知体系以及“智能石头”“坝岸卫士”和河防工程巡查手机应用软件进行黄河下游智能巡查和工情险情监测预警，实现了监测感知、问题发现、系统预警、现场处置的全流程应用。数字孪生三峡支撑以三峡水库为核心的水工程联合调度，有力保障三峡水库第13次完成175米蓄满目标。浙江数字孪生钱塘江预演68组方案，有效应对河口江道25年来最严重淤积，保障亚运会期间供水安全。

三是数字孪生水利建设氛围全面形成。通过先行先试工作，掀起全面推进数字孪生水利建设热潮。全国首个数字孪生流域建设重大项目——长江流域全覆盖水监控系统已开工建设。49处数字孪生灌区先行先试建设加快推进，相关模型推荐清单公布，10多个省份开展数字孪生农村供水工程建设。河北、山西、江苏、浙江、江西、湖北、湖南、甘肃等地同步在本省范围内开展了数字孪生流域建设试点，在多个市、县部署试点工作，探索数字孪生技术与水利业务深度融合。据不完全统计，中央电视台报道智慧水利、数字孪生建设30余次，人民日报、光明日报、经济日报、中国日报、科技日报、新华日报、中国政府网等媒体报道350余次。

四是驱动引领作用更加明显。通过先行先试工作，驱动水利行业全面提升监测感知能力，大力推进数字孪生流域、数字孪生水网、数字孪生水利工程建设，加快构建具有“四预”功能的智能业务应用体系。水旱灾害防御中应用“四预”措施，有力促进了气象卫星和测雨雷达、雨量站、水文站组成的雨水情监测预报“三道防线”的构建，加速了产汇流水文模型、洪水演进水动力学模型研究，加快了遥感、激光雷达等观测技术应用。启动构建现代化水库运行管理矩阵，驱动数字孪生三峡、数字孪生南水北调提升工程效益，实现21万余处水利工程电子档案动态更新。开展数字化、网络化、智能化管理平台建设，推动农田灌溉自动化、灌溉方式高效化、用水计量精准化、灌区管理智能化建设。165条重点河湖生态流量控制断面和水量分配断面实现实时监测预警，3.2万余条(个)河湖管理范围内地物实现遥感图斑复核，助力河湖生态流量管理、江河库保护治理、地下水超采治理等。促进规模以上取水在线计量数据全面计入全国取用水管理平台，动态监控及智能分析取用水户超许可、无证取水等行为，有效支撑最严格水资源管理制度考核。

五是数字孪生水利建设成果得到运用与共享。在数字孪生水利建设过程中非常注重成果的共享共建。成果已集成至国家防汛抗旱指挥系统、国家水资源管理系统、全国河长制湖长制信息管理等主要业务系统，服务于水利部、7个流域管理机构、省、市、县共5级水利部门开展业务化应用。此外，形成数字孪生水利建设典型案例名录、数字孪生水利建设十大样板，及时总结先行先试工作经验，提炼形成可复制可推广成果，对全面加快推进数字孪生水利建设发挥积极作用。

依托数字孪生水利建设产出的全国水系信息、水利设施基础信息、防洪专题产品，以及相关的算法模型，有力支撑了地理国情普查监测、自然灾害监测分析、生态环境保护和战场环境保障建设等行业外工作。同时，自然资源部向水利部共享的包括国土“三调”成果、10米高精度地形数据、1∶50万土地利用规划分区信息、地名地理信息数据、国家级地质灾害数据等，也服务于防汛抗旱、水资源管理、水利行政审批、水利一张图建设等业务领域，应用成效明显。

### (二)带动投资情况

实施先行先试工作两年以来，水利部、流域管理机构、各省(区、市)和水利工程管理单位积极筹措经费。据初步统计，“十四五”期间已累计直接投资超60亿元。

在数字孪生流域方面，投资约 24 亿元。全国首个批复立项的数字孪生流域建设重大项目，总投资 5.9 亿元的长江流域全覆盖水监控系统开工建设，水利部及其直属单位自身能力建设项目、水利部数字孪生安全监控感知预警能力建设项目（一期）等，累计新增投资超 2 亿元。各流域管理机构落实资金预计超 7 亿元。地方水利部门累计投资超 9 亿元。

在数字孪生水网方面，第一批、第二批省级水网先导区省份和南水北调投资预计 17.7 亿元。

在数字孪生水利工程方面，小浪底等 11 项重点数字孪生水利工程建设投资超 5 亿元。

在国债投资方面，初步预计超 17 亿元。京津冀豫等地区增发国债数字孪生专项项目 12 个，累计中央投资为 6.6 亿元左右。其他省份水文监测、工程安全检测等信息化建设内容投资预估累计超 10 亿元。

此外，地方财政采用多种方式筹措资金，间接总投资预估为 40 亿元左右。例如，江西、浙江设立省级数字孪生水利建设专项资金。福建将 15 个数字孪生项目纳入国家开发银行重点支持项目库，落实规划合作贷、专项债、银行贷款等 3 亿元。浙江扩大有效投资"千项万亿"工程、山东政府债券支持水利投资等为数字孪生水利立项建设提供新思路。

## 四、不足与差距

### （一）数字孪生水利体系存在不足

经过两年的先行先试工作，构建具有"四预"功能的数字孪生水利体系方面仍存在一些不足和短板。第一，算据不足是最突出问题，传统监测不满足全要素、水利治理管理活动全过程数字化场景需要，无法支撑数字孪生流域、数字孪生水网、数字孪生水利工程与物理流域、水网、工程交互的精准性、同步性、及时性。第二，算法不强是最难问题，水利专业模型水平不高，智能识别模型业务化运行存在难点，可视化模型与知识应用差距较大。第三，算力不够是最大瓶颈，网络覆盖面、带宽不足，云计算存储能力不强，特别是高性能计算不够，严重制约算法的有效运行。第四，业务"四预"应用参差不齐是普遍问题，先行先试工作主要对流域防洪、工程安全运行"四预"功能进行了研发与应用，其他业务与数字孪生技术的融合应用存在较大困难。

### (二)标准化工作亟须加强

涉及数字孪生水利建设的标准缺失较多,传统标准不适应数字孪生水利的需要。因此,围绕数字孪生水利对全要素、全过程水利治理管理活动的要求,亟须补充或修订监测感知类标准,编制数据底板、模型平台、知识平台及资源共享类标准。有些急用但还没有经过大规模应用的标准,可先以技术文件形式印发,通过规模化应用,完善标准,成熟后再上升为行业技术标准。

### (三)亟须组织联合攻关

数字孪生水利是一项新生事物,许多机理还没有搞清,许多技术还没有攻克,特别是涉及水利与地理信息技术融合的技术和经验还较为缺乏,因此,要组织水利专业、信息化专业、地理信息技术专业的单位和高新技术企业开展联合攻关,通过重点研发计划、水利部重大科技项目开展涉及算据、算法、算力、"四预",以及网络安全等相关技术的联合攻关。

## 五、建议与展望

2024 年全国水利工作会议对数字孪生水利建设提出明确要求。一要大力推进数字孪生水利建设。坚持需求牵引、应用至上、数字赋能、提升能力,加快构建数字孪生水利体系,为水利治理管理提供前瞻性、科学性、精准性、安全性支撑。二要全面提升水利监测感知能力。实施天空地一体化监测感知夯基提能行动,全面提升水利对象全要素和治理管理全过程智能感知能力。运用遥感、激光雷达、无人船、水下机器人等技术,动态提取流域下垫面、水下地形等信息,强化水利工程位移形变、渗流渗压、应力应变等智能监测。推进水利部视频级联集控平台应用和北斗水利规模应用。强化资源共建共享,按照数字孪生需求加快完善水利行业各类技术标准规范。三要大力推进数字孪生流域建设。全力推进七大流域数字孪生整体立项建设。完成水利专业模型平台研发及水文、水动力学、水资源、土壤侵蚀、泥沙动力学、水生态环境、水利工程调度等模型集成应用,推动人工智能大模型算法落地应用,提升"2+N"智能业务水平。进一步加强算力建设,同步提高数字孪生水利安全防护能力和水平。四要大力推进数字孪生水网建设。推进第一批国家水网重要节点工程数字化改造,深化南水北调东中线数字孪生应用,推进水网先导区数字孪生建设,初步构建省级数字孪生水网平台,提升科学精准安全调度水平。加快数字孪生农村供水、数字孪生灌区、数字孪生蓄滞洪区建设。五要大力推进数字孪生水利工程建设。迭代优化三峡、小浪底、丹江口、岳城、尼尔基、江垭、皂市、万家寨、南四湖二级坝、大藤峡、太浦闸等数字孪生成果。推进全口径在建水利工程数据库建设。积极推进新建工程竣工验收同步交付数字孪生水利工程。

根据水利部党组关于数字孪生水利建设提出的明确要求与部署。在下一步工作中,应认真落实水利部党组有关部署要求,深入践行发展新质生产力要求,准确把握数字孪生水利建设目标任务。结合已有调研分析成果,特提出如下建议。

(1)强化数字孪生水利天空地一体化监测体系建设。算据是实现数字孪生水利的基础,应加大力度实施数字孪生水利天空地一体化监测感知夯基提能行动,充分运用新一代信息技术,夯实天空地一体化监测感知基础,提升水利对象全要素和治理管理全过程智能监测感知能力。

(2)发挥数字孪生水利先行先试工作优秀案例样板的示范引领作用。在先行先试工作中,各单位扎实工作,积极创新,形成了一批可推广、可借鉴的经验做法。下一步,应持续发挥典型案例、示范样板的引领作用,坚持需求牵引,应用至上,强化问题导向、目标导向,聚焦三道防线、监测设施、数据底板建设关键问题,强化业务与技术的深度融合,从应用出发,示范样板单位发挥好带头示范作用,其他单位学习借鉴示范单位的好做法、好经验,共同推动数字孪生水利健康可持续发展。

(3)加强数字孪生水利标准化工作。数字孪生水利建设要充分考虑整合共享,避免重复建设,强化标准先行。在水利行业技术标准体系修订中列入数字孪生水利系列标准进行编制。

(4)加强数字孪生水利数据安全工作。数字孪生水利建设地理信息应用产出大量数据,特别是高精度地理空间数据,要重视网络安全、数据安全建设,避免数据的盗用、泄露。

(5)重视人才培养,尤其是交叉学科人才,既懂水利又懂地理信息技术的复合型人才。

近年来,地理信息技术在数字孪生水利业务中不断深化拓展其应用,服务于更多的专业业务领域,更多的水利专业人员将其作为日常业务的常规工具。随着地理信息技术的不断发展,其必将在数字孪生水利建设中发挥更大的作用,以提高数据精度、覆盖度,提升业务能力水平。而随着数字孪生水利建设工作的蓬勃发展,这也必将为地理信息产业创造更多新的发展机遇。

# 构建"智能位置数字底座",加速形成新质生产力

北京北斗星通导航技术股份有限公司 周儒欣 黄磊 周光宇 吴晓莉

按照"三步走"发展战略,我国北斗导航卫星系统(以下简称北斗)已经于2020年7月正式提供服务,从提供传统的导航定位授时服务发展进入自动化、无人化、智能化的诸多前沿产业,成为助力新质生产力发展的核心基础设施和关键技术。本文首先介绍了北斗建设以及北斗/全球导航卫星系统(GNSS)技术的主要特点和发展趋势,北斗规划下一代升级,将建成更加泛在、融合和智能的综合定位导航授时(PNT)体系,北斗/GNSS技术已经相对比较成熟,以精密单点定位(PPP)、网络实时定位(NRTK)、精密单点定位加实时动态定位(PPP-RTK)为代表的精密定位技术也得到了蓬勃发展,泛在、精准、可信的PNT体系是北斗/GNSS技术的发展趋势。随后介绍了北斗应用现状和发展趋势,北斗正在全面赋能各行各业,产值规模超过5 000亿元,北斗应用已经从时空信息采集向自动化、无人化赋能转换,设备收入占比下降,结合增强服务和增值服务是未来发展趋势。这种转换和趋势,对产业界(包括系统建设、科研生产、政策调整)提出了新的要求,即要大力发展新质生产力。最后介绍了北京北斗星通导航技术股份有限公司(以下简称北斗星通)顺应技术和产业发展趋势,以"云+芯"商业模式为基础,通过单项技术演进创新和多项技术融合创新,正在加速构建"智能位置数字底座"(iLDB),为传统产业、新兴产业、未来产业的各领域用户提供全天候、全场景、安全可信的按需定位服务,加速催生新质生产力,并成为各领域新质生产力的重要组成部分。

## 一、引 言

从"中国的北斗"到"世界的北斗",从"天上的北斗"到"全产业链的北斗",我国以自主核心技术为基础的卫星导航应用已形成从基础产品、应用终端、应用系统到运营服务的完整产业链。北斗产业面向科技前沿、国计民生,着眼于经济社会发展需要,已成为发展新质生产力的关键领域。

数字经济作为新质生产力的代表,是推动高质量发展的重要力量。当前,卫

星导航与位置服务技术正与人工智能、物联网、大数据、云计算、第五代移动通信技术(5G)等技术深度融合发展,共同构成未来数字经济发展的新引擎。北斗星通作为全球十大GNSS核心部件及接收机制造商之一,立足其在自主可控北斗芯片、模组、天线等产品方面的优势,正加速构建以“云+芯”为基础的“智能位置数字底座”(intelligent location digital base,简称iLDB),通过多项技术融合创新,以芯云分布式协同提供无处不在、无时不有的高精度时空信息,将加速传统产业“智改数转”,助推新兴产业发展壮大并促进未来产业的孵化培育,成为各领域新质生产力的重要组成部分。

## 二、北斗/GNSS技术现状与发展趋势

### (一)北斗/GNSS规划下一代升级,聚焦高性能、高安全与多功能

卫星导航定位系统是能在地球表面或近地空间的任何地点为用户提供全天候的三维坐标和速度以及时间信息的空基无线电导航定位系统。卫星导航定位技术目前已基本取代了地基无线电导航、传统大地测量和天文测量导航定位技术,并推动了大地测量与导航定位领域的全面发展。当今,卫星导航定位系统不仅是国家安全和经济社会发展的基础设施,也是体现现代化大国地位和国家综合国力的重要标志。由于其在政治、经济、军事等方面具有重要的意义,世界主要军事大国和经济体都在竞相发展独立自主的卫星导航系统。

按照“质量、安全、应用、效益”的总要求,坚持“自主、开放、兼容、渐进”的发展原则,20世纪后期,我国开始探索适合国情的卫星导航系统发展道路,逐步形成了“三步走”发展战略:先有源后无源,先区域后全球。经过北斗一号和北斗二号的建设,我国已经可以研制出与国外性能相当的原子钟,解决了一系列曾经“卡脖子”的技术难题,培养了高水平的导航专业人才团队。北斗三号在继承吸收北斗二号优势与经验,并参考其他全球导航卫星系统设计的基础上,具有“地球静止轨道(GEO)+倾斜地球同步轨道(IGSO)+中圆地球轨道(MEO)”混合星座、播发5频信号、星地星间联合观测、“导航+通信+增强服务”于一体等特色设计,可满足不同用户需求(郭树人 等,2019;Yang et al, 2021)。北斗三号于2020年7月完成系统建设,正式提供全球服务。

除美国全球定位系统(GPS)、俄罗斯格洛纳斯导航卫星系统(GLONASS)、中国北斗导航卫星系统(BDS)、欧洲伽利略导航卫星系统(Galileo)四大全球导航卫星系统(GNSS)外,日本准天顶导航卫星系统(QZSS)和印度纳维克导航卫星系统(NavIC)两大区域导航卫星系统(RNSS)也提供区域定位导航授时

(PNT)服务。截至2022年12月,在轨可用导航卫星总数量超过了120颗。根据欧洲全球导航卫星系统管理局(GSA)2020年发布的《GNSS用户技术报告Issue3》,大众消费、物联网、汽车等领域的卫星导航终端已经有近80%比例支持北斗,超过90%的终端至少支持双系统,支持GPS、北斗、Galileo、GLONASS四大全球导航卫星系统的终端占比超过60%,说明支持兼容互操作多系统已经是接收机终端常态。

北斗、GPS、GLONASS、Galileo和区域导航卫星系统都在规划下一代系统升级,聚焦高性能、高安全性与多功能。北斗三号建成后,新时代北斗发展蓝图是构建天地一体、无缝覆盖、安全可信、高效便捷的国家综合PNT体系。

国家综合PNT体系建设构想包括以下三部分。

(1)5项基础设施建设:重点推进下一代北斗,大力发展惯性导航系统,积极发展低轨导航增强系统,按需发展水下导航系统,积极探索脉冲星导航系统。

(2)"北斗+通信"融合发展:加快推进"北斗+卫星通信/地面通信"信息的深度融合。

(3)突破*N*项新兴技术:包括超稳芯片级原子钟、基于量子的PNT技术、微纳加工技术等。

国家综合PNT体系建设的目标是提供一个安全可靠、性能更优、无处不在、无时不有的时空基础设施。到2035年,完成新一代北斗导航卫星系统星座组网,建成时空信息服务的备份增强系统,部署多源融合、高可信的PNT终端,完成室内、水下、太空等特殊区域的PNT技术试验应用,完成PNT体系的建设,提供体系化的PNT服务,更好地惠及民生福祉、服务人类发展进步。

## (二)北斗/GNSS技术相对成熟,多种定位技术满足用户米级到厘米级定位导航需求

卫星导航定位技术包括单点定位(SPP)、差分定位(DGNSS)、星基增强系统(SBAS)、实时动态定位(RTK)、网络化实时动态定位(NRTK)、精密单点定位(PPP)、PPP-RTK等,其精度范围从数十米到厘米级,满足用户不同性能的定位测速授时(PVT)需求。

单点定位(SPP)通过观测4颗(含)以上的卫星,利用空间距离交会的原理,已知卫星位置和钟差,基于各种模型修正传播路径中的误差,计算出接收机的位置和钟差。现在基于网络增强卫星定位系统(A-GNSS)技术,用户可以通过通信网络提前接收星历信息,首次定位时间通常为数秒。当前北斗单点定位精度通常为5~10米。

差分定位(DGNSS)主要是指基于伪距观测值的相对差分定位技术,其原理

是:根据已知精准坐标的基准站和卫星位置,首先计算出基准站和所观测卫星之间的准确距离,然后将该距离与含有误差的伪距观测值进行比较,获得伪距改正数,再将该伪距改正数通过地面发射器广播出去;流动站用户将该伪距改正数用于共视卫星的伪距观测修正,实现亚米级差分定位。DGNSS 主要服务于海洋运输、海洋石油和天然气开采等特定高精度导航定位应用,但随着星基增强系统(SBAS)服务的精度和可用性的提升,DGNSS 应用面临被 SBAS 替代的局面,一些商业服务发展为 PPP 或 PPP-RTK 系统。

星基增强系统(SBAS)通过 GEO 卫星播发卫星轨道、钟差改正数、电离层格网改正数以及完好性信息,对定位安全要求高的用户(如航空和航海用户)接收这些信息并对伪距观测值进行改正后,再进行定位解算,以满足航路和进近的定位需求。目前的机载接收机仅支持 GPS 单频。随着 GLONASS、Galileo、北斗陆续加入国际民航组织标准,支持双频多系统(DFMC)的 SBAS 设备成为航空航海领域的发展趋势。

实时动态定位(RTK)技术基于载波相位观测值,采用相对定位的数据处理方式,通过固定参考站坐标,组成双差观测值,消除接收机钟差、卫星钟差等公共误差,并削弱对流层延迟、电离层延迟等相关性强的误差影响,从而实现有效覆盖范围内实时厘米级、事后处理毫米级的高精度定位。RTK 技术为大地测量工作的高精度提供了保障,但它的应用受到电离层和对流层影响的限制,而且误差随基准站和流动站的距离增加明显增大。当该距离大于 50 千米时,常规 RTK 一般只能达到分米级的精度。单独的基准站和流动站的 RTK 应用比较少,现在通常都是以连续运行基准站(CORS)为典型代表的局域网参考站,实现实时动态定位。

网络实时动态定位(NRTK)技术使在广域范围内实现厘米级实时定位成为可能。首先,多个基准站同时采集观测数据并将数据传送到数据处理中心;其次,数据处理中心对这些数据进行联网解算;最后,根据用户初始概略位置,数据处理中心播发距离用户最近的虚拟格网点改正信息给用户,实现高精度定位。改正信息的可靠性和精度会随着基准站数目的增加而得到改善。当存在足够多的基准站时,如果某个基准站出现故障,系统仍然可以正常运行并且提供可靠的改正信息。

精密单点定位(PPP)技术基于用户接收的高精度的卫星轨道和钟差信息,通过模型改正或参数估计的方法消除各类误差,实现高精度定位。受大气延迟等各种残余误差的影响,要实现厘米级的 PPP 精度通常需要 30 分钟甚至更长的首次初始化时间,且信号失锁后的重新初始化时间与首次初始化时间几乎一样长。收敛时间是制约 PPP 技术实时高精度应用的主要瓶颈。

精密单点定位加实时动态定位(PPP-RTK)技术于2005年被首次提出,融合了PPP和RTK两种技术的优势。利用局域网观测数据,精化求解相位偏差、大气延迟等参数,将重新生成的各类改正信息,播发给流动站使用,可实现1分钟内收敛到厘米级定位。与NRTK技术相比,PPP-RTK的定位精度和效率相当,但参考网的信息播发量大为减少。2020年6月冻结的3GPP R16规范中新增支持PPP-RTK的轻量紧凑型状态空间域(SSR),说明从标准上可以在手机等移动通信终端上实现PPP-RTK定位。

总体来说,定位技术决定了定位精度和稳健性。基于伪距的解算方法有较高的稳健性,但精度较低;基于载波相位的解算方法可以实现高精度,但稳健性较低,而且实际定位结果受到载波相位可用性、环境条件、增强数据可用性等的限制。表1给出了主要卫星导航定位技术的特点。

表1 主要卫星导航定位技术特点

| 类别 | SPP | DGNSS | SBAS | RTK | PPP | PPP-RTK |
|---|---|---|---|---|---|---|
| 观测量 | 伪距 | 伪距 | 伪距 | 载波 | 伪距/载波 | 载波 |
| 定位模式 | 绝对定位 | 相对定位 | 绝对定位 | 相对定位 | 绝对定位 | 相对定位 |
| 改正信息 | 不需要 | 需要 | 需要 | 需要 | 需要 | 需要 |
| 采用频率 | SF/DF | SF | SF(当前)<br>DF(计划) | DF(多数) | DF/TF | DF/TF |
| 首次定位时间 | <1分钟<br>(A-GNSS) | 同SPP+接收改正信息时间 | 同DGNSS | 近实时 | 30分钟 | <1分钟 |
| 水平精度 | 15～30米 SF<br>5～10米 DF | 亚米至5米 | 亚米级 | 1厘米+<br>$1\times10^{-6}$D | 10厘米～1米 | <10厘米 |
| 覆盖区域 | 全球 | 数百千米 | 数千千米 | 数十千米 | 全球 | 区域 |

注:D指测量基线长度,SF指单频,DF指双频,TF指三频。

国内外专家研究结果表明,北斗SPP水平定位精度优于2米,高程定位精度优于3米,PPP-B2b服务(北斗三号通过B2b频点播发精密单点定位服务)也能在20分钟内实现分米级定位精度(蔡洪亮 等,2021;宋伟伟 等,2023),但仍然不能满足无人机、机器人、自动驾驶、物联网等新兴领域对定位高精度、高可用性、高可靠性的需求,这对终端设计、增强服务以及PNT技术融合提出了更高要求。

## (三)北斗/GNSS技术的发展趋势是泛在、精准、可信PNT

经过近30年的发展,北斗/GNSS技术已经相对比较成熟,以PPP、NRTK、PPP-RTK为代表的精密定位技术得到了蓬勃发展,高精度卫星导航的应用领域也从传统的测绘地理信息领域,拓展到交通、农林、电力、通信、公共安全、大众消费等领域。确保PNT解决方案的稳健性、安全性、可靠性和室内外无缝定位是当前北斗/GNSS技术的发展趋势，也是当前的研究热点，具体包括防欺骗/抗干扰、多源融合定位、高精度云服务、低轨导航增强等技术。用户在任何时间、任何地点都能实现泛在、精准、可信的PNT是技术研究和产业努力的目标。

### 1. 防欺骗/抗干扰技术

GNSS信号本身所固有的低功率、开放性和可预测性等特性，使其很容易受到无意干扰或有意的人为干扰。对于稳健性要求高的应用，比如金融交易或安全相关的应用，包括关键基础设施网络同步、铁路运营、公路收费、智能出行、物流运输、自动驾驶、保险远程信息处理等，必须要考虑抗干扰和防欺骗检测。

GNSS射频威胁包括干扰和欺骗两类。干扰包括电离层闪烁等自然现象引起的干扰、自然环境或者人造环境引起的无意干扰（如多径、其他射频干扰），以及人为的故意干扰。干扰将严重降低定位性能或者造成不能定位。欺骗包括伪造信号（数据位、扩频信号和载波）和重放攻击（复制副本并重播），其目标是产生欺骗（错误）的定位结果。

从大系统侧的角度，可以通过卫星优化和信号体制改进提升抗干扰防欺骗的能力，比如通过提高卫星的有效载荷来提升导航信号的发射功率，采用点波束天线对特定区域的导航信号电平进行增强，采用新的信号调制方式在导航消息中添加身份认证信息等。

从接收机侧的角度，检测和消除射频干扰可以通过从天线设计、前端技术、基带算法等多个环节进行处理。

多源融合定位有助于提升抗干扰防欺骗能力。基于云平台和大数据、人工智能技术，可以处理大量数据后绘制干扰地图，服务商可以提供相应的不同等级服务。

### 2. 多源融合定位技术

北斗/GNSS信号到达地面时已经非常微弱，在树荫遮挡处、城市峡谷、高架路桥下、室内、地下等环境，需要联合惯性导航、视觉、机会信号（SOOP）等多源数据来确保定位的连续性、可用性、安全性和可靠性。

惯性导航系统（INS）是最为主要的卫星定位补充系统，现在的GNSS终端很多都集成了惯性测量单元（IMU），如微机械惯性传感感器（MEMS），通过GNSS/INS组合导航，实现在GNSS拒止环境下的连续定位导航。GNSS/INS组合导航三种最常见的策略是（按复杂性和性能的由低到高顺序排列）：松耦合、紧耦合和超紧耦合。它们之间的根本区别是GNSS接收机和INS传感器共享的数据类型。在松耦合技术中，将GNSS接收机估算的位置和速度与INS导航解决方案中的位置和速度合并（即分别计算位置的融合）；在紧耦合技术中，将GNSS原始测量值通过独特的卡尔曼滤波器与惯性传感器的测量值一起处理，以估算 PVT(观测量的融合);在超紧(或深度)耦合技术中,以矢量跟踪方式对 GNSS 接收机进行基带信号处理,从而实现出色的 GNSS 跟踪性能。INS 随着时间递推其累积误差会越来越大,北斗/GNSS 的绝对定位可以为其提供初始位置参考和标校。GNSS/INS 组合导航有明显的互补性,但这两种技术的集成仍需要在 IMU 选择、GNSS 质量控制、GNSS 天线相位中心稳定性、INS/GNSS 测量同步等方面进行重点关注。

基于视觉传感器、利用机会信号(蓝牙、WiFi、5G 等)进行定位也是对卫星定位的重要补充,主要应用于智能驾驶和室内导航等领域。

### 3. 高精度云服务

当前高精度北斗/GNSS 应用已经从传统的测量测绘专业领域扩展到大众消费、无人系统、智能驾驶等有海量用户的领域,不仅对定位的精度有高要求,而且对可用性、连续性、安全性、稳健性和定位时延都有很高要求。

面对广域海量用户,国内外 GNSS 服务商和电信网络运营商基于 NRTK 技术提供高精度云服务,通过网络播发改正信息,可以实现静态厘米级、动态分米级的高精度定位,这些服务也被称为定位即服务(PAAS)。除了提供高精度定位改正信息,商家还可以通过云服务(加密认证、密钥存储等)来提升定位安全性,基于云平台和大数据、人工智能算法还可以进行干扰检测,给用户提供预警以及算法优化服务。

此外,不同应用场景用户定位数据上传到云平台后,可以建立定位场景库。用户接收终端针对不同定位场景优化算法,来提升用户定位性能和体验感。

### 4. 低轨导航增强技术

低轨卫星是对中高轨 GNSS 卫星的重要补充,能够增强北斗/GNSS 定位结果的精度、可靠性、完好性和可用性。随着近年来低轨星座的建设,低轨导航增强技术已经成为当前导航定位领域发展的重要方向。

当前,已经建成和正在建设的低轨星座包括美国的 Iridium Next(铱星二代)、GlobalStar(全球星)、Orbcomm(轨道通信)、Starlink(星链)、Kuiper(柯伊伯)、Xona(修娜)、TrustPoint(信任点),加拿大的 TeleSat(通信星),英国的 OneWeb(一网),中国的星网、G60、微厘空间,卢森堡的 LeoSat(低轨星),韩国的三星,等等。这些低轨星座主要包括全球宽带/窄带通信、导航以及遥感三大主要功能,其实现导航定位服务的方式可以分为基于多普勒频移定位,以及基于专用定位信号和增强信息定位两种方式。前者以美国的铱星为代表,后者以美国的 Xona、TrustPoint 和中国的微厘空间为代表。

低轨星座轨道高度低、几何构型变化快,可以加速 PPP 收敛,有望通过低轨卫星导航增强技术将 PPP/PPP-RTK 更广泛地应用到实时高精度需求场景中。

但低轨卫星导航信号的视线方向的多普勒与加速度变化范围都远大于中高轨卫星，为保证正常同步接收北斗/GNSS和低轨增强信号，地面用户部分的硬件设备和算法需要进行更新甚至全新设计。地面接收机的设计需要关注高动态导航信号的捕获问题，相应的射频模数转换与基带信号的处理、捕获、跟踪、解调等都需要作出针对性适配。对于导航定位算法，需要特别注意对质量控制算法尤其是传统的周跳探测算法的改进，并且对低轨卫星可能引入的特殊偏差进行分析和建模。

总之，面向北斗/GNSS技术发展趋势，亟须加快推进高精度、低功耗、抗干扰、防欺骗，以及组合导航相关核心技术攻关，开展自主产权的导航芯片与时空数据服务平台研发与应用，构建关键元器件的供给体系，实现关键元器件和服务平台自主可控和高端化发展，提升北斗高端芯片、模组、器件、终端和服务的供给能力。

## 三、北斗产业现状与发展趋势

### (一)北斗全面赋能各行各业，进入规模化应用新阶段

北斗三号开通近4年来，在交通运输、公共安全、救灾减灾等行业领域，已逐步形成深度应用、规模化发展的良好局面，正在全面赋能各行各业并实现显著效益。“十四五”期间，从国家到行业再到地方，北斗相关政策密集出台，有力推动了北斗产业的快速发展，使北斗应用规模进一步扩大。

北斗能够为地理信息基础软件提供精准时空信息，同时也能提供以时空为核心的智能服务，二者融合发展以更高的技术水平为数字经济高质量发展提供支撑。各地区正加快推进北斗在金融、能源、电力、水利、气象、防灾减灾等领域的应用和标准化配置，鼓励创新研发各种具有北斗功能的终端设备和集成化系统，在国民经济关键领域推动北斗标配化应用，不断扩大北斗应用规模，提高北斗应用水平，推动北斗向市场化、产业化和国际化方向全面发展。

在专业应用市场方面，截至2023年底，国内主要行业和领域的卫星导航终端设备保有量约为3 200万台(套)，北斗终端设备在专业领域的应用渗透率已接近80%。在大众消费领域，2023年国内智能手机出货量约为2.76亿部，支持北斗功能的手机占比达到98%；国内可穿戴市场(含具有定位、监护等功能的智能可穿戴设备)出货量约为1.4亿台，其中具有卫星定位功能的设备超过4 200万台。

2023年我国卫星导航与位置服务产业总体产值达到5 362亿元人民币，较2022年增长7.09%。其中，与卫星导航技术研发和应用直接相关的芯片、器件、算法、软件、导航数据、终端设备、基础设施等在内的产业核心产值达到1 611亿

元人民币,在总体产值中占比约为30%;由卫星导航应用和服务衍生带动形成的关联产值达到3 751亿元人民币,在总体产值中占比约为70%。

随着智能驾驶、无人系统、物联网应用的蓬勃发展,预计不同细分领域产值将发生变化调整,如乘用车自动驾驶、可穿戴市场等应用场景产值占比将快速增长,同时也对北斗/GNSS终端和服务提出了更高的要求,要求更高精度、更安全和更可靠的导航定位服务。

### (二)北斗应用从时空信息采集向自动化和无人化赋能转换

当前我国各行各业正处于数字化、信息化转型升级阶段,从无人机巡检、无人机测绘到无人农场、无人港口,自动化和无人化已成为大势所趋。北斗的作用也从最初的时空信息采集逐渐转变为与目标行业既有业务的深度结合,支撑自动化和无人化,打造形成新的工作模式,形成新的服务业态,在安全、精准、远程、提质、增效等方面产生显著效能,这将为北斗市场化、产业化和规模化发展创造出更广阔的市场空间。

北斗应用呈现出两个新的发展方向:一个是向无人驾驶汽车、无人驾驶农机、无人机、无人船、机器人等新兴产业发展;另一个是向传统产业改造方向发展,实现传统产业的数字化升级。这两个方向不可或缺的就是可靠的高精度定位技术。高精度定位技术能实时获得移动目标的精准时空位置,再融合智能处理、精密控制、安全通信等技术,实现无人设备的自主作业、行业施工的超远精准管控,提高信息化水平和综合效率。

### (三)设备收入占比下降,结合增强服务和增值服务是未来发展趋势

根据欧盟空间计划局《EUSPA GNSS & EO 市场报告 2024》,全球GNSS下游市场2023年来自设备和服务的收入约为2620亿欧元,其中设备收入约为710亿欧元,占比27.1%,服务收入(即增强服务和增值服务)约为1 910亿欧元,占比72.9%。预计全球GNSS下游市场收入在未来10年将以8.3%的复合年化增长率增长,2033年将达到5 820亿欧元。其中,增强服务和增值服务收入预计在2033年将达到4 600亿欧元,占比约为80%。未来设备收入占比将下降,预示以设备出货量拉动的粗放式增长模式持续乏力,增强服务和增值服务代表未来发展的趋势。

随着北斗应用的泛在化、嵌入化、标配化和业务化发展,未来更多的市场需求将从对位置感知的需要,逐渐转变为对高精度时空信息采集与智能服务的需要,这将会使北斗应用场景和模式变得更加多元化,形成以时空信息获取、处理和服务为主的新经济形态,成为发展新质生产力的关键领域。

# 四、构建"智能位置数字底座",加速形成新质生产力

## (一)北斗产业发展迎来新机遇,技术牵引实现终端迭代升级,进一步带动用户规模形成良性循环

国家正在加速建设综合PNT、低轨卫星系统。随着行业自动化、无人化、智能化发展,对位置产品及服务的需求正在快速增长,北斗产业发展迎来新机遇。北斗作为卫星导航定位系统,具有渗透性、融合性和寄生性,需要和不同行业领域用户需求相结合,提供基于时空信息感知的一系列服务。而随着科学技术、新兴产业的发展变革,如新材料研发和加工制造等水平不断提升,一方面,导航终端低功耗、低成本、小尺寸成为现实,进一步带动可穿戴市场、物联网用户规模扩大(数十亿数量);另一方面,融合惯性导航、高可靠高精度定位服务的终端应用于无人机、智能驾驶、机器人等新兴行业,改善用户体验并形成系统发展的良性循环。

市场需求快速发展、技术融合快速演进、"云+芯"商业模式"三轴交汇"的新背景下,产业K型分化加剧,中国未来一定会诞生国际一流的位置产品和服务企业,为全球用户带来有价值的产品和服务。

## (二)立足技术和产品优势,北斗星通正在构建"智能位置数字底座",加速形成新质生产力

国家主席习近平在首届北斗规模应用国际峰会贺信中指出,"北斗规模应用进入市场化、产业化、国际化发展的关键阶段"。"因北斗而生,伴北斗而长"的北斗星通作为全球十大GNSS核心部件及接收机制造商之一,结合我国以下一代北斗为核心,更加泛在、更加融合、更加智能的国家综合时空体系的建设发展计划,顺应市场需求增长、技术融合加速、商业模式变革的发展趋势,立足公司在自主可控北斗芯片、模组、天线等产品的优势,正加速构建以"云+芯"为基础的"智能位置数字底座"(iLDB),突破防欺骗/抗干扰、多源融合定位、"云+芯"一体、低轨导航增强等核心技术研发,通过定位技术、芯片技术、智能技术、传感技术、软件技术、网络技术等的单项技术演进创新和多项技术融合创新,提供无处不在、无时不有的高精度、高安全性、高可信度的时空信息,加速传统产业"智改数转",助推新兴产业发展壮大并促进未来产业的孵化培育,成为各领域新质生产力的重要组成部分。

### 1. iLDB 概念内涵

“智能位置数字底座”(iLDB)是在“云＋芯”一体模式统领下，通过定位技术、芯片技术、智能技术、传感技术、软件技术、网络技术等的单项技术演进创新和多项技术融合创新，云芯分布式协同工作所形成的满足物理时空定位、虚实世界时空对齐需求的产品、服务和技术体系。(注:这里的技术也包括工程、系统、产品，融合也包括集成。)

北斗星通当前的 iLDB 具体包括位置芯片、模组、天线，以及基于地基增强(GBAS)和星基增强(SBAS)参考站网络等基础设施数据经过 NRTK 和(或)PPP/PPP-RTK 等算法处理所形成的差分改正数据产品。产品涵盖高精度、普通精度全系列，以及行业应用、车载应用、消费类应用等全领域。

### 2. iLDB 的广阔前景

当前，“智能位置数字底座”(iLDB)的构建主要基于四大全球导航卫星系统(北斗、GPS、Galileo 和 GLONASS)。卫星导航定位是目前服务领域最广、使用最方便的定位技术，但其也存在局限性和不稳定性。

随着用户要求的提高和技术的快速发展，iLDB 的构建正在逐步融合其他技术手段、信息系统等，如 INS/GNSS 组合导航、机会信号定位、正在建设的低轨星座导航增强等。需要汇集多种信息源，经过多传感器高度集成、多信息源数据融合、云平台处理与控制，基于统一时空基准的高精度时空信息，提供可用、连续、可靠的服务，满足不同用户的需求。因此，iLDB 的构建将是一项长期的重大工程，需要不断迭代、长期积累，具有重大的现实意义和长远意义，值得几代人为之长期努力。

未来 10 年，全球卫星导航与位置服务产业仍将保持较高的增长速度，到 2033 年预计全球 GNSS 收入将达到 4.5 万亿元。从数据和北斗星通经营实践来看，“智能位置数字底座”作为数字经济的时空基础和重要支撑，是现实世界与虚拟世界的重要桥梁和纽带，具有非常广阔的前景，将加速传统产业智能化改造和数字化转型，助推新兴产业发展壮大，促进未来产业孵化培育。

## 参考文献


蔡洪亮，孟铁男，耿长江，等，2021. 北斗三号全球导航卫星系统服务性能评估:定位导航授时、星基增强、精密单点定位、短报文通信与国际搜救[J]. 测绘学报，50(4):427-435.

郭树人，蔡洪亮，孟铁男，等，2019. 北斗三号导航定位技术体制与服务性能[J]. 测绘学报，48(7):810-821.

宋伟伟，赵新科，楼益栋，等，2023. 北斗三号 PPP-B2b 服务性能评估[J]. 武汉大学学报(信息科学版)，48(3):408-415.

YANG Y X, LIU L, LI J L, et al, 2021. Featured services and performance of BDs-3[J]. Science Bulletin, 66(20):2135-2043.

# 综合篇

# 智能化测绘时代人才驱动战略选择

自然资源部人力资源开发中心　易树柏　杜新波

当前,我国地理信息产业受到全社会数字化、智能化转型的时代浪潮和"第四次工业革命"的影响,正在从数字化、信息化向智能化转型,这一重大转型体现了一个"无所不在的时空连接、无时不用的时空计算、无所不及的时空智能"的新质生产力正在形成。新质生产力代表着产业变革的新趋势、生产力发展的新方向,而人才引领、人才驱动是发展新质生产力的本质要求和内在意涵。以"新"的人才发展理念和工作体系激发创新创造活力,为新时代测绘地理信息事业转型发展提供强大的创新生态和人才支撑,是智能化测绘时代人才战略的重要选择。

## 一、智能化测绘是新质生产力重要体现

当前新一代人工智能理论与技术和测绘地理信息相结合,以高度智能、所需即所得、泛在融合为核心特征的智能化测绘已经成为测绘地理信息转型升级发展新方向,成为新质生产力的重要支撑和体现。从技术和产业特征来看,智能化测绘新质生产力特征可归结为三个方面。

一是智能化测绘体现了人工智能(AI)技术与测绘地理信息的融合。例如,大地测量装备与智能技术融合,大地测量机器人正逐渐进入应用;地理空间人工智能技术(GeoAI)作为地理空间科学和人工智能深度融合的交叉领域,结合了地理信息的时空准确性和人工智能的大数据分析能力,正日益成为处理地理空间分析的主流技术;时空智能服务使传统定位导航向着数据智能、时空智能与模型共同驱动的人工智能方向迈进。人工智能技术和测绘地理信息技术已经在发展中实现"双向赋能"。

二是智能化测绘凸显了地理信息基础性生产要素地位。当前"为数字中国建设打造统一的时空基底"和"为高质量发展提供丰富的数据要素保障"成为智能化测绘的重要任务。同时,随着智能化测绘技术发展,遥感已经成为地理信息数据获取的主要手段,地理信息数据获取媒介已逐步从传统的专用传感器向非专用传感器(智能手机、城市视频监控摄像头、智能网联汽车)等发展。未来智能化测绘将进一步通过时空数据增强、时空技术嵌入和时空服务协同等方式,叠加

各行业的业务活动内容数据，全面系统及时地反映各行业的发展特征和未来趋势。

三是智能化测绘促进了地理信息产业跨界融合发展。地理信息产业是战略性新兴产业和生产性服务业的重要结合点，地理信息数据采集、处理、应用涉及诸多技术及行业，具有广泛渗透性、融合性和普遍的生产力效应。特别是智能化测绘技术和仪器装备不断发展，将进一步催生新技术、新模式、新业态、新应用，时空信息将更加高质量地赋能数字中国、数字经济、数字政府、数字社会。

与此同时，与国外发达国家相比，我国智能化测绘技术和产业发展还有三个方面不适应新质生产力发展：第一，测绘领域距离高水平的数据保障实时化、信息处理自动化和服务应用知识化还有一定差距，测绘系统（机器）智能还处于弱人工智能水平，智能化测绘关键技术需要进一步突破；第二，少数极具代表性的测绘地理信息软件装备技术水平与国外最高技术水平相比还有不小差距，测绘地理信息软件装备自主可控水平需要进一步提高；第三，智能化测绘技术创新成果转化和工程应用中存在明显的瓶颈，对产业和行业发展支撑不足，科技成果转化链条需要进一步理顺。

## 二、智能化测绘人才驱动支撑现状和存在问题

从本源看，生产力是具有劳动能力的人和生产资料相结合而形成的征服和改造自然的能力，高素质劳动者是新质生产力最积极、最活跃的因素，尤其创新人才集聚是创新策源的最大动力。因此，拥有掌握测绘地理信息关键核心技术的高精尖人才和熟练掌握信息数据等新质生产资料的应用型人才，是培育和发展新质生产力的根本支撑和核心要素。同时，著名经济学家熊彼特认为，创新是一种从来没有过的生产要素和生产条件的“新组合”，他把新组合的实现称为企业，把以实现新组合为基本职能的人们称为“企业家”；只有企业家实现创新，推动经济结构从内部进行革命性的破坏，才有经济发展。因此，创新型企业和企业家也是培育智能化测绘领域创新和发展新质生产力的关键。

### （一）智能化测绘人才驱动支撑现状

在我国从数字化测绘、信息化测绘向智能化测绘转型过程中，测绘地理信息人才始终发挥着重要支撑保障作用。总体来看，当前测绘地理信息领域人才发展呈现为以下四个特点。

#### 1. 测绘地理信息人才具有显著的数字化人力资本特征

《中华人民共和国国家职业分类大典（2022 年版）》首次在我国职业中标注

了“数字职业”,目前大地测量工程技术人员、工程测量工程技术人员、摄影测量与遥感工程技术人员、地图制图工程技术人员、海洋测绘工程技术人员、地理国情监测工程技术人员、地理信息系统工程技术人员、导航与位置服务工程技术人员、地质测绘工程技术人员均被标注为技术融合型数字职业,大地测量员、摄影测量员、工程测量员、海洋测绘员被标注为技能改进型数字职业。这些测绘地理信息主体职业被标注为“数字职业”,充分说明了我国测绘领域的从业人员具有数字化劳动力特征。

**2. 测绘地理信息行业属于典型的科技人才密集型行业**

2022 年我国测绘资质单位有 1.85 万家,从业人数为 43.5 万人,其中专业技术人员占从业人员比例为 83.2%,测绘专业技术人员占比为 53.7%,技能人才占比为 8.4%,技术技能人才高度聚集成为测绘地理信息行业的典型特征。据自然资源部测绘发展研究中心的研究显示:2021 年测绘行业科技进步贡献率为 75.19%,高于全国科技创新贡献率(60%);从申请专利来看,2021 年测绘行业每万人专利受理量约为 654.4 件,每万人测绘地理信息类专利授权量为 477.7 件,也高于全国平均水平。据有关统计,目前我国测绘地理信息领域院士达到 37 人。在自然资源部组建之前,我国有 28 人入选国家测绘地理信息局科技领军人才,131 人入选青年学术和技术带头人;在 2021 年首次开展的自然资源部高层次科技创新人才工程推荐遴选中,测绘地理信息专业领域共产生 13 名科技领军人才、3 个创新团队和 36 个青年科技人才。科技创新平台是创新人才的主要载体。自然资源部管理的 109 家重点实验室,涉及测绘地理信息领域的有 21 家,现有的 86 家工程技术创新中心涉及测绘地理信息领域的有 21 家;在测绘地理信息领域,初步统计有 6 个国家级重点实验室、11 个国家级工程技术研究中心(工程实验室)。

**3. 测绘地理信息企业正日益成为智能化测绘创新主体**

据不完全统计,2022 年全国 1 571 家甲级测绘资质单位中,国家高新技术企业有 923 家,占比为 58.75%;国家级专精特新“小巨人”企业增加至 22 家,142 家单位获评瞪羚企业;178 家单位获评科技型中小企业,9 家单位被称为独角兽企业;12 家单位获评科技小巨人。据自然资源部测绘发展研究中心课题组研究显示,2021 年测绘领域企业申请测绘地理信息类专利占比为 87.27%,表明企业已经超越事业单位和高校成为科技创新的主体和主力军。

**4. 智能化测绘人才培养体系基础厚实**

《测绘地理信息人才需求与培养研究报告(2021)》显示,我国测绘地理信息职业教育和高等教育体系相对齐全,向我国地理信息产业稳定输送了大量人才。截至 2020 年,全国有近 140 所中等职业学校开设了工程测量技术、地图绘制与地理信息系统、地质与测量、航空摄影测量等 4 个专业课程,每年招生约 8 000 人;有 254 所高等职业院校开设工程测量技术、测绘工程技术、测绘地理信息技术、摄影测量与遥感技术、地籍测绘与土地管理、国土空间规划与测绘、无人机测绘技术、矿山测量、导航与位置服务、空间数字建模与应用技术等 10 个专业专科教育课程,每年招生约 1.5 万人。截至 2021 年 7 月,全国设置相关本科专业的普通高校约有 260 所,拥有测绘科学与技术一级学科博士点的高校有 19 所,一级学科硕士点的高校有 55 所;拥有地图学与地理信息系统二级学科博士点的高校有 18 所,二级学科硕士点的高校有 67 所。本科和研究生近年来每年招生人数分别为约 3 万人和约 7 000 人。

## (二)当前智能化测绘人才支撑存在的主要问题

当前智能化测绘技术和产业面临的一系列问题,反映出当前测绘地理信息人才队伍与智能化测绘发展需求还不适应。具体来说,主要存在四个方面的问题。

### 1. 测绘地理信息领域高层次科技创新人才缺乏

我国测绘地理信息科技装备的自主可控水平有待提高,智能化测绘关键核心技术有待突破,关键在于人才创新驱动不足,尤其是战略科学家和高精尖人才缺乏。目前我国测绘地理信息领域院士梯队年龄老化,存在着断层;测绘地理信息领域从事基础研究、应用研究与技术开发、工程实施各方面领军人才和创新团队负责人还比较少,特别是能够胜任测绘地理信息重大工程、重大项目、重大装备研发的总工程师、总设计师级水平的工程管理技术复合型人才缺乏;从事“从 0 到 1”的原创性、基础性的测绘地理信息研究人才偏少;具有战略科学家思维、聚焦高精尖技术、跨界融合的青年科技人才缺乏;具有国际视野、复合专攻、敏思智言的测绘地理信息高端智库人才匮乏。从研究团队来看,单一类型的研究团队多,复合型、交叉型、互补型研究团队偏少。

### 2. 现有测绘人才队伍能力素质还不完全适应自然资源治理能力现代化需要

自然资源部的组建促进了地质、地理、测绘、水文、海洋、环境、生态等学科的相互交叉融合,对测绘地理信息复合型人才产生了巨大需求。例如,构建自然资源统一调查监测体系,需要将测绘地理信息人才队伍与土地资源、水资源、林草资源等传统调查监测人才队伍整合优化形成综合性人才队伍,这既要掌握自然资源、土地资源管理、地质、生态环境、经济知识等,也需要掌握人工智能、区块链技术、大数据分析、海量数据管理和三维展示等能力知识;深化“多规合一”改革,需要将原测绘地理信息人才、土地规划人才和城乡规划人才转型升级为适应新时代国土空间规划工作要求的复合型人才,需要将测绘地理信息知识和技术与城乡规划、土地利用规划、土地资源管理、海洋科学、地理学等相关学科领域协调、融合。据北京市规划和自然资源委员会对市属测绘资质单位调研显示,随着测绘地理信息与自然资源业务的深入融合,不动产登记、国土“三调”、地理国情监测等业务领域不断拓展,从事软件开发、三维数据生产、数据分析评估等方面的业务人才缺口较大,对于大数据、人工智能、物联网、第五代移动通信技术(5G)等新技术领域的人才需求也日趋增加。

**3. 现有测绘地理信息人才队伍跨界融合力度不够**

当前地理信息产业作为国家战略性新兴产业,已经与智慧城市、数字政府、智能生活等各领域高度融合,特别是测绘地理信息技术与大数据、互联网、物联网、云计算、人工智能等新技术的融合发展,不断为社会经济发展提供新动能。环保、水利、交通、农业、文旅、应急等各相关部门规划均把行业发展与地理信息技术结合,持续在数字基础建设和数据资源体系“两大基础”上发力,跨界融合已经成为测绘地理信息转型升级的基本方向。测绘地理信息广泛服务于各行各业,带来了对跨界融合知识和能力的极大需求,而传统人才培养方式和职业划分对跨界融合支撑显然不足。例如,在城市建设领域,随着“城市数据大脑”、“数字孪生城市”、智慧园区、智慧社区、网格化城市管理系统、建筑信息模型(BIM)、城市信息模型(CIM)等的构建与应用,需要新型城市测绘地理信息专业技术人才,这些人才除需要掌握测绘地理信息专业知识,还必须了解城市规划、工程建设、项目管理、大数据、人工智能等方面的知识,同时需要具备项目策划设计、过程质量控制、数据分析表达等能力。再如,在智慧物流领域,目前人才培养总体是割裂的,物流专业只关注仓储、货运、配送等,地理信息专业着重于地图测绘、卫星遥感定位、地理信息管理等,导致智慧物流所需的高技术、复合型人才奇缺。

**4. 现有测绘地理信息产业化人才还不满足产业发展需要**

推动测绘地理信息科技创新向现实生产力的转化,迫切需要产业化人才支撑。在支撑产业化发展方面主要存在三方面人才支撑不足。

一是测绘地理信息领域真正具备企业家素养的人才偏少。科技创业人才主要体现为科技型中小企业的领导者。这部分群体是具备科技活动和创业活动双重特征,既能创新又能创业,且能通过创新进行创业的复合型人才。他们能够跨越技术供给和商业需求的鸿沟,通过商品化、产业化的操作将最新科技成果转移转化到市场中,完成技术进步的最终环节。目前我国测绘地理信息市场同质化严重、低水平竞争激烈,反映出大多数测绘地理信息企业负责人忙于维持企业生存和队伍稳定,对事关企业长远发展的重大发展战略和科技创新考虑不够。

二是当前政策机制对科研人员创业激励支持不够。虽然我国出台了一系列鼓励支持科研人员通过转化科技成果创办科技型中小企业的政策措施,但科研人员转变成科技企业的管理者和领导者并非易事，需要转变角色、提升能力、整合资源，同时要承受较大的创业风险。在实践当中，由于种种原因，测绘地理信息领域科研院所的科研人员进行创新创业实践的情况并不乐观。

三是地理信息民营企业创新型技术人才缺乏。目前测绘资质单位以民营企业为主，同时小型企业又占据多数，中高端人才引进难、易流失是测绘地理信息企业面临的普遍问题。这一方面与民营企业规模小、研发实力差、科研条件薄弱、薪酬待遇激励不够等有关，另一方面也与目前我国人才管理政策内外体制存在差别和传统人才观念有关。目前部委和地方的多数人才激励政策通常与具有高学历、高职称和科研成果的人才挂钩，民营企业技术人才受到职称晋升、成果评选、人才推荐渠道等限制，毕业生就业也更倾向于选择国有企业、事业单位和高校。民营企业创新型技术人才缺乏是当前测绘领域科技成果难以有效转化的一个重要原因。

## 三、智能化测绘人才战略管理思路和措施

培育和发展新质生产力是智能化测绘领域的一项系统性、全局性、长期性工程，也是新时代测绘地理信息事业转型发展的重大战略，这一重大战略转型的成功关键在创新，关键在人才。2021 年中央人才工作会议确立了新时代加快建设世界重要人才中心和创新高地的宏伟目标，党的二十大明确提出“实施科教兴国战略，强化现代化建设人才支撑”。2018 年以来，自然资源部党组深入贯彻习近平总书记关于科技创新和人才工作系列重要讲话精神，先后印发《中共自然资源部党组关于深化科技体制改革　提升科技创新效能的实施意见》《中共自然资源部党组关于激励科技创新人才的若干措施》《自然资源部高层次科技创新人才工程实施方案》《自然资源部办公厅关于进一步落实科技创新有关政策的若干措施》《中共自然资源部党组关于贯彻落实党的二十大精神　进一步提升自然资源科技创新能力的意见》等一系列文件，对全面打造自然资源战略科技力量和高水平科技人才队伍作出部署。

因此，推进新时代智能化测绘发展，应树立人才引领驱动的战略理念，充分发挥我国新型举国体制优势，以建立智能化测绘科技创新体系和激发人才创新活力为战略核心，推动建立教育、科技、人才“三位一体”融合发展，建立健全“科技攻关—成果转化—产业发展”转化机制，着力实现测绘地理信息行业人才链与创新链、产业链、资金链深度融合，构建以人才和企业为核心的智能化测绘创新创业生态系统。具体来说，应重点在以下几个方面着力。

## (一)构建智能化测绘新型科技创新举国体制

应根据我国数字发展战略和测绘地理信息产业发展趋势,围绕实现测绘地理信息高水平科技自立自强,贯彻落实国家科技体制改革有关要求,主动适应科技创新管理新形势新要求,积极推动构建智能化测绘领域关键核心技术攻关的新型举国体制。重点是充分发挥自然资源部科学技术委员会和科学技术咨询委员会的作用,针对智能化测绘产业链关键领域,按照"卡哪、攻哪,卡谁、谁参与"的原则,积极谋划测绘与时空信息领域重大科技专项和重点研发计划(项目)和部级重大工程,将智能化测绘关键核心技术攻关列入国家和自然资源科技创新中长期发展规划;发挥自然资源部作为测绘地理信息主管部门的组织优势,创新组织协调机构,建立健全资金、平台、项目、人才一体化配置机制和创新资源特殊调配、特殊支持机制。在测绘领域业务化重大工程项目中设立研究式调查项目,加大智能化测绘领域部省合作项目设置和攻关,推动智能化测绘新理论、新方法、新技术、新装备等转化应用、示范与推广工作。在国家科技计划、重点工程项目经费中,安排一定比例用于人才吸引、培养和保障,将其作为评价计划(项目)实施效果的重要指标。

## (二)打造智能化测绘人才高地和创新中心

紧跟国家科学中心、创新高地和产业链战略布局,优化测绘地理信息领域的重点科研机构、科技创新平台、高水平研究型大学、科技创新企业布局,构建开放式、多层面、网络化、综合性智能化测绘技术创新体系。重点发挥中国科学院空天信息创新研究院、中国测绘科学研究院等测绘地理信息领域中央级科研事业单位基础支撑作用,加强智能化测绘基础理论方法、前沿技术、"卡脖子"关键技术和跨界融合技术的研究和推广应用,加大参与和承担国家重大工程、重大科技攻关的力度,提升冲击原创性的重大理论与技术的突破能力,增加测绘领域公共科技供给;重点发挥测绘地理信息领域国家、自然资源部和省部共建的重点实验室和工程中心的关键支撑作用,进一步优化科技创新活动布局,明确不同科技创新平台定位,围绕智能化测绘技术体系进行持续性攻关,切实加强智能化测绘前沿技术多路径探索、交叉融合和颠覆性技术源头供给,实现更多原创性突破;围绕智能化测绘急需、空白、交叉研究领域,在全国新布局一批省部级重点实验室、技术创新中心、工程研究中心、大型科研仪器中心、科学数据中心等,提升智能化测绘科技创新能力。

## (三)实施科技创新人才工程,聚集智能化测绘科技创新人才

充分发挥自然资源部高层次科技创新人才工程的聚才引才作用,在测绘地理信息领域持续培养自然资源部科技领军人才、创新团队和青年科技人才。

一是扩大智能化测绘高层次科技创新人才推荐范围。重点围绕智能化测绘科技进展和发展需求,将人才推荐和选拔向从事智能化测绘基础理论研究、仪器装备研制、应用研究与技术开发、智能化测绘工程、产业化支撑和战略决策咨询人才全链条覆盖,尤其注重选拔智能化测绘前沿技术、"卡脖子"关键技术和跨界融合技术等方面的人才,鼓励产学研用联合申报智能化测绘创新团队。时机成熟时,在全国范围开展一次智能化测绘专项人才遴选,加快形成高端引领、梯次衔接的智能化测绘高层次科技创新人才梯队。

二是不断完善测绘领域高端人才梯队晋升机制。对入选自然资源部科技人才工程人才和团队负责人,在培养期内新获评两院院士、"万人计划"领军人才,获得"国家杰出青年科学基金""长江学者奖励计划"等的国家级人才,晋升为自然资源部科技领军人才一梯队或二梯队,持续培育智能化测绘国家战略人才力量。

三是优化测绘地理信息人才遴选标准。将解决国家和自然资源重大需求、智能化测绘重大科技问题和实践难题的创新贡献作为首要推荐遴选标准,探索把从事智能化测绘业务工程和科技创新攻关的创新案例作为业绩成果的重要体现方式,鼓励科研人员把论文写在祖国大地上。

四是加强对高层次人才和青年科技人才支持。鼓励支持各用人单位对高层次人才实行"一人一策"支持政策,按需配置创新资源,实行定向激励。全方位支持测绘地理信息产业优秀青年科技人才"挑大梁""当主角",完善自然资源部青年科技人才资助方式,培养青年科技人才的战略科学家思维和原始创新能力;每年组织召开测绘领域自然资源青年科学家会议,每年组织评选一批优秀青年科技人才,建立优秀测绘青年科技人才早期发现、培养和跟踪机制。

## (四)培养适应智能化测绘发展的各类急需紧缺人才

智能化测绘形成现实生产力,关键是落实到产业转型发展上,这不仅需要"高精尖缺"科技人才,还要有一大批卓越工程师、高素质技术技能人才、大国工匠、能工巧匠等。自然资源部部长王广华在全国测绘地理信息工作会议上提出,要"加快基础测绘队伍转型升级,努力建成一支技术先进、专业齐全、规模合理、覆盖国家和省市县四级的基础测绘队伍。要推进基础测绘、自然资源调查监测及督察执法等业务板块的统筹与协调,夯实、扩充基础测绘队伍的职责职能",

“进一步加强测绘质量检验测试、测绘仪器检定检校、地图技术审查等队伍建设,提升技术能力和组织能力,支撑监督监管”。我国地域广阔,各个地方发展的阶段、层次和重点不同,在测绘地理信息产业整体布局中位次不同,人才队伍发展基础存在差别,这就需要地方和行业采取多种措施促进各类测绘地理信息人才发展。

一是推动地方实施测绘地理信息专项人才工程计划。各地要围绕新时代测绘地理信息事业转型升级总要求,按照“科技创新类+技术管理类+公益基础类+新型紧缺类+发展融合类”人才需求,谋划实施测绘地理信息专项人才工程计划,综合采取项目锻炼、成果激励、培训提升、行为规制、竞赛选拔、交流合作等措施,培养造就人才,着力提升测绘人才的专业化、职业化水平。例如,广西壮族自治区自然资源厅 2021 年专门印发实施了《基础测绘与地理信息人才培养工程实施方案》和《自然资源调查监测人才培养工程实施方案》。其中基础测绘与地理信息人才培养工程包括测绘行政技术管理人才队伍培养计划、新型紧缺基础测绘人才队伍培养计划、公益性测绘基准人才队伍培养计划、地图制图人才培养计划等 4 个实施计划;自然资源调查监测人才培养工程包括高层次人才引育计划、实用型专业人才能力提升计划、新型紧缺人才培养计划等 3 个实施计划,特别在新型紧缺人才培养计划中专门提出加强自然资源综合监测人才队伍建设、应急监测人才队伍建设、碳汇监测评估人才队伍培育、调查监测数字化(信息化)人才队伍建设和成果分析评价人才队伍建设。

二是不断完善“平台+项目+大人才”培养机制。重点依托省部级测绘重大工程项目和科技创新平台,实施工程技术总师(副总师)、首席科学家(副首席科学家)制度,赋予首席专家专业策划、技术把关职责,领衔技术革新、质量控制、综合评价、成果集成等任务,锻造一批技术创新能力突出、善于解决复杂工程问题、凝聚工匠精神的复合型工程技术技能人才;在智能化测绘重大科技项目、重大工程项目、研究式调查项目和部省合作项目当中,将重点人才培养与揭榜挂帅机制结合起来,强化实践培养人才。

三是多渠道培养提升测绘地理信息人才素质。发挥全国测绘地理信息行业职业技能大赛引领作用,以赛育人,以赛提质,培养新型测绘技能人才;探索开展智能化测绘优秀工程技术案例评选活动,策划测绘地理信息领域小发明、小创造评选活动,形成鼓励人才争先创优的良好导向和行业氛围;依托测绘地理信息领域研发单位、学会协会、院校和骨干企业开展多层次智能化测绘交流活动,组织举办智能化测绘新技术、新业务、新应用培训班。进一步完善测绘地理信息职业分类,做好职业优化调整,同时对专业性强、技术性强的测绘类职业编制技术技能标准,发挥职业引领的导向作用。

### (五)提升普通本科高等教育学校和职业院校智能化测绘人才供给质量

强化以信息化、智能化、泛在化为新特征的测绘地理信息人才培养，是当前普通本科高校和职业院校人才培养的重要任务。目前各高等教育学校的测绘地理信息专业课程设置还面临着人才培养目标特色不明显、主干学科单一、学科交叉融合不够、课程知识体系陈旧、新理论新技术课程设置少、集中实践环节综合程度低等问题。当前应围绕新工科建设和测绘地理信息事业转型升级发展需求，按照知识生产逻辑、人才培养逻辑和市场需求逻辑，建立科教融合、产教融合的人才培养模式，畅通智能化测绘人才供给端和需求端的连接。具体措施包括以下三个方面。

一是明确不同类型院校人才培养发展定位。各普通本科高校和职业院校应依据智能化测绘产业发展和学校特定定位，按照工程技术人才、科研型人才和领军拔尖人才等培养目标确定自身发展定位；尤其是“双一流”高校要注重测绘地理信息领域基础学科创新人才培养，高起点布局支撑我国测绘地理信息原始创新能力的基础学科专业，从人才培养源头上提升从“从 0 到 1”的原创能力。

二是建立复合型人才培养课程体系。以测绘地理信息科学的基本理论方法为根本，适度拓展测绘地理信息学科的内涵和外延，构建“测绘＋”的课程体系，提升专业课和专业方向新技术、新理论的应用导向，形成厚基础、宽口径、一专多能、适应性强的复合型人才培养导向，满足不同职业导向，强化职业能力特色。例如，在基础课方面应增加机器学习、人工智能等课程；面向自然资源管理的测绘地理信息专业应设置自然资源调查监测、国土空间规划等相关课程；设置国土资源管理、空间规划管理、森林资源管理、水资源管理等相关专业的高校，应将测绘地理信息类的课程作为专业必修课；面向城市应用的测绘地理信息专业，应开设国土空间规划、城市经济、城市交通、城市管网、城市环境、应急管理、社会治理等专题课程。

三是推动科教融汇、产教融合。支持科研院所与测绘地理信息企业深入参与学科专业建设和人才培养，探索建设一批集教育、培训及研究于一体的共享型人才培养实践平台，探索建立测绘地理信息科教联盟和产教联盟，促进教育资源共享。当前要借助自然资源部和教育部科教融合试点工作，着力推动自然资源部属研发单位与有关“双一流”高校共建智能化测绘科教融合平台(基地)，推动人员互聘、设施共享、联合培养学生、科研合作攻关和政策咨询；以科教融合为基础，探索组建科教融合创新联盟，探索智能化测绘人才培养的新模式。打通校企“旋转门”，鼓励学校设置流动岗位，吸引测绘领域产业教授到校任教，建立高校教师与产业企业常态化交流通道,创新测绘技能人才产教融合培养新模式。

## (六)营造智能化测绘创新创业生态环境

全面实现智能化测绘科技创新向现实生产力的转化,必须构建创新链、产业链、人才链、资金链“四链融合”机制,促进不同生产要素有机融合,以数智化赋能新质生产力的形成与发展。

一是畅通测绘地理信息科技创新人才服务企业通道。鼓励高校和科研院所与企业测绘地理信息人才双向自主流动,支持国家部委研发单位、科研院所和高校专业技术人才通过兼职创新、长期派驻、短期合作等方式服务测绘地理信息企业,有条件的专门设立“产研人才”项目,选派科研能力强、拥有创新成果的科技人员到企业担任“科技专员”,推动成果和技术的转移转化。

二是打造产学研用融合的创新载体和场景。推动科研院所、高校、企业合作共建研发中心、中试平台、仪器装备定型平台、新型研发机构,共同建设测绘地理信息技术联盟和产业技术研究院,联合建设智能化测绘产业示范基地和新技术应用场景,探索“新基建+未来产业+人才服务”的全周期场景设计机制,打造跨领域、多主体、全产业链集成的智能化科技创新生态。

三是强化测绘地理信息企业科技创新主体地位。支持测绘地理信息企业牵头或参与承担智能化测绘国家和部委重点科研项目,支持企业牵头组建创新联合体;在科技创新平台建设、科技奖项和科技创新人才评选中给予测绘地理信息企业特殊支持通道;注重构建大中小企业协同创新的生态链,大型测绘地理信息企业应发挥“链主”作用,加强与行业内外部创新资源的融合、聚集,推动测绘地理信息技术一体化创新;中小微型测绘地理信息企业应注重技术成果应用和工程应用创新,对行业关键技术改进和创新升级形成有力的支持或反馈。

四是探索测绘地理信息技术、数据与资本等生产要素融合新机制。支持测绘地理信息行业通过引进和参与天使投资、创业投资、知识产权证券化、科技保险等方式推动科技成果资本化,积极参与“创新券”政策实施,促进技术要素与资本要素融合发展。完善地理信息数据定价体系和数据资产市场运营体系,探索地理信息数据要素市场化配置机制和资产化、资本化有效路径,为地理信息数据进入要素市场破除障碍,不断释放地理信息数据的价值。

# 三十载筑梦经纬　新征程再绘蓝图

## ——中国地理信息产业协会成立30周年记

中国地理信息产业协会

## 历程篇：岁月铸辉煌

1994年4月25日，中国地理信息系统协会成立大会暨技术与经验交流会在北京召开。一声春雷响，人间万物苏。20世纪90年代初邓小平同志的南方谈话，开启了波澜壮阔的改革开放新篇章，迎来了以互联网普及为核心的信息时代，成就了无数中国人昂扬豪迈的激情年代。在改革开放的春天里，中国地理信息产业协会的前身——中国地理信息系统协会诞生了！

30年，于历史长河，不过弹指间；于中国地理信息产业协会，却是从蹒跚学步到稳步前行的难忘历程；于中国地理信息产业，更是从小荷初露到繁花似锦的沧桑巨变。

伴随着改革开放，中国地理信息产业在国家需求的牵引下，在体制改革的背景下，在产业政策的引导下，在科技创新的驱动下，从小到大，从弱到强，不断壮大，迅猛发展。

20世纪80年代，国家开展了1985国家重力基本网、国家二等水准网建设，1∶10万和1∶5万测图、第一次全国土地调查工作先后开展，我国第一套地理信息系统基础软件PURSIS、第一套基于矢量数据处理的地理信息系统基础软件MapCAD相继问世，南方测绘公司等民营企业应运而生，我国地理信息产业初现雏形。

20世纪90年代，我国首部《测绘法》公布施行；国家测绘局发布《测绘资格审查认证管理规定》，并与国家工商行政管理局联合印发《测绘市场管理暂行办法》，首次提出个体测绘业者的概念。基础测绘列入国民经济发展年度计划，全国1∶25万数据库通过国家验收，北斗一号系统开始立项建设，第一次农业普查等重大项目先后启动。法律和政策的保障、国家重大工程项目的实施，带来了对现代测绘装备、地理信息系统(GIS)等软硬件产品以及地理信息数据采集和处理等专业技术服务的大量需求：越来越多的国有和私营企业涌现，地理信息产业市场主体初步形成；国外测绘仪器公司大规模开发中国市场，地理信息系统软件

ArcInfo 引入,外企在中国市场销售地理信息软硬件产品的规模不断扩大;MapGIS、GeoStar 等自主地理信息系统纷纷涌现;南方测绘公司研制出第一台国产电子经纬仪、第一台全站仪、第一套测量型 GPS 接收机,测绘仪器国产化的征程由此开启。

正是在这个东方风来满眼春的 20 世纪 90 年代初,1993 年,时任国务委员兼国家科委主任的宋健院士倡议,由国家测绘局、建设部、林业部、农业部、交通部、电力工业部、地矿部、邮电部、煤炭部、水利部、中国气象局、地图管理局、中国科学院、北京市科委、上海市建委、天津市规划局、北京大学、武汉测绘科技大学等 18 家单位联合发起,成立中国地理信息系统协会筹委会。1994 年 4 月 25 日召开的中国地理信息系统协会成立大会暨技术与经验交流会上,诞生了协会第一届理事会,推选国务委员兼国家科委主任、中国科学院院士宋健为名誉会长,国家科委副主任李绪鄂为会长,国家测绘局局长金祥文为常务副会长,国家计委、国家经委副主任郭洪涛及中国科学院院士王之卓、陈述彭、杨芙清等为顾问,国家测绘局副局长杨凯为秘书长,徐冠华、周干峙、孙鸿烈、孙家栋、张文岳、迟惠生、杨凯等为副会长,王选、李德仁等为常务理事。

1996 年,在国家测绘局建局 40 周年之际,江泽民同志题词:“加强测绘工作,发展地理信息产业”;宋健同志题词:“建设国家基础地理信息系统,大力发展地理信息产业”。“地理信息产业”概念进一步确立并得到更大的关注。1997 年,党的十五大指出“非公有制经济是我国社会主义市场经济的重要组成部分”。随后,民营地理信息企业如雨后春笋般涌现,超图软件、合众思壮、中地数码、武大吉奥、广州城信所、灵图软件、中海达、北斗星通、四维图新等企业相继成立。至此,我国地理信息产业初具规模。

20 世纪 90 年代的中国地理信息系统协会在业务主管部门国家测绘局的领导下,第一届协会领导班子筚路蓝缕,以提高我国地理信息系统技术水平、应用水平、管理水平为己任,积极组织年会,发展会员,开展交流活动,推广地理信息系统技术;联合有关单位组织开展国产地理信息系统软件年度测评,对当时国内地理信息系统基础软件研究与产品开发状况进行摸底,创办会刊《地理信息世界》,促进地理信息系统技术交流、推广、应用和创新,为协会发展奠定了坚实的基础。

2000 年以后的 10 余年间,我国自主地理信息软硬件产品得到快速发展,国家出台了更多的产业发展政策。2000 年,科学技术部与信息产业部发布《关于进一步推动国产地理信息系统应用及其产业化的若干意见》。2006 年,国家“十一五”规划明确提出“发展地理信息产业”。2007 年,国务院发布《关于加强测绘工作的意见》。在国家政策的指引和保障下,地理信息产业相关技术在土地、交通、国防、电力、农业、林业、电信、旅游以及大众生活等领域得到广泛应用。

2000年,北斗一号系统建成并投入使用。2006年,国家基础地理信息系统1∶5万数据库建成,数字城市地理空间框架试点工作全面启动。2010年,国家启动高分辨率对地观测系统重大专项。截至2010年,我国风云系列、资源系列、海洋一号、北京一号、天绘一号等20余颗民用遥感卫星成功发射。10余年间,30多家地理信息企业上市,总数达50余家,资本的赋能助推地理信息产业进入两位数的快速增长期。

伴随着地理信息产业的快速发展,中国地理信息系统协会在陈军会长,王广华、李清泉、钟耳顺、何宁等副会长,李根洪、喻永昌、丛远东秘书长等为主要领导的第二、第三、第四届领导班子带领下,大胆创新,开拓进取,辛勤付出,团结广大会员,履行服务、维权、协调和自律职能,充分发挥了联结政府与市场、企业的桥梁纽带作用。这期间,协会陆续设立了技术和方法、标准化和质量控制、城市信息系统、基础信息系统、资源和环境系统、专业信息系统、培训和教育、政务地理信息系统等专业委员会,以及软件产业分会、市场工作委员会等10多个分支机构,有效地推动了相关技术的交流与应用、相关工作的开展与合作。协会的组织机构进一步发展,会员数量进一步增加。协会组织开展了地理信息系统优秀工程评选,设立了地理信息科学技术奖,推动了科技进步和工程应用。协会受科学技术部(以下简称科技部)委托组织国产地理信息系统软件测评,评选出推荐软件300余项,大大促进了国产地理信息系统软件的水平提升和广泛应用。协会积极搭建平台,参与国内国际交流,多次举办中国地理信息产业发展论坛、海峡两岸地理信息系统研讨会等重要会议。

"十二五"以来,中国地理信息产业发展势头迅猛,持续高速稳步增长,在经济社会发展和国防建设中的作用日益凸显,成为我国战略性新兴产业。2011年5月,国家测绘局更名为国家测绘地理信息局,标志着我国地理信息产业发展进入新阶段。为了更好地促进这个新兴产业的发展,更好地服务广大会员,协会顺应时代要求,抓住机遇,于2011年10月在首届中国地理信息产业大会上,正式更名为中国地理信息产业协会。

2014年1月,国务院办公厅印发《关于促进地理信息产业发展的意见》。这是国家在新形势下为促进我国地理信息产业发展作出的重大决策部署,是我国地理信息产业发展史上具有里程碑意义的纲领性文件,指明了地理信息产业发展道路。由此,协会定位更为清晰、职能更加扩展,在宋超智、吴兆琪会长,周成虎、宋关福、刘永、刘奕夫、徐文中等副会长,丛远东、胥燕婴常务副会长兼秘书长等第五届协会领导的带领下,协会团结广大会员,积极发挥作用,加强产业研究,努力做好"建设、服务、研究"工作,在为政府提供咨询、服务企业发展、优化资源配置、加强行业自律、创新社会治理、履行社会责任等方面发挥了积极作用。中国地理信息产业大会成为业界最大交流平台;百强企业、最具活力中小企业榜单形成示范效应;开展产业研究,编撰出版《中国地理信息产业白皮书》,发布中国地理信息产业报告,摸清产业家底;主导筹建了我国第一支支持地理信息企业发展的基金——中地信地理信息股权投资基金;加强与各省级协会联系,形成工作合力。

2015 年,中共中央办公厅、国务院办公厅印发《行业协会商会与行政机关脱钩总体方案》。党和国家充分肯定了改革开放以来行业协会商会发挥的积极作用,但为了解决一些行业协会商会存在的问题,促进行业协会商会成为依法设立、自主办会、服务为本、治理规范、行为自律的社会组织,充分发挥行业协会商会在经济发展新常态中的独特优势和应有作用,决定实现行业协会商会与行政机关脱钩。

与此同时,随着地理信息产业与互联网技术的融合以及各类应用范围的不断扩展,产业发展的重点进一步延伸至产业链下游服务与应用,以互联网公司为代表的各领域企业在地理信息产业链的中下游持续发力。产业链上游数据获取、中游数据处理、下游应用服务,以及贯穿整个产业链的软硬件制造和开发,都取得了长足的进步和发展。产业的飞速发展对协会工作提出了新要求。

2016 年 9 月 9 日,协会召开第六届会员代表大会,选举出新一届协会理事会。2017 年 2 月,中国地理信息产业协会与国家测绘地理信息局脱钩改革全部完成。自此,中国地理信息产业协会翻开发展史上的新篇章,迈向政社分开、权责明确、依法自治的现代社会组织新征程。2017 年,新修订的《测绘法》明确“国家鼓励发展地理信息产业,推动地理信息产业结构调整和优化升级”。2019 年,自然资源部在全国自然资源工作会议上强调“促进地理信息产业高质量发展”。从国家测绘局到自然资源部,地理信息产业在行业主管部门的高度重视、直接指导和大力促进下得到健康稳步发展。

脱钩改革后,以孙玉国会长,胥燕婴常务副会长及王宝民、陆洁中、王继业等副会长,王增宁秘书长为领导班子的中国地理信息产业协会积极贯彻中央精神,致力搭建各种工作平台,不断拓展服务领域,努力提高服务水平,在服务国家、服务社会、服务群众、服务行业中充分发挥作用。2016 年 9 月,中国地理信息产业协会党支部成立。协会充分发挥党建引领作用,积极推进党建工作和业务工作深度融合;连年成功举办中国地理信息产业大会,规格规模和影响力再创新高;不断强化奖励创新导向,充分发挥标杆引领作用,将地理信息科技进步奖和地理信息产业优秀工程建设成为业内外广泛认可的重要品牌;围绕政府主管部门关注、影响产业发展和涉及企业利益的重大问题深入调研,协助完成政府部门的行业管理、法规文件修订、舆情监测等工作;致力培育建设团体标准;服务中国民用航空局,积极推进民用无人机驾驶员云执照改革;主动承担社会责任,积极投身脱贫攻坚工作，助力内蒙古莫旗脱贫和振兴发展。

“雄关漫道真如铁，而今迈步从头越。”2020 年，中央作出中国经济已进入高质量发展阶段的重大判断。我国地理信息产业也从高速发展向高质量发展转变，产业结构持续优化，创新能力不断提升。地理信息成为国家基础性、战略性信息资源，地理信息技术与移动互联网、云计算、大数据、人工智能等新技术不断融合创新，地理信息产业成为数字经济的重要组成部分和核心产业之一，在经济建设、社会发展、数字政府、国防建设、生态治理、人民生活等各个领域发挥重要作用。2021 年 10 月 13 日，中国地理信息产业协会在武汉召开第七次会员代表大会、七届理事会一次会议，选举出以李维森为会长，王增宁、冯先光、蔡阳、廖小罕等为副会长，王增宁为秘书长的新一届协会领导班子。在中央社会工作部、自然资源部和民政部的指导下，在科技创新政策的支持下，在高新技术的驱动下，协会认真贯彻落实自然资源部关于促进地理信息产业高质量发展的指示精神，以“服务企业、壮大产业”为首要任务，切实加强党建工作，充分发挥党组织的政治核心作用；积极服务政府，助力营造产业良好发展环境；全力服务产业，不断加强协会品牌建设；不断提升服务能力，努力拓展服务领域；加强与相关社会组织交流合作，共同推动产业高质量发展；分支机构活动丰富多彩，制度能力建设持续提升，正在引导、推动地理信息产业在高质量发展的道路上阔步向前！

# 干事篇：耕耘结硕果

30 年来，协会充分利用扎根产业、贴近企业、凝聚合力的独特优势，积极服务国家、服务社会、服务群众、服务行业，充分发挥桥梁纽带作用，营造产业发展良好环境，努力激发地理信息科技创新活力，奋力引领产业健康持续发展，搭建多种交流平台，促进国内外合作共赢，不断强化协会自身建设，取得了一系列发展成果。

## 一、发挥桥梁纽带作用

### （一）推动政策落地见效的重要环节

地理信息事关国家安全、经济社会发展、生态文明建设和人民美好生活。党中央、国务院高度重视地理信息产业，出台了一系列推动地理信息产业发展的政策。从国家测绘局到国家测绘地理信息局，从国土资源部到自然资源部，地理信息产业的行业主管部门一直高度重视指导、引领和促进地理信息产业的发展，在保障地理信息安全的前提下,不断加强产业政策供给。

政策的生命力在于贯彻、落实和执行。协会自成立以来,充分发挥渠道载体作用和组织协调优势,主动履行职责,把好的政策真正转变为促进产业发展的推动力。每一项关乎地理信息产业发展的政策出台后,协会都会及时组织会员、分支机构、省级协会学习,面向业内外广泛宣传,带领和引导各单位精准把握、用足用好政策。

2014 年,国务院办公厅《关于促进地理信息产业发展的意见》发布后,协会马上组织相关部门领导、专家、企业代表召开座谈会认真学习,随后持续大力宣传该意见精神。

2018 年,习近平总书记主持召开民营企业座谈会并发表重要讲话,高度肯定非公有制经济的重要贡献,并提出要不断为民营经济营造更好发展环境,帮助民营经济解决发展中的困难。会后,协会立即组织民营企业家代表召开学习座谈会。

2019 年,自然资源部新组建后首次召开地理信息企业家座谈会,听取了中国地理信息产业协会和地理信息企业家代表的意见和建议。会后,协会马上召开会长工作(扩大)会,贯彻座谈会精神。

2023 年,自然资源部《关于加快测绘地理信息事业转型升级 更好支撑高质量发展的意见》一出台,协会立即组织会员、工作委员会负责人和省级协会负责人研讨学习、贯彻落实,并公开发布学习贯彻该意见的通知,指导和推动产业发展、协会发展的各方面工作。

30 年来,协会还积极参与《测绘法》等与产业相关的法律法规和政策精神的宣传活动。

### (二)协助政府科学决策的参谋助手

随着政府机构改革的不断深入和政府职能的转变,行业协会发挥的作用越来越大。特别是脱钩改革以来,行业协会从以往的依附于政府逐渐转变为服务于政府,在承接政府职能转移、协助政府科学决策、发挥行业智库作用等方面发挥越来越重要的作用。

30 年来,协会开展了数十项专题调研,并将调研报告提交国务院及自然资源部、农业农村部、民政部等部门,为政府部门特别是行业主管部门了解产业情况提供支撑,为政府研究制定政策提供咨询和建议。2018—2022 年,仅针对测绘资质管理办法、注册测绘师制度改革、众源测绘等行业管理工作的调研,就组织、参加数十场座谈会,开展多次问卷调查,对数千封公众反馈的电子邮件进行整理、统计和分析,撰写多份调研报告,为主管部门优化完善行业管理政策提供了有力支撑。2019 年，针对测绘地理信息类软硬件自主化相关情况开展调研，调研报告成为国家有关部门的重要参考。

30 年来，协会为政府部门上百个政策法规、发展规划、标准规范等提出意见建议，广泛征求企业、专家的意见建议，开展了多次政策影响和效果评估的舆情监测工作。2021—2022 年，在注册测绘师制度改革、测绘资质管理办法修订、智能网联汽车和地理信息安全等相关政策出台后，多次开展舆情监测工作，提交了数十期分析报告。协会这些工作为科学立法、民主立法、宣传政策法规、优化营商环境、反映行业声音作出了积极贡献。

### （三）辅助政府开展工作的得力帮手

协会在承担政府部门委托事项方面，圆满完成了软件测评、项目评估、专题培训、行业信用体系建设、会议组织等大量工作，成为政府部门开展工作的得力帮手。

1996 年，协会承接了由科技部发起、国家遥感中心牵头的国产地理信息系统软件测评的组织实施工作，通过开展测评择优向社会推广，对国产地理信息系统基础软件的发展起到了关键的推动作用。2013 年，受国务院第一次全国地理国情普查领导小组办公室委托，协会承担项目评估部分工作，为全面掌握地理国情普查情况，为普查项目的验收、绩效评价等提供参考依据。2014 年，受国家测绘地理信息局党组委托，经国家工商行政管理总局批准，协会牵头发起成立中地信地理信息股权投资基金，为有融资需求的地理信息企业提供必要支持。2019 年，在第三次全国国土调查工作进入攻坚决战阶段时，行业内对此项工作多次更改工作标准、部分地区拖欠企业账款等问题有较大情绪，协会及时组织全体常务理事向业界发出《关于高质量完成第三次全国国土调查工作的倡议书》，团结各方共同高质量做好该项工作。2022 年、2023 年，受自然资源部、商务部委托，连续两年推荐和组织会员企业参加中国国际服务贸易交易会成就展。

30 年来，协会向有关部门提交的工作报告和材料达数百篇，组织或邀请企事业单位、专家参加的专题会议近百次。这些工作既得到了政府部门的肯定，又受到了会员单位特别是企业的欢迎与支持，得到业界的一致好评。

### （四）反映行业合理诉求的贴心平台

为及时了解产业和企业发展状况及存在问题、诉求建议，及时向相关部门反映产业和企业的困难和问题，协会每年都通过实地考察、召开座谈会、发放调查问卷、邮件和电话征集等多种方式开展大量调研，并促进问题研究，推动困难解决，营造良好发展环境，维护会员和行业的合法权益。

2014年启动的全国农村土地承包经营权确权登记颁证项目，全国大量地理信息企事业单位参与。2015年，协会在深入多地走访调研后，向农业部、财政部、审计署、国家测绘地理信息局等部门报告了此项工作中存在的政府资金不到位、项目单位低价恶性竞争、测绘成果质量难以保证等问题，引起国务院和相关部门领导高度重视，多次作出批示。在协会继续配合有关主管部门深入调研后，2016年4月，农业部、财政部、国土资源部、国家测绘地理信息局联合发出《关于进一步做好农村土地承包经营权确权登记颁证有关工作的通知》，对规范采购行为、规范资金使用、确保工作质量等作出规定，给农村土地承包经营权确权登记工作健康开展起到了良好的促进作用，受到业内外的好评。2019年，协会开展拖欠账款问题专项调研后，向农业农村部上报了《关于农村土地承包经营权确权登记颁证工作中存在问题的情况反映》，向国务院“互联网＋督查”平台反映该情况，通过经济日报《经济内参》反映给相关部委领导，对促进解决欠款问题发挥了重要作用。

2020年新冠疫情暴发以来，协会把疫情防控和推进复工复产作为重点工作，积极应对，主动作为。协会积极反映企业在新冠疫情中的困难和建议诉求，争取支持，协调资源，纾困解难。2020年，协会先后3次主动向600余家地理信息企事业单位和各地方协会调研，形成2份报告报送自然资源部等部门。调研报告引起自然资源部领导高度重视，专门听取汇报，并进行专题研究。有关司室专门向协会发函，回应企业诉求。协会及时将部领导指示和部回函精神向各省级协会、各会员单位传达。2021—2022年，协会持续走访各地企业，开展问卷调查，分地区召开了4场座谈会，听取20多个省份的200余家企业代表反馈问题诉求和意见建议，并将调研报告上报自然资源部、中央和国家机关工委、民政部等部门。

协会在近几年的调研中了解到，拖欠账款问题已严重影响部分企业的生存发展，有些企业甚至因此难以为继。2022年，协会在大量调研的基础上，向自然资源部提交了《关于地理信息企业发展中面临拖欠款问题的情况反映》报告。为贯彻落实党中央、国务院决策部署，大力推动清欠工作，稳定企业发展信心，保市场主体、稳经济增长，自然资源部2022年、2023年先后发出做好清理拖欠测绘地理信息企业账款有关工作及持续开展清欠工作的通知，采取有力措施解决，并委托协会定期监测和统计，协助自然资源系统常态化做好清欠工作。2023年，协会又向农业农村、住建、交通、水利、应急管理、民政、国资委等系统的相关部门发函，反映这些领域拖欠地理信息企业账款情况，督请有关部门采取有力措施推进清欠工作，随后很快得到回复和积极反馈。在政府部门的高度重视和协会的持续努力下，清欠工作取得一定成效。协会这项工作也得到广大企业的高度肯定。

# 二、激发科技创新活力

## (一)科技奖励工作推动科技创新

30 年来,协会持续推动地理信息科技创新,充分发挥优秀科技成果标杆引领作用。

2003 年,经国家测绘局批准,协会设立了地理信息系统优秀工程(后更名为地理信息产业优秀工程)奖。2009 年,经科技部、国家科学技术奖励工作办公室批准,协会设立地理信息科学技术奖,下设地理信息科技进步奖。地理信息产业优秀工程后被纳入了《全国评比达标表彰保留项目目录》,也成为地理信息科学技术奖的专项奖。两个奖项自设立以来,从最初每年几十个项目报名到如今每年逾千个项目参加,从最初主要涉及测绘和地理信息系统领域到如今涵盖几十个相关领域,从最初的数十名专家评审到如今的数百名专家参与,参评项目创新性和科技含量持续提升。地理信息科学技术奖已成为业内影响力最大的奖项之一,产生的一大批优秀成果有力推动了地理信息科技创新、技术融合发展和应用领域拓展。

科技部原部长徐冠华院士一直担任地理信息科学技术奖励委员会主任委员,多年来对奖励工作倾心指导、严格要求,并高度评价协会的地理信息科技奖励工作。李德仁等众多院士专家积极参与评审委员会工作,多年来始终秉持科学、严谨、认真的原则。为激励青年科技人才,在徐冠华院士等专家的倡议下,地理信息科技进步奖 2021 年首次设置了青年组。

目前,协会是具有提名国家科技奖、推荐国家科技奖专家库专家、推荐中国专利奖的少数行业协会之一。截至 2023 年,协会提名的科技成果成功获得国家科技进步奖一等奖 1 项、二等奖 2 项,推荐的专利多次获得中国专利奖。

## (二)团体标准化建设引领技术进步

协会高度重视团体标准填补标准空白、满足市场需求、引导产业发展、激发创新活力的作用。2017 年,协会成立团体标准管理委员会,刘先林院士任主任委员。多年来,协会积极组织新技术、新产品、新型服务等标准建设,鼓励制定原创性、高质量的团体标准。迄今为止,已正式发布实施 12 项 CAGIS(中国地理信息产业协会的英文缩写,也是其团体标准编号中的团体代号)团体标准,其中 2 项已由自然资源部批准转为行业标准发布实施。此外,还有数十项团体标准已通过立项正在编制。协会还支持各工作委员会、会员单位和业内专家积极参与地理信息领域各类标准化工作,推动和参与了多项国际标准、国家标准、行业标准的编制。

多年来,通过对地理信息标准的推广应用,协会标准化工作在科技创新及成果转化等方面发挥了积极作用。

## (三)多种软件测评鼓励自主创新

1996 年,科技部启动国产地理信息系统软件测评工作,由国家遥感中心牵头,协会具体组织实施。这项工作一直开展到 2009 年,为国产地理信息系统软件的迅速发展打下坚实基础。2010 年以来,协会开展了数字城市地理信息平台、三维地理信息平台等大量软件测评工作。自 2022 年起,协会联合相关机构正式开展 CMA(中国检验检测机构资质认定标志对应的字母缩写)类软件测评、CNAS(中国合格评定国家认可委员会)类软件测评和一般性软件测评。自 2023 年起,协会成功开展了实景三维相关软件的专项测评。

多年来,协会软件测评的范围不断扩大,测评的方案和标准不断优化完善,为相关行业或重大工程提供了成熟、优秀的各类软件产品,推动了地理信息软件的自主创新发展。

## (四)丰富多样的培训推广创新成果

多年来,协会通过举办行业培训,提高从业人员的专业技能和知识水平,推广创新产品技术与应用,解读最新政策与科研成果,以适应产业快速发展的需求。这些培训为学员提高政策水平、扩展知识面、提升专业技能和管理水平等发挥了重要作用,受到广泛欢迎和好评。

协会受政府部门委托举办了数字城市地理空间框架建设技术、测绘资质单位负责人、智慧城市时空大数据与云平台、第三次全国国土调查技术等培训班,联合其他单位、指导工作委员会举办了地理信息软件、空间大数据、实景三维、无人机、团体标准等培训班、研修班。2020 年,为满足地理信息工作者疫情期间居家学习的需求,协会开展“地信产业大讲堂”线上培训活动,5 年来提供了大量优质报告和培训课程,累计收看人数超过 20 万人。

## (五)人才发展平台促进培养就业

人才是科技创新的核心支撑,是新质生产力的核心要素,是产业创新体系建设的重要组成部分。多年来,协会高度重视地理信息人才建设工作,通过搭建各类平台,助力人才培养,提升人才素质,促进人才就业。

以协会教育工作委员会为代表的多个工作委员会,多年来积极开展各种活动助力地理信息人才培养。教育工作委员会每年主办的“全国大学生 GIS 应用技能大赛”“全国高校青年教师 GIS 教学研修班”均已成功组织 12 届，每届有近 200 所高校、1 000 多名师生参加；每两年举办一届的“全国高校 GIS 青年教师讲课竞赛”已成功组织 7 届。各工作委员会还通过暑期培训学校、研究生培养研讨会、实习基地、教育论坛、论文竞赛等各种方式，为地理信息产业的人才建设添砖加瓦。协会还大力支持和指导会员企业开展各类促成人才培养和成长的活动，如“高德杯中国位置应用大赛”“四维图新杯地图技能及创新大赛”“SuperMap 杯高校 GIS 大赛”“易智瑞杯中国大学生 GIS 开发竞赛”等。协会成立的就业指导中心、就业指导工作委员会，组织了多期企业招聘会、就业洽谈会，百余所高校、数万人次学生参加招聘会，为用人单位和求职者搭建了就业服务平台。

2020 年以来，协会作为中国民用航空局认定的民用无人机驾驶员管理服务提供方，持续开展民用无人机云执照考培工作，为产业培养无人机人才。截至 2024 年 8 月，协会已发展培训机构 160 家、考点 14 个，每年培训学员 1 万余人。

## 三、引领产业持续发展

### （一）加强研究把好发展方向

多年来，协会高度重视产业研究和社会组织政策研究工作，通过研究成果为产业和协会发展把好方向。自 2008 年起，协会每年都通过产业大会发布总产值等重要产业数据和最新发展状况，发布的年度产业发展报告已成为产业大会上最受关注的报告之一。自 2015 年起，协会每年编撰出版一本年度产业发展报告，2022 年起将此系列书定名为“地理信息产业蓝皮书”。蓝皮书既包括产业全局性和细分领域的发展研究报告，又包含前沿技术、重大项目、热点应用等，已成为各界了解、投资、建设地理信息产业的重要工具。

为进一步加强产业调查研究，协会不断扩大专职研究人员队伍，从会员单位中聘请十余名兼职研究员。2022 年，协会成立以科技部原部长徐冠华院士为主任委员的地理信息产业发展战略专家委员会，作为研究我国地理信息产业高质量发展方向的高端智库。协会始终及时学习、宣传、贯彻党中央、国务院和自然资源部等部委的政策意见，积极引导产业各界牢牢把握发展方向和新的机遇，引领产业持续健康发展。

### （二）开展运行监测研判形势

为了让产业研究工作以及行业主管部门在制定政策、开展工作中有最及时的数据作为决策依据,协会产业运行监测工作不断加强。2017 年,受国家测绘地理信息局委托,协会组织开展首次地理信息产业专项统计调查工作,首次组织非测绘资质企业填报数据,在汇总测绘资质单位等其他各类单位的数据后进行统计分析,在摸清产业发展底数、掌握产业发展规模和增长速度方面增强了量化分析。

自 2018 年起,协会组织企业按季度填报经济运行数据,定期统计分析,及时上报行业主管部门,协助掌握产业状况与发展态势。2020 年,协会自主建设产业运行监测数据填报系统,不断扩大样本企业数量,优化工作方案,促进产业研究在定量分析上不断取得突破。同时,协会还协助自然资源部开展产业经济运行监测工作,参与编写产业运行监测报告。2023 年,为深入研究和充分反映地理信息产业对经济社会发展的促进作用,协会协助自然资源部开展了地理位置服务专项监测工作。

### (三)树立企业转型升级标杆

自 2014 年起,为鼓励先进、树立标杆,协会组织开展地理信息产业百强企业排名。自 2015 年起,开展最具活力中小企业、最具成长性企业排名。多年来,参与排名的企业数逐年上升。百强企业榜单入选门槛持续提高,2024 百强企业入选门槛是 2014 百强企业入选门槛的 3.8 倍,营收总额是 2014 百强企业入选门槛的 6 倍,彰显了产业发展成就,提振了产业发展信心。上榜的最具活力中小企业营收、利润总额等指标持续增长,显示强大的发展活力和潜力。上榜的最具成长性企业近三年营收复合增长率均在两位数以上,展现了产业快速发展的良好势头。

### (四)维护公平竞争市场秩序

多年来,协会坚持倡导行业自律,多次协调化解业内外各种矛盾,维护公平有序的市场环境。2017 年,协会成立自律委员会并制定自律公约及工作规则,进一步增强企业自我管理、自我约束、自我监督的自律意识,推动地理信息产业诚信建设,促进地理信息单位有序竞争,引领地理信息产业持续健康发展。多年来,协会有效协调和处理了多起企业在招投标和商务合作中、在专利或技术成果遭到侵犯时发生的摩擦纠纷,维护了会员的合法权益,获得广泛好评。

## 四、搭建交流合作平台

### (一)建成业内最大平台

协会成立以后,每年召开一次的年会自 2008 年起提升为中国地理信息产业论坛。2011 年,论坛又提升更名为中国地理信息产业大会,此后每年举办一次。即使在新冠疫情三年中,产业大会也顺利成功召开。大会规格规模屡创新高,内容形式不断创新。近年来,每年参会人数多达近 5 000 人,专题论坛多达 20 余个,大会报告多达 200 余个,现场参观展览达 1.5 万余人次,在线收看大会直播近 10 万人次。

大会先后在北京、广州、潍坊、成都、长沙、贵阳、海口、珠海、南宁、武汉、合肥、湖州、昆明等城市召开,为促进当地地理信息产业发展作出了积极贡献。如今,大会已成为地理信息产业产学研用等各界研讨政策和科技及产业热点、展示创新成果、开展交流合作的最大平台,成为增加产业凝聚力、扩大产业影响力的重要载体,也成为协会服务产业、服务社会的最亮名片。

## (二)开展众多品牌活动

除产业大会外,协会还组织了其他大量活动。通过独立主办,与其他单位联合主办,指导工作委员会、会员单位主办等方式,很多活动已成为业内品牌活动。例如,协会牵头主办的地理信息软件技术大会、地理信息技术创新大会已成功举办多届,成为地理信息软件领域广受关注的品牌活动。

举办专题论坛、研讨会、成果推广会、专题峰会、技术竞赛、就业招聘会、装备展览等会议活动,是各工作委员会工作中最主要的也是开展得最多的内容。不少工作委员会多年来通过一届又一届负责人的努力坚持、成员单位的共同用心付出,已打造出多项品牌活动,在业内具有很高的知名度、参与度和影响力,全面促进了产学研用交流合作、学术研讨、人才培养、学科建设、成果应用和推广。例如,地理信息科学理论与方法工作委员会主办的“中国地理信息科学理论与方法学术年会”已成功召开 18 届,每届参会人员超过千人,成为国内该领域规模最大的学术研讨会。教育工作委员会持续多年举办“全国地理信息科学博士生学术论坛”“全国大学生 GIS 应用技能大赛”“全国高校青年教师 GIS 教学研修班”“全国高校 GIS 青年教师讲课竞赛”、各类人才培养论坛等,其中“全国地理信息科学博士生学术论坛”已成功举办 10 届。

## (三)加强国内交流合作

多年来,为促进地理信息产业与相关领域跨界融合、深化合作,协助会员企业开拓国内外市场,协会与中国测绘学会、中国卫星导航定位协会、中国遥感应用协会、中国矿业联合会、中国产业海外发展协会等全国性社会组织开展互访,不断加强交流合作。例如,2018 年与中国产业海外发展协会合作,组织地理信息企业在“第十届中国对外投资洽谈会”上做报告,受到世界各国与会者的热切关注。2023年协会联合中国旅行社协会、中国林业与环境促进会、中国气象服务协会、中国风景园林学会,成功举办“2023跨界融合创新应用合作发展大会”。

多年来,协会高度重视与全国各省级协会的交流合作,目前已经建成良好机制,形成强大工作合力。每年召开两次工作研讨会,将中国地理信息产业协会和各省级协会的工作经验和工作成果汇编成册,促进学习互鉴。协会积极促成了相关省级协会的成立,对各省级协会的工作主动给予指导和支持,为各省级协会的发展持续献策献力。省级协会也在协会各项工作中发挥了重要作用。2024年,协会发布《关于加强全国地理信息产业协会协作联动健全机制履职尽责健康发展的意见》,进一步建立健全协作联动、协调配合、创新发展的长效机制。

多年来,协会积极开展与港澳台地区的交流合作。由协会和香港地理信息系统学会、澳门特别行政区政府地图绘制暨地籍局、台湾地理资讯学会共同发起的“海峡两岸暨香港、澳门GIS发展研讨会”(原名为“海峡两岸GIS发展研讨会”),自2000年起每两年举办一届,由4家发起单位轮流牵头主办,至今已成功举办了11届。每届研讨会,协会都积极组织内地企事业单位、大学、科研机构参会交流。第十一届研讨会由协会牵头,于2024年8月在云南昆明成功举办。

## (四)推动国际交流合作

我国地理信息产业经过多年的快速发展,已经成为国际地理信息产业的一支重要力量。30年来,协会通过“走出去”“请进来”等多种方式,帮助会员单位开展对外交流合作及国际市场开拓。先后组织代表团赴多个国家考察访问、学习交流、洽谈合作。协会2008年赴瑞典参加第一届国际GIS行业联合体大会,并与瑞典地理信息系统协会正式签署合作协议,双方于2013年在北京签署长期战略合作协议。2012年,协会组团赴澳大利亚参加国际摄影测量与遥感大会。2015年,协会与东盟土地测量与地理信息联合会签署合作谅解备忘录。2017年,协会组团赴德国参加INTERGEO博览会,并与主办方德国测绘、地理信息和土地管理协会(DVW)举行会谈。2019年,协会与蒙古国地理信息协会联合举办首届中蒙地理信息产业发展论坛,双方签署了合作备忘录,迄今为止已成功举办4届论坛。协会还通过在国际展会上发放协会及会员企业英文宣传册、开通英文社交媒体账号等方式加强国际化宣传,大力支持各工作委员会和会员单位参与各项国际工作。

为进一步促进地理信息产业国际化发展,2022年,协会成立国际交流与合作工作委员会,此后该工作委员会开展了国际培训、组织参加国际会展等大量活动。2023年,协会在地理信息产业发展战略专家委员会下专门设立国际化发展专家组和国际化发展工作组。

## 五、强化协会自身建设

### (一)强化支部组织建设

2016年9月,协会党支部经批准成立,王增宁任支部书记。2024年3月,协会党支部最近一次换届后,李维森任支部书记;4月,协会党支部委员会成立。目前,协会党支部已有党员8人,占协会工作人员一半。此外还有3名入党积极分子。目前,协会22位负责人中有党员18人。会长、驻会副会长兼秘书长、驻会副秘书长及秘书长助理都是党员,实现了双向进入、交叉任职。

多年来,协会党支部带领党员认真学习党的方针政策,坚持带领秘书处同志、会员单位、分支机构和省级协会同志共同学习,着力提高理论水平,提升政治能力,始终加强纪律建设,落实中央八项规定精神,加强党员日常教育管理监督。在"不忘初心、牢记使命"主题教育、党史学习教育以及学习贯彻习近平新时代中国特色社会主义思想主题教育中,协会党支部得到上级党组织的高度评价。

多年来,党支部通过组织主题党日、专题组织生活会、书记讲党课、参观主题展览、瞻仰革命遗址等多种形式的活动,与省级协会及企事业单位党组织联合开展活动,接受革命传统教育,团结凝聚群众,增强了全体党员以及秘书处全体工作人员的政治意识,发挥了党建引领作用。

### (二)优化法人治理结构

多年来,协会着力完善法人治理结构,以促进协会治理现代化。协会坚持依法自治,依法办会,按章程办会,坚持会员代表大会、理事会、监事会制度。协会自脱钩以来,按照建立现代社会组织的要求,着力建立和完善产权清晰、权责明确、运转协调、制衡有效的法人治理结构。建立、完善了各项规章制度。不断创新工作机制和模式,充分发挥副会长、常务理事、理事和监事会作用,落实民主决策、民主管理,健全内部管理和监督制度。

2016年9月,协会第六次全国会员代表大会选举产生第一届监事会,选举王权为监事长。2018年1月,经六届常务理事会四次会议审议通过,同意王权辞去监事会监事长,增补廖小罕为监事会监事长。2021年10月,协会第七次全国会员代表大会选举产生第二届监事会,选举刘小波为监事长。

多年来,协会监事会积极开展工作,对协会财务、重大事项决策、重要人员任免、重大项目投资决策、大额资金使用等事项和理事会、秘书处组成人员等进行监督,维护了协会和全体会员的合法权益,为促进协会健康稳定发展发挥了应有的作用。

## (三)加强秘书处队伍建设

秘书处是协会运行与发展的中枢。30年间,协会不断整合优化秘书处内部机构设置和人员配备,构建分工明确、权责清晰的科学管理体制和激励机制,保证秘书处工作规范化、制度化、程序化。目前,协会秘书处设有综合事务部(无人机工作办公室)、会员工作部、产业发展部和科技发展部4个部门。

30年来,协会重视提高工作人员的素质和能力,多次组织秘书处工作人员专题培训,使全体同志全方位了解党和国家对协会工作的相关政策精神,以及各自业务领域的知识和要求,取得良好效果,力求以高质量的服务推动协会高质量发展。

## (四)规范分支机构管理

分支机构是协会在某一领域或某一方面开展专门工作的组织机构,拓宽了协会服务领域,提升了协会服务能力,是协会组织架构中重要的组成部分。协会分支机构最早成立于2002年,先后成立了多个专业委员会、分会、工作委员会。为规范管理,后统一以工作委员会命名。目前协会共有41个工作委员会,包括17个地理信息技术类工作委员会、17个重点应用领域类工作委员会和7个产业基础与服务类工作委员会。2022年以来,为进一步推动地理信息产业产学研紧密合作,协会设立了14个各领域产学研融合创新技术委员会。各分支机构在主任委员、副主任委员和秘书长的带领下,充分发挥成员单位在本领域的优势,开展了形式多样、内容丰富的活动,为各细分领域搭建了高质量交流合作平台,在各领域的平台作用日益凸显。

多年来,协会始终严格按照中央和民政部等相关政策要求,规范管理分支机构的设立和各项工作的开展。为进一步加强分支机构管理,激发各分支机构的工作活力,更好地发挥分支机构作用,协会先后制定了工作委员会管理办法、考核办法和管理规定。为表彰先进、树立典型,进一步激励协会工作委员会不断提高工作水平,协会自2019年起开展年度优秀工作委员会评选,表彰多个优秀工作委员会,起到了很好的激励作用。

## (五)加大宣传工作力度

多年来,协会不断加强自身网站、微信公众号、视频号等宣传平台的建设。协会网站作为发布信息、展示形象、开展宣传等的重要且权威的渠道,不仅是协会的宣传名片，同时也是企业和产业的展示平台。目前，协会微信公众号、视频号等新媒体已成为重要宣传平台，关注人数快速增长，在行业内的知名度和影响力不断提升。2022 年，协会建成覆盖会员单位、分支机构和省级协会的通讯员网络，更加高效和全面展示了地理信息各单位、各领域、各地方的发展成果。

多年来，协会与各大媒体密切联系与合作，为产业创造宣传渠道和展示窗口。中国地理信息产业大会得到新华社、人民日报、中国自然资源报等众多中央媒体和行业媒体的专题报道，《新闻联播》等节目多次播出大会新闻，详细报道产业发展状况。

创刊于 1994 年的《地理信息世界》原为协会会刊，是历经近 30 年发展的中国科技核心期刊。2023 年 4 月，经自然资源部、国家新闻出版署批准，《地理信息世界》更名为《时空信息学报》，由自然资源部主管，协会和国家基础地理信息中心及黑龙江测绘地理信息局共同主办。《时空信息学报》刊载了时空信息领域最新研究成果，为探索时空信息发展方向和地理信息产业发展趋势，搭建了高水平学术技术交流平台。

# 成效篇：砥砺创佳绩

## 一、党建引领明方向

协会的党建工作引导着产业发展并确保协会发展的正确方向。坚持党的领导，扎实开展党建工作，保证了协会的各项工作严格贯彻执行党和国家关于地理信息产业和社会组织发展的方针政策，保证了地理信息产业、企业以及协会的健康发展；引导、监督协会遵守国家法律法规，保证了协会正确的政治方向，保证了协会负责人依法依章行使职权，保证了全体党员发挥先锋模范作用。

协会坚持党建工作紧密结合业务工作，通过党建工作引领和推动业务工作，并用业务工作来检验党建工作成效。协会高度重视并长期开展的产业调研工作，就是党建工作与业务工作同向聚合、深度融合的集中体现。调查研究是做好协会工作的基本功。协会多年来一直重视调查研究，特别是开展学习贯彻习近平新时代中国特色社会主义思想主题教育后，协会组织学习了《习近平关于调查研究论述摘编》一书，全面把握调查研究的基本要求，跟着总书记学调研。多年来，协会通过开展调研产出一系列的研究成果。其中，《中国地理信息产业发展报告》和同名蓝皮书，以及向各部门提交的反映产业和企业状况的几十份调研报告，就是最大的研究成果。所有这些，皆是党建、业务工作双融双促取得的成果,既为相关部门和业内外提供了决策参考、数据支撑,也为协会开展工作提供了基本依据。

## 二、四个服务履职责

服务国家、服务社会、服务群众、服务行业是中国特色社会组织的基本功能定位和职责使命,也是中国地理信息产业协会健康发展的出发点和落脚点。

服务国家。协会认真贯彻落实中央社会工作部、民政部、自然资源部有关指示精神,找准协会工作的结合点、着力点,积极当好参谋助手,为制定相关产业规划、政策法规等提供意见、建议和依据,做好政府部门委托的各项工作。积极反映情况,提出建议,协助政府部门营造产业发展的良好环境。加强与地理信息各应用领域的交流合作,促进地理信息技术创新应用,发挥对其他行业数字化转型升级的带动作用,更好地满足经济社会发展需要。

服务社会。协会主动引导、积极组织会员在公共服务、公益事业等方面提供服务、发挥作用,鼓励会员积极履行社会责任。协会 2018—2019 年积极参与内蒙古莫力达瓦达斡尔族自治旗的脱贫攻坚工作,2020 年组织向新疆麦盖提县义务植树活动捐款,2021 年发出鼓励地理信息企业在江西赣州市投资兴业支持革命老区振兴发展的倡议。这些都得到了会员单位的积极响应,得到了当地政府的高度评价。协会还组织产业各界面向公众开展科普宣传教育活动,普及地理信息科技知识,提高公众对地理信息产业的认知度和参与度。

服务群众。协会组织协调各方资源,指导和支持企业开展各类活动,鼓励创新,树立典型,培育龙头企业,扶持中小企业,促进产业转型升级;通过广泛调研,反映企业经营发展中的困难和建议诉求,持续推动拖欠账款清理工作,搭建投融资信息平台;建立健全行业自律和信用体系,协调解决企业间的矛盾。新冠疫情期间,开展专项调研及时反映企业诉求,解决遇到的实际困难,对湖北会员单位免除 2020 年会费等,与企业共渡难关。协会充分利用网站、公众号等平台,充分展示会员单位、地理信息企业和企业家的风采风貌。

服务行业。协会通过提名国家科技进步奖、推荐中国专利奖、开展地理信息科技奖和地理信息产业优秀工程评选等,促进地理信息自主创新发展和产业转型升级;通过发布年度产业发展报告、编撰产业发展报告蓝皮书、调研产业重大问题等工作,服务产业持续健康发展;通过召开产业大会等各类活动、与其他全国性社会组织及各领域知名企业交流合作等措施,推广地理信息数据及技术广泛应用,促进产业赋能千行百业。协会还大力促成并指导省级协会成立和开展工作,努力促进全国地理信息产业高质量发展。

## 三、提升能力显成效

### (一)协会的凝聚力不断增强

政府指导有力,业界广泛支持。在有关部门的关心和关怀下,协会自成立以来,各项工作得到了强有力的支持和指导。协会脱钩后,仍主动向业务主管部门汇报工作,积极争取主管部门的指导。2019 年,国家测绘地理信息局形成了对协会支持和业务指导的 20 条意见。2020 年 11 月,自然资源部办公厅发布《关于加强脱钩行业协会行业指导与管理的通知》,明确本协会由地理信息管理司牵头业务对口。2021 年 3 月,自然资源部办公厅发布《关于印发〈对全国性测绘地理信息行业协会进行业务指导和监管事项清单〉的通知》,明确 18 项业务指导事项、9 项监管事项,提出了具体措施。协会主办的产业大会等活动一直得到科技部、自然资源部、原国家测绘地理信息局等部委和各省(自治区、直辖市)政府部门的指导和支持,组织的地理信息科技进步奖和地理信息产业优秀工程评选等工作,得到了有关政府部门相关领导、业内及相关领域的院士和专家的指导和支持,得到了全国各省级协会的大力支持。

会员数量倍增,覆盖领域更广。地理信息产业产学研用相关领域越来越多的企事业单位加入协会。会员单位由原来以地理信息系统软件相关企事业单位、科研院校为主,发展到包括我国在测绘、地理信息系统、遥感、导航定位、地图及相关应用领域的主要地理信息企业及测绘资质单位,开展地理信息相关业务、应用地理信息技术的知名企业,各省级地理信息产业协会,以及地理信息产学研用各领域的相关高校、科研院所和用户单位。

会员积极参与,活动人气更旺。越来越多的会员单位,越来越多的企事业单位、科研院校、媒体等积极参与和支持协会的各项工作,各项活动人气越来越旺。协会副会长、常务理事、理事及各工作委员会负责人主人翁意识显著增强,工作积极性大大提高。产业大会的参会人数逐年上升,参展单位越来越多;参加申报地理信息科技进步奖、地理信息产业优秀工程的单位数、项目数、领域,申报百强企业、最具活力中小企业的企业数,参与地理信息产业经济运行监测数据填报工作的单位数和填报率等,都在逐年上升和扩大。

### (二)协会的影响力持续扩大

中国地理信息产业大会成为协会的重要名片,作为业内最大的平台,宣传了产业,扩大了影响,凝聚了共识。协会每年发布的《中国地理信息产业发展报告》

和同名蓝皮书，已成为业内外广泛认可和引用的权威材料，成为了解、投资、建设地理信息产业的重要工具。地理信息科学技术奖已成为业内外广泛认可的重要品牌，获奖项目在业内外带来了良好的示范效益，促进了地理信息科技水平和应用水平的提高。百强企业、最具活力中小企业和最具成长性企业排名权威性、代表性和影响力不断提高，已成为反映我国地理信息产业发展态势的风向标。宣传工作不断加强，社会对地理信息产业的认知和认可大大提升，协会在业内外影响力持续扩大。

### (三)协会的战斗力显著提升

30 年来，协会坚持依法自治，依法办会，按照章程办会，不断健全内部法人治理结构，坚持会员代表大会、理事会、监事会制度，不断完善规章制度建设，自觉接受社会监督。协会负责人率先垂范，以身作则。秘书处党员同志发挥模范带头作用，全体工作人员兢兢业业，吃苦肯干。严格执行内部监督管理制度，厉行节约，精打细算，保证工作经费合规使用。通过持续组织培训学习，秘书处工作人员工作主动性明显增强，工作能力、专业素质显著提升。信息化建设不断加强，各项工作的效率和质量显著提升。

### (四)协会的创新力明显提高

30 年来，协会不断创新观念，特别是脱钩以来，坚决贯彻执行党和国家对社会组织的要求，推动服务重心从政府转向企业、行业、市场。秘书处人员年龄结构和知识层次不断优化，形成了协会秘书处老中青结合、复合型发展的合理团队结构。持续拓展新的工作，丰富了面向政府、面向行业、面向企业的服务内容，拓宽了协会的服务领域。各项工作的形式不断创新，收到了更好的效果。

## 展望篇：扬帆启新程

忆往昔，峥嵘岁月稠；看未来，任重而道远。成绩属于过去，奋斗成就未来。新时代，新征程，中国地理信息产业协会将在习近平新时代中国特色社会主义思想指引下，团结广大会员，脚踏实地，主动作为，勇于创新，砥砺前行，开创新局面，再创新辉煌！

党建赋能，政治引领。协会将继续深化党建，铸就核心引擎，引领发展方向。坚持和加强党的全面领导，确保党组织在协会中的领导核心地位不动摇，将党的指导思想融入协会发展的每一个环节。充分发挥党组织的政治核心和引导监督作用，确保全体人员的思想和行动与党中央保持高度一致，为协会发展提供坚强的政治保障。创新工作思路，探索融合模式，推动党建与业务的深度融合，以党建引领业务创新，让党建与业务同频共振、互为促进，鼓励党员在业务一线发挥先锋模范作用，紧密服务于党和国家大局，推动协会和产业的持续健康发展。

会员为本，服务为先。协会将坚持服务宗旨，优化服务供给，提升服务质量。在中央社会工作部、民政部和自然资源部的正确指导下，进一步发挥联系政府、市场、企业之间的重要桥梁作用，加强与政府部门的沟通联系，继续做好相关政府部门委托的各项工作，及时反馈行业动态和企业诉求，为政府决策提供有力支持。深入了解会员需求，进一步丰富和完善会员服务内容，为会员单位发展提供更多精细化、专业化、差异化服务。强化秘书处能力建设，提升服务水平，满足产业高质量发展日益多样化的需求。

成果导向，追求卓越。协会将不断强化优势、打磨品牌，创建独特亮点，树立产业权威。继续加强产业调查研究和产业运行监测工作，为产业发展提供精准指导，为政府决策、企业战略规划提供科学依据。办好产业大会等品牌活动，充分展示产业最新成果和前沿技术，提升活动的知名度和影响力。提升地理信息科技、产业奖励工作，以及百强企业、最具活力中小企业、最具成长性企业榜单排名的参与度和影响力。加大宣传力度，提高社会关注度和参与度，树立行业典范，激发产业活力。

创新驱动，行稳致远。协会将坚持守正创新，强化创新意识，深入研究谋划，狠抓工作落实。坚持以“服务企业，壮大产业”为首要任务，创新工作形式和服务模式，提高服务效率和质量。通过整合资源、优势互补，主动寻求并开展合作，形成新的业务增长点。进一步完善制度，严格规范办会。坚持社会组织非营利宗旨和公益属性，以政府需求、社会需求、行业需求、群众需求为工作的出发点和落脚点，为促进地理信息产业高质量发展不懈努力。

东风浩荡征帆劲，大潮奔涌奋楫先。中国的现代化、地理信息产业的高质量发展，非经过锲而不舍、坚韧不拔的奋斗而不得。地理信息产业高质量发展、民族复兴的重任已经历史性地落到我们身上。中国地理信息产业协会将更加紧密地团结在以习近平同志为核心的党中央周围，全面贯彻习近平新时代中国特色社会主义思想，全面学习、准确把握、贯彻落实党的二十大和二十届二中、三中全会精神，以只争朝夕的紧迫感，凝心聚力、自信自强、守正创新、真抓实干，心往一处想、劲往一处使，为推动地理信息产业高质量发展，以中国式现代化全面推进强国建设、民族复兴伟业作出新的更大的贡献！